排污单位自行监测技术指南教程
——造纸工业

生态环境部生态环境监测司
中 国 环 境 监 测 总 站
编著

中国环境出版集团・北京

图书在版编目（CIP）数据

排污单位自行监测技术指南教程. 造纸工业 / 生态环境部生态环境监测司，中国环境监测总站编著. —北京：中国环境出版集团，2019.8

ISBN 978-7-5111-4084-5

Ⅰ. ①排… Ⅱ. ①生…②中… Ⅲ. ①造纸工业—排污—环境监测—教材 Ⅳ. ①X506②X793

中国版本图书馆 CIP 数据核字（2019）第 191354 号

出 版 人　武德凯
责任编辑　曲　婷
责任校对　任　丽
封面设计　彭　杉

出版发行　中国环境出版集团
（100062　北京市东城区广渠门内大街 16 号）
网　　址：http://www.cesp.com.cn
电子邮箱：bjgl@cesp.com.cn
联系电话：010-67112765（编辑管理部）
发行热线：010-67125803，010-67113405（传真）

印　　刷　北京中科印刷有限公司
经　　销　各地新华书店
版　　次　2019 年 11 月第 1 版
印　　次　2019 年 11 月第 1 次印刷
开　　本　787×960　1/16
印　　张　20.75
字　　数　400 千字
定　　价　75.00 元

《排污单位自行监测技术指南教程》编审委员会

《排污单位自行监测技术指南教程——造纸工业》编写委员会

序

党中央、国务院高度重视生态环境保护工作，党的十八大从新的历史起点出发，做出“大力推进生态文明建设”的战略决策。党的十九大提出了一系列新理念、新要求、新目标、新部署，为提升生态文明、建设美丽中国指明了前进方向和根本遵循。习近平总书记在全国生态环境保护大会上指出生态文明建设是关系中华民族永续发展的根本大计。生态环境是关系党的使命宗旨的重大政治问题，也是关系民生的重大社会问题。习近平生态文明思想开启了新时代生态环境保护工作的新阶段。

生态环境监测是生态环境保护工作的重要基础，是环境管理的基本手段。几十年来，中国环境监测为生态环境保护工作作出了重要贡献。我国相关法律法规中明确要求排污单位对自身排污状况开展监测，排污单位开展排污状况自行监测是法定的责任和义务。

为规范和指导排污单位开展自行监测工作，生态环境部发布了一系列排污单位自行监测技术指南。生态环境部环境监测司组织中国环境监测总站编写了排污单位自行监测技术指南教程系列图书，将排污单位自行监测技术指南分类解析，既突出对理论的解读，又兼顾实践中应用的案例，力求实现权威性、技术性、实用性、科学性，具有很强的指导意义。本套图书既可以作为各级环保主管部门、各研究机构、企事业单位环境监测人员的工作用书和培训教材，还可以作为大众学习的科普图书。

自行监测数据承载包含大量污染排放和治理信息，这是生态大数据重要的信息源，是排污许可证申请与核发等新时期环境管理的有力支撑。随着生态环境质量的不断改善，环境管理的不断深化，自行监测制度也会不断的完善和改进。希望本书的出版能为推进排污单位自行监测管理水平，落实企业自行监测主体责任发挥重要作用，为打赢污染防治攻坚战作出应有的贡献。

编　者

2018年10月

前　言

排污单位自行监测是排污单位依据相关法律、法规和技术规范对自身的排污状况开展监测的一系列活动。《中华人民共和国环境保护法》第四十二条、《中华人民共和国大气污染防治法》第二十四条、《中华人民共和国水污染防治法》第二十三条、《中华人民共和国环境保护税法》第十条、《控制污染物排放许可制实施方案》（国办发〔2016〕81 号）第十一条都对排污单位的自行监测提出了明确要求，排污单位开展自行监测是法律赋予的责任和义务，也是排污单位自证守法、自我保护的重要手段和途径。

造纸行业的行业发展状况和污染排放特征，是造纸行业环境管理与自行监测要求的重要依据，更是造纸工业排污单位自行监测技术指南的重要依据。本书介绍了造纸行业对社会经济贡献情况、产品产量区域分布情况、污染物排放和环保现状、行业发展进展和趋势等。

为规范和指导原料药制造排污单位开展自行监测，中国环境监测总站编写了《排污单位自行监测技术指南教程——造纸工业》，全书共 13 章，第 1～2 章规定了自行监测的管理定位和一般要求；第 3 章说明造纸行业工业污染排放状况；第 4 章介绍造纸行业自行监测方案制定；第

5 章介绍监测设施设置与维护要求；第 6～11 章介绍手工监测、自动监测、质量控制技术要点；第 12～13 章介绍信息记录与报告。

本书针对《排污单位自行监测技术指南　造纸工业》中的具体要求，一方面对其中部分要求的来源和考虑进行说明，另一方面对使用过程中需要注意的重点事项进行说明，以期为指南使用者提供更加详细的信息。本书在附录中列出了与自行监测相关的标准规范，以方便排污单位在使用时查询和索引。另外，还给出了一些记录样表和自行监测方案模板，为排污单位提供参考。

编　者

2019 年 6 月

目 录

第 1 章　排污单位自行监测定位与管理要求

污染源监测作为环境监测的重要组成部分，与我国环境保护工作同步发展，40 多年来不断发展壮大，现已基本形成了排污单位自行监测、管理部门监督性监测（执法监测）、社会公众监督的基本框架。排污单位自行监测是国家治理体系和治理能力现代化发展的需要，是排污单位应尽的社会责任，是法律明确要求的义务，也是排污许可制度的重要组成部分。我国关于排污单位自行监测的管理规定有很多，并从不同层级、角度对排污单位进行了详细规定。为了支撑排污单位自行监测制度的实施，指导和规范排污单位自行监测行为，我国制定了排污单位自行监测技术指南体系。《排污单位自行监测技术指南　造纸工业》是其中的一个行业技术指南，是按照《排污单位自行监测技术指南　总则》的要求和有关管理规定要求制定的，用于指导造纸工业排污单位开展自行监测活动。

本章围绕着排污单位自行监测定位和管理要求，对排污单位自行监测在我国污染源监测管理制度中的定位、对排污单位自行监测管理要求以及《排污单位自行监测技术指南》的定位和应用进行介绍。

1.1　污染源监测发展历程

污染源监测作为环境监测的重要组成部分，是与我国环境保护工作同步发展起来的。

1972年以来，我国环境保护工作经历了环境保护意识启蒙阶段（1972—1978年）、环境污染蔓延和环境保护制度建设阶段（1979—1992年）、环境污染加剧和规模化治理阶段（1993—2001年）、环保综合治理阶段（2002—2012年）。[①]集中的污染治理，尤其是严格的主要污染物总量控制，有效遏制了环境质量恶化的趋势，但仍未实现环境质量的全面改善，"十三五"期间，我国环境保护思路转向以环境质量改善为核心。

与环境保护工作相适应，我国环境监测大致经历了3个阶段：第一阶段是污染调查监测与研究性监测阶段；第二阶段是污染源监测与环境质量监测并重阶段；第三阶段是环境质量监测与污染源监督监测阶段。[②]

根据污染源监测在环境管理中的地位和实施情况，将污染源监测划分为3个阶段：严格的总量控制制度之前（"十一五"之前），严格的总量控制制度时期（"十一五"和"十二五"时期），以环境质量改善为核心阶段时期（"十三五"时期）。

1.1.1 严格的总量控制制度之前（"十一五"之前），污染源监测主要服务于工业污染源调查和环境管理"八项制度"

1973年，我国召开了第一次全国环境保护会议，通过了"全面规划、合理布局、综合利用、化害为利、依靠群众、大家动手、保护环境、造福人民"的环保32字方针和我国第一个环境保护文件——《关于保护和改善环境的若干规定（试行草案）》。第一次全国环境保护会议之后，北京、沈阳、南京等城市相继开展了工业污染源调查，各省（自治区、直辖市）环境管理机构和环境监测站相继建立。20世纪80年代，为了摸清工业污染源排放状况，我国开展了一次全国性工业污染源调查；20世纪90年代，开展了全国乡镇工业污染源调查。污染源监测结果是工业污染源污染排放状况调查的重要依据。

环境管理"八项制度"需要污染源监测的支撑。如排污收费污染源监测；"三

①中国环境保护四十年回顾及思考（回顾篇），曲格平在香港中文大学"中国环境保护四十年"学术论坛上的演讲。

② 中国环境监测总站原副总工程师张建辉接受网易北京频道与《环境与生活》杂志采访时讲话。

同时”制度中的“验收监测”、污染处理设施的“运转效果监测”；环境影响评价中污染源的“现状监测”与“验证性监测”；环境目标责任制中的“污染负荷监测”；排污许可证制度中的“排污申报核查监测”；污染限期治理中的“治理效果监测”；城市环境综合整治定量考核中的“流动污染源监测”等。总之，环境管理“八项制度”中，每项制度都有污染源监测的内容。在实施过程中，根据各项制度推进情况的不同，污染源监测的实施也有所差别。

1.1.2　严格的总量控制制度时期（2006—2015 年），污染源监测围绕着总量控制制度开展总量减排监测

“十一五”期间，化学需氧量和二氧化硫排放总量指标首次被列为国民经济和社会发展五年规划纲要约束性指标，这标志着我国开始实施严格的污染物排放总量控制制度。“十二五”期间，化学需氧量、氨氮、二氧化硫、氮氧化物 4 项污染物排放总量指标纳入国民经济和社会发展五年规划纲要约束性指标。这个时期，总量控制制度在环境保护工作中占据非常重要的地位，很多基础性工作都围绕着总量控制制度推进和实施。为了进一步明确主要污染物总量减排污染源监测相关要求，我国分别于 2007 年、2013 年印发了《“十一五”主要污染物总量减排监测办法》《“十二五”主要污染物总量减排监测办法》，对各级监测部门的监测职责、监测要求进行了明确。

2011 年，国务院批复《重金属污染综合防治“十二五”规划》，提出重金属污染防治控制要求，与此相适应，对重金属重点监控企业监督性监测提出要求。

这一时期，污染源监测以服务主要污染物总量控制为主，同时服务重金属污染防治等环境保护重点工作。

1.1.3　以环境质量改善为核心阶段时期（2016 年以来），污染源监测主要服务于环境保护执法和排污许可制实施

“十三五”期间，尽管二氧化硫、氮氧化物、化学需氧量、氨氮 4 项污染物仍

是国民经济和社会发展五年规划纲要的约束性指标，但随着环境保护工作向以环境质量改善为核心的转变，污染源监测体制机制也相应启动了改革进程，逐步向支撑服务环境保护执法的方向不断完善。

《生态环境监测网络建设方案》（国办发〔2015〕56 号）要求："实现生态环境监测与执法同步。各级环境保护部门依法履行对排污单位的环境监管职责，依托污染源监测开展监管执法，建立监测与监管执法联动快速响应机制，根据污染物排放和自动报警信息，实施现场同步监测与执法。"

2016 年 11 月，国务院办公厅印发了《控制污染物排放许可制实施方案》（国办发〔2016〕81 号），提出控制污染物排放许可制的一项基本原则为："权责清晰，强化监管。排污许可证是企事业单位在生产运营期接受环境监管和环境保护部门实施监管的主要法律文书。企事业单位依法申领排污许可证，按证排污，自证守法。环境保护部门基于企事业单位守法承诺，依法发放排污许可证，依证强化事中事后监管，对违法排污行为实施严厉打击。"

因此，企业"自证守法"，管理部门根据执法需要开展污染源监测是这个时期污染源监测的主要发展方向。

1.2 我国污染源监测管理框架

我国现在已经基本形成排污单位自行监测、政府部门监督管理、公众监督的污染源监测管理框架，见图 1-1。

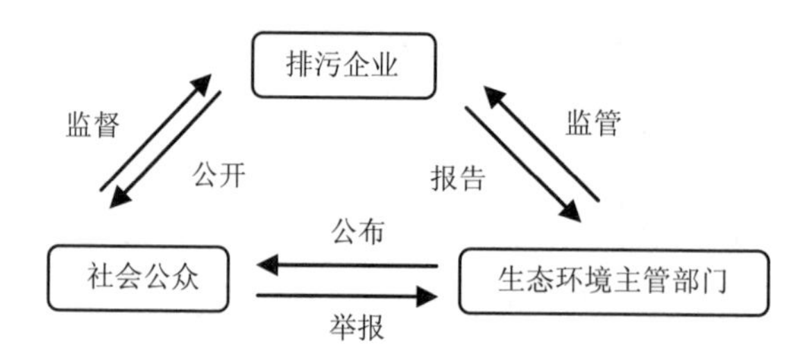

图 1-1 污染源监测管理框架体系示意图

1.2.1　加强排污单位自行监测及信息公开

2013 年，环保部发布了《国家重点监控企业自行监测及信息公开办法（试行）》，并将国家重点监控企业自行监测及信息公开率先作为主要污染物总量减排考核的一项指标。近年来，我国大力推进自行监测，《环境保护法》《大气污染防治法》《水污染防治法》《环境保护税法》等相关法律中均明确了排污单位自行监测的责任，但是由于我国企业自行监测处于起步阶段，实施情况并不理想。因为多数企业监测能力薄弱，甚至根本没有开展监测的能力，在自行监测指标完整性、数据质量准确性、公开及时性等方面都存在问题，所以企业有待继续不断完善监测能力。当前和今后一段时间，可通过以下几个方面的努力，可以强化排污单位自行监测及信息公开。

第一，进一步强化排污单位在污染源排放监测中的主体地位。明确并不断强化排污单位应按照新修订的《环境保护法》的要求开展排放监测并向社会公开。通过宣传等多种形式不断改变排污单位和各级生态环境主管部门的意识，真正认识到排污单位在污染源监测中的主体地位。意识的转变对排污单位承担监测职责以及污染源监测主管部门工作的开展都将产生促进作用。值得强调的是，自动监测是自行监测的一种方式，自动监测数据是自行监测数据的一种，自动监测设备应由排污单位自行运行和维护，以保证数据质量的可靠性。

第二，制定相关技术指南，规范排污单位自行监测行为。一方面，污染源监测的技术性较强，需要相关的技术指南指导排污单位开展监测；另一方面，监测数据的代表性直接受监测行为的影响，如监测时间、监测点位、监测时工况控制等，为保证监测结果的代表性，应对排污单位的监测行为进行规范。我国已经制定了一系列监测技术规范，包括采样、实验室分析等各环节，除此之外，自行监测技术指南的实施，可以直接指导排污单位自行监测的开展。

第三，加强排污单位数据质量控制，提升排污单位数据质量。排污单位数据质量控制可以分为 3 个层次。一是实验室层次的数据质量控制，可以按照国家发布的相关技术规范实施；二是企业内部的数据质量控制，其不同于实验室层面的控制，而是一方面根据企业的生产情况总体把握监测数据的合理性和可靠性以发现问题，另一方面通过对企业监测行为和实验室运行管理情况等进行全方面的审核以提高监测数据的质量；三是监测数据的外部质量控制，即生态环境主管部门对排污单位自行监测数据的监督检查。

第四，完善监测信息公开，为公众参与提供便利。针对目前排污单位自行监测数据公开零散、查询不便的现状，应不断完善，使公众可以非常便利地获得排污单位排放信息，为公众监督提供条件。

1.2.2 优化监督性监测任务，强调测管协同

“十一五”和“十二五”时期，我国污染源监督性监测虽然在总量减排、环境执法、污染防治等环境管理重点工作中发挥了重要的作用，但是仍然存在一些问题。一是污染源监督性监测的法律地位不明确，目前的法律法规中对监督性监测的规定还是空白，在线监测数据作为企业自行监测数据，监管执法应用效果不佳。二是污染源监督性监测结果不能真实反映企业排污状况。阻拦或拖延监督性监测工作正常开展及受行政干预的情况时有发生，致使监督性监测数据的代表性、真实性无法保证，污染源监督性监测数据达标率虚高。三是污染源监督性监测结果不能在环境管理中得到有效应用。监督性监测结果被发现超标后报送执法部门，因缺乏采样同期的现场勘验调查记录而无法作为执法证据。监督性监测结果虚高导致其在环境管理中的应用不多。

“十三五”时期，环境管理以提高环境质量为核心。污染源监管更加精细化，新修订的《环境保护法》明确了企业自行监测的法定责任，污染源监督性监测突出强化监督职责。一是各级监测机构污染源监测职能发生重大调整。县级环境监测机构主要职能调整为执法监测，支持配合属地环境执法，形成环境监测与执法有效联动、快速响应。二是对监测数据质量提出更严要求。明确地方政府、相关部门、排污单位和环境监测机构的责任，全面建立环境监测数据质量保障体系，

建立环境监测数据弄虚作假防范和惩治机制，严格问责。三是污染源监测数据应用的力度和范围有历史性突破。排污许可制把企业自行监测要求作为许可证的载明事项，环境保护税征收把企业自行监测数据作为环保税征收的依据，如果与监督性监测数据不一致，监督性监测数据将成为企业纳税的最终依据。

监督性监测要按照随机时间、随机对象的原则，以监测和执法联动的方式开展，对环境违法行为进行处罚。监督的内容包括排污单位的抽测、自行监测全过程的检查。通过对排污单位自行监测数据质量和排放状况进行监督，对排污单位自行监测数据的质量提出意见，对排污单位自行监测工作的开展提出要求，对排污单位自行监测工作的改进提出指导，从而更好地推进排污单位自行监测。

在明确了污染源监督性监测地位的基础上，应进一步优化污染源监督性监测方案，改变“一刀切”的管理模式。本着问题导向、突出重点的原则，各地可以根据质量目标管理的要求，对区域、流域内影响较大的污染源、污染物指标进行重点监测。对环境质量影响相对较小，超标不严重的污染物指标可降低监测频次。由于监督性监测的经费和人力都相对有限，应尽可能地集中解决发现的一些突出问题。每年度按照重点关注某个重点行业或某项重点指标开展专项监测，通过监测结果发现和分析污染源排放状况，为环境管理提供更加深入和全面的技术支撑。

1.2.3　培育和提升公众参与能力

我国污染源量大面广，仅靠生态环境主管部门的监督远远不够，因此只有发动群众，实现全民监督，才能使得违法排污行为无处遁形。新修订的《环境保护法》更加明确地赋予了公众环保知情权和监督权：“公民、法人和其他组织依法享有获取环境信息、参与和监督环境保护的权利。各级人民政府环境保护主管部门和其他负有环境保护监督管理职责的部门，应当依法公开环境信息、完善公众参与程序，为公民、法人和其他组织参与和监督环境保护提供便利。”尽管近年来我国公众的环保意识有了很大的提升，尤其是雾霾天气的频繁爆发很大程度上促进了环境保护领域公众参与的进步，但是在污染源排放监管方面，公众参与程度还很低，有待大幅提升。

首先，加强科普，提升公众监督能力。由于污染排放相对专业，对于公众来说难以透彻理解排污单位公布的排放信息。因此需要加强宣传，对公众进行科普，使得公众能够有能力对排污单位进行监督。

其次，优化信息公开的方式，使之更加便民和直观。除了排污单位自行公开监测数据之外，生态环境主管部门还应建设污染源监测信息公开平台，将污染源监督性监测、排污单位自行监测等数据进行整合，并通过电子地图等形式直观地展现给公众。

最后，完善公众参与途径。落实新修订的《环境保护法》的要求，为公众监督举报提供便利。考虑到污染源排放变化大，企业可操作空间大的问题，为保证公众监督的积极性，应明确排污单位的举证责任。

1.3 排污单位自行监测的定位

1.3.1 开展自行监测是构建政府、企业、社会共治的环境治理体系的需要

（1）环境治理体系变革的社会因素和主要表现

党的十九大报告中提出构建政府为主导、企业为主体、社会组织和公众共同参与的环境治理体系。环境治理体系变革是时代发展的必然，是社会发展的自我完善，是40多年环境管理发展经验和教训的总结。

1）直接原因。传统生态环境治理模式亟待完善。多元共治的环境治理体系的提出和探索，既源自环境治理问题的复杂性，又源自传统生态环境治理模式的弊端。长期以来，我国更多采取以政府为主导的单一化管制型环境治理模式。实践证明，这种治理模式监管效果低下。因此，社会共治的环境治理体系是对传统生态环境治理模式的改进和提升。

2）内在驱动。第四次工业革命的影响。第四次工业革命是以互联网产业化、工业智能化、工业一体化为代表，以人工智能、清洁能源、无人控制技术、量子信息技术、虚拟现实以及生物技术为主的全新技术革命。以人工智能为代表的第四次工业革命给政府在环境治理领域的政策制定和执行带来新的挑战。公众参与的便捷、社交媒体的影响、个体解决问题的能力，都对环境治理体系的重构产生内在驱动力，推动环境治理体系的改变。

3）时代需求。大数据时代和数据精准决策的要求。大数据作为新的技术手段和思维方式，打破了传统收集、整合、存储、处理、分析和可视化数据信息的方式，管理的定量化水平和决策的科学性提高，为环境管理逐渐向网络化和智能化转变带来新的机遇。新技术的发展，将真正实现面向现在和未来的数据精准决策。大数据时代，需要来自各方的多元数据输入，最大限度地解除数据垄断和减少信息源的缺失，从而提供更多维、更全面的支撑决策的信息。

4）外在表现。环境管理工作方式改变。生态环境部李干杰部长指出，新的生态环境治理体系正在形成，在工作方式方法上，从以自上而下为主，向自上而下、自下而上相结合转变，强化信息公开透明，发挥社会监督作用。多方参与、社会监督是新的环境管理工作方式的最大特点。

（2）对排污单位自行监测的要求

污染源监测是污染防治的重要支撑，需要各方的共同参与。为适应环境治理体系变革的需要，自行监测应发挥相应的作用，补齐短板，提供便利，为社会共治提供条件。

应改变传统生态环境治理模式中污染治理主体监测缺位现象。长期以来，污染源监测以政府部门监督性监测为主，尤其在“十一五”“十二五”总量减排时期，监督性监测得到快速发展，其每年对国家重点监控企业按季度开展主要污染物监测，而排污单位在污染源监测中严重缺位。2013 年，为了解决单纯依靠环保部门有限的人力和资源，难以全面掌握企业污染源状况问题，环境保护部组织编制了《国家重点监控企业自行监测及信息公开办法（试行）》，大力推进企业开展自行监测。2014年以来，陆续修订的《环境保护法》《大气污染防治法》《水污染防治法》明确了排污单位自行监测的责任和要求。但是，自行监测数据的法定地位，以及如何在环境管理中进行应用，并没有得到明确，自行监测数据在环境管理中的应用更是十分不足，并没有从根本上解决排污单位在环境治理体系中监测缺位现象。新的环境治理体系中，应改变这一现状，使自行监测数据得到充分应用，这才能保持多方参与的生命力和活力。

为公众提供便于获取、易于理解的自行监测信息。公众是社会共治环境治理体系的重要主体，公众参与的基础是及时获取信息，自行监测数据是反映排放状况的重要信息。正如前文所述，社会的变革为公众参与提供了外在便利条件，为了提高自行监测在环境治理体系中的作用，就要充分利用当前发达的自媒体、社交媒体等各种先进、便利的条件，为公众提供便于获取、易于理解的自行监测数据和基于数据加工而成的相关信息，为公众高效参与提供重要依据。

1.3.2 开展自行监测是社会责任和法定义务

企业是最主要的生产者，是社会财富的创造者，企业在追求自身利润的同时，向社会提供了产品，满足了人民的日常所需，推进了社会的进步。当然，在当代社会，由于企业是社会中普遍存在的社会组织，其数量众多，类型各异，存在范围广，对社会影响最大。在这种情况下，社会的发展不仅要求企业承担生产经营和创造财富的义务，还要求其承担环境保护、社区建设和消费者权益维护等多方面的责任，这也是企业的社会责任。企业社会责任具有道义责任的属性和法律义务的属性。法律作为一种调整人们行为的规则，其对人之行为的调整是通过权利义务设置而实现的。因而，法律义务并非一种道义上的宣示，其有具体的、明确的规则指引人的行为。基于此，企业社会责任一旦进入环境法视域，即被分解为具体的法律义务。

企业开展排污状况自行监测是法定的责任和义务。《环境保护法》第四十二条明确提出，“重点排污单位应当按照国家有关规定和监测规范安装使用监测设备，保证监测设备正常运行，保存原始监测记录”；第五十五条要求，“重点排污单位应当如实向社会公开其主要污染物的名称、排放方式、排放浓度和总量、超标排放情况，以及防治污染设施的建设和运行情况，接受社会监督”。《水污染防治法》第二十三条规定，“重点排污单位应当安装水污染物排放自动监测设备，与环境保护主管部门的监控设备联网，并保证监测设备正常运行。排放工业废水的企业，应当对其所排放的工业废水进行监测，并保存原始监测记录。具体办法由国务院环境保护主管部门规定”。《大气污染防治法》第二十四条规定，“企业事业单位和其他生产经营者应当按照国家有关规定和监测规范，对其排放的工业废气和本法第七十八条规定名录中所列有毒有害大气污染物进行监测，并保存原始监测记录。”

1.3.3 开展自行监测是自证守法和自我保护的重要手段和途径

作为固定污染源核心管理制度的排污许可制度明确了排污单位自证守法的权利和责任，排污单位可以通过以下途径进行“自证”。一是应依法开展自行监测，保障数据合法有效，妥善保存原始记录；二是建立准确完整的环境管理台账，记录能够证明其排污状况的相关信息，形成一整套完整的证据链；三是定期、如实向生态环境部门报告排污许可证执行情况。可以看出，自行监测贯穿自证守法的全过程，是自证守法的重要手段和途径。

首先，排污单位被允许在标准限值下排放污染物，应当说清自身的排放状况，也就是说证明自身排放的合规性。随着管理模式的改变，管理部门不对企业全面开展监测，仅对企业进行抽查抽测。排污单位需要对自身排放进行说明，这就需要开展监测。

其次，一旦出现排污单位对管理部门出具的监测数据或其他证明材料存在质疑，或者对公众举报等相关信息提出异议时，就需要有足以说明自身排污状况的相关材料进行证明，这种情况下自行监测数据是非常重要的证明材料。

最后，开展自行监测对自身排污状况定期监控，同时加上必要的周边环境质量影响监测，及时掌握自身实际排污水平和对周边环境质量的影响，以及周边环境质量的变化趋势和承受能力，可以及时识别潜在环境风险，以便提前应对，避免引起更大的、无法挽救的环境事故，对人民群众、生态环境和排污单位自身造成巨大的损害和损失。

1.3.4 开展自行监测是排污许可制度的重要组成部分

《控制污染物排放许可制实施方案》（国办发〔2016〕81 号）明确了排污单位应实行自行监测和定期报告。《排污许可管理办法（试行）》（环境保护部令 第 48 号）第十一条明确将排污单位自行监测技术指南作为支撑排污许可制度实施的四类重要技术文件之一；第十八条明确将自行监测要求作为一项环境管理要求由核发环保部门根据排污单位的申请材料、相关技术规范和监管需要，在排污许可证副本中进行规定。

因此，自行监测既是有明确法律法规要求的一项管理制度，也是固定污染源基础与核心管理制度——排污许可制度的重要组成部分。

1.3.5 开展自行监测是精细化管理和大数据时代信息输入与信息产品输出的需要

随着环境管理向精细化发展，强化数据应用，根据数据分析识别潜在的环境问题，做出更加科学精准的环境管理决策是环境管理面临的重大命题。大数据时代信息化水平的提升，为监测数据的加工分析提供了条件，也对数据输入提出了更高需求。

自行监测数据承载了大量污染排放和治理信息，然而长期以来并没有得到充分的收集和利用，这是生态环境大数据中缺失的一项重要信息源。通过收集各类污染源长时间序列的监测数据，对同类污染源监测数据进行统计分析，可以更全面判定污染源的实际排放水平，从而为制定排放标准、产排污系数提供科学依据。另外，通过监测数据与其他数据的关联分析，还能获得更多、更有价值的其他信息，为环境管理提供更有力的支撑。

1.4　排污单位自行监测的管理规定

我国现行法律法规、管理办法中有很多涉及排污单位自行监测的相关管理规定，具体见表 1-1。

表 1-1　我国现行与排污单位自行监测相关的法律法规和管理规定

名称	颁布机关	实施时间	主要相关内容
中华人民共和国环境保护法	全国人民代表大会常务委员会	2015.1.1	规定了重点排污单位应当安装使用监测设备，保证监测设备正常运行，保存原始监测记录，并进行信息公开
中华人民共和国环境保护税法	全国人民代表大会常务委员会	2018.1.1	规定了纳税人按季申报缴纳时，向税务机关报送所排放应税污染物浓度值
中华人民共和国海洋环境保护法	全国人民代表大会常务委员会	2000.4.1（2017.11.4 修正）	规定了排污单位应当依法公开排污信息
中华人民共和国水污染防治法	全国人民代表大会常务委员会	2008.6.1（2017.6.27 修正）	规定了实行排污许可管理的企业事业单位和其他生产经营者应当对所排放的水污染物自行监测，并保存原始监测记录，排放有毒有害水污染物的还应开展周边环境监测，上述条款均设有对应罚则
中华人民共和国大气污染防治法	全国人民代表大会常务委员会	2016.1.1（2018.10.26 修正）	规定了企业事业单位和其他生产经营者应当对大气污染物进行监测，并保存原始监测记录
中华人民共和国土壤污染防治法	全国人民代表大会常务委员会	2019.1.1	规定了土壤污染重点监管单位应制定、实施自行监测方案，并将监测数据报生态环境主管部门
城镇排水与污水处理条例	国务院	2014.1.1	规定了排水户应按照国家有关规定建设水质、水量检测设施
畜禽规模养殖污染防治条例	国务院	2014.1.1	规定了畜禽养殖场、养殖小区应当定期将畜禽养殖废弃物排放情况，报县级人民政府环境保护主管部门备案

名称	颁布机关	实施时间	主要相关内容
企业信息公示暂行条例	国务院	2014.10.1	无
建设项目环境保护管理条例	国务院	2017.10.1	无
中华人民共和国环境保护税法实施条例	国务院	2018.1.1	规定了未安装自动监测设备的纳税人，自行对污染物进行监测所获取的监测数据，符合国家有关规定和监测规范的，视同监测机构出具的监测数据作为计税依据
最高人民法院 最高人民检察院 关于办理环境污染刑事案件适用法律若干问题的解释	最高人民法院 最高人民检察院	2017.1.1	规定了重点排污单位篡改、伪造自动监测数据或者干扰自动监测设施视为严重污染环境，并依据刑法有关《规定》予以处罚
生态环境监测网络建设方案	国务院办公厅	2015.7.26	规定了重点排污单位必须落实污染物排放自行监测及信息公开的法定责任，严格执行排放标准和相关法律法规的监测要求
关于深化环境监测改革　提高环境监测数据质量的意见	中共中央办公厅 国务院办公厅	2017.9.21	规定了环境保护部要加快完善排污单位自行监测标准规范；排污单位要开展自行监测，并按规定公开相关监测信息，对存在弄虚作假行为要依法处罚；重点排污单位应当建设污染源自动监测设备，并公开自动监测结果
“打赢蓝天保卫战”三年行动计划	国务院	2018.6.27	规定了重点排污单位应及时公布自行监测和污染排放数据、污染治理措施、重污染天气应对、环保违法处罚及整改等信息
水污染防治行动计划	国务院	2015.4.2	规定了各类排污单位要开展自行监测，并依法向社会公开排放信息
土壤污染防治行动计划	国务院	2016.5.28	规定了土壤环境重点监管企业每年要自行对其用地进行土壤环境监测，结果向社会公开；加强对矿产资源开发利用活动的辐射安全监管，有关企业每年要对本矿区土壤进行辐射环境监测
关于支持环境监测体制改革的实施意见	财政部 环境保护部	2015.11.2	规定了落实企业主体责任，企业应依法自行监测或委托社会化检测机构开展监测，及时向环保部门报告排污数据，重点企业还应定期向社会公开监测信息

名称	颁布机关	实施时间	主要相关内容
“十三五”生态环境保护规划	国务院	2016.11.24	规定了工业企业要开展自行监测，属于重点排污单位的还要依法履行信息公开义务，全面实行在线监测
“十三五”节能减排综合工作方案	国务院	2016.12.20	规定了强化企业污染物排放自行监测和环境信息公开，2020 年企业自行监测结果公布率保持在 90%以上
控制污染物排放许可制实施方案	国务院办公厅	2016.11.10	规定了企事业单位应依法开展自行监测，安装或使用监测设备应符合国家有关环境监测、计量认证规定和技术规范，建立准确完整的环境管理台账，安装在线监测设备的应与环境保护部门联网
排污许可管理办法（试行）	环境保护部	2017.11.6	规定了持证单位自行监测责任和要求
环境监测管理办法	国家环境保护总局	2007.9.1	规定了排污者必须按照国家及技术规范的要求，开展排污状况自我监测；不具备环境监测能力的排污者，应当委托环境保护部门所属环境监测机构或者经省级环境保护部门认定的环境监测机构进行监测
关于加强化工企业等重点排污单位特征污染物监测工作的通知	环境保护部办公厅	2016.9.20	①化工企业等排污单位应制订自行监测方案，对污染物排放及周边环境开展自行监测，并公开监测信息；②监测内容应包含排放标准的规定项目和涉及的列入污染物名录库的全部项目；③监测频次，自动监测的全天连续监测，手工监测的，废水特征污染物每月开展一次，废气特征污染物每季度开展一次，周边环境监测按照环评及其批复执行，可根据实际情况适当增加监测频次
污染源自动监控设施现场监督检查办法	环境保护部	2012.4.1	①排污单位或运营单位应当保证自动监测设备正常运行；②污染源自动监控设施发生故障停运期间，排污单位或者运营单位应当采用手工监测等方式，对污染物排放状况进行监测，并报送监测数据

名称	颁布机关	实施时间	主要相关内容
环境保护主管部门实施限制生产、停产整治办法	环境保护部	2015.1.1	规定了被限制生产的排污者在整改期间按照环境监测技术规范进行监测或者委托有条件的环境监测机构开展监测，保存监测记录，并上报监测报告
关于实施工业污染源全面达标排放计划的通知	环境保护部	2016.11.29	①各级环保部门应督促、指导企业开展自行监测，并向社会公开排放信息；②对超标排放的企业要督促其开展自行监测，加密对超标因子的监测频次，并及时向环保部门报告；③企业应安装和运行污染源在线监控设备，并与环保部门联网
企业事业单位环境信息公开办法	环境保护部	2015.1.1	规定了重点排污单位应当公开排污信息，列入国家重点监控企业名单的重点排污单位还应当公开其环境自行监测方案
关于印发《国家重点监控企业自行监测及信息公开办法（试行）》和《国家重点监控企业污染源监督性监测及信息公开办法（试行）》的通知	环境保护部	2014.1.1	规定了企业开展自行监测及信息公开的各项要求，包括自行监测内容、自行监测方案内容、对手工监测和自动监测两种方式开展的自行监测分别提出了监测频次要求、自行监测记录内容、自行监测年度报告内容、自行监测信息公开的途径内容及时间要求等
关于加强污染源环境监管信息公开工作的通知	环境保护部	2013.7.12	规定了各级环保部门应积极鼓励引导企业进一步增强社会责任感，主动自愿公开环境信息。同时严格督促超标或者超总量的污染严重企业，以及排放有毒有害物质的企业主动公开相关信息，对不依法主动公布或不按规定要求公布的要依法严肃查处

注：截至 2019 年 1 月 31 日。

1.5　排污单位自行监测技术指南的定位

1.5.1　排污许可制度配套的技术支撑文件

党的十八届三中全会《关于全面深化改革若干重大问题的决定》中提出：完善污染物排放许可制。排污许可证制度，是国外普遍采用的控制污染的法律制度。从美国等发达国家实施排污许可制度的经验来看，监督检查是排污许可制度实施效果的重要保障，污染源监测是监督检查的重要组成部分和基础。自行监测是污染源监测的主体形式，自行监测的管理备受重视，自行监测要求作为重要的内容在排污许可证中进行载明。

排污许可制度在我国自 20 世纪 80 年代作为新五项制度开始局部试点，近 30 年来，并没有在全国范围内统一实施。当前，我国正在借鉴国际经验，整合衔接现行各项管理制度，研究制定“一证式”管理的排污许可制度，将其建设成为固定点源环境管理的核心制度。

我国当前研究推行的排污许可制度中，明确了企业“自证守法”，其中自行监测是排污单位自证守法的重要手段和方法。只有在特定监测方案和要求下的监测数据才能够支撑排污许可“自证”的要求。因此，在排污许可制度中，自行监测要求是必不可少的一部分。

重点排污单位自行监测法律地位得到明确，自行监测制度初步建立，而自行监测的有效实施还需要有配套的技术文件作为支撑，排污单位自行监测指南是基础而重要的技术指导性文件。因此，制定排污单位自行监测指南是落实相关法律法规的需要。

1.5.2　对现有标准和管理文件中关于排污单位自行监测规定的补充

对每个排污单位来说，生产工艺产生的污染物、不同监测点位执行排放标准和控制指标、环评报告要求的内容都有不同情况及独特内容。虽然各种监测技术标准与规范已从不同角度对排污单位的监测内容做出了规定，但不够全面。

监测频次是监测方案的核心内容，现有标准规范对监测频次规定不够全面。以造纸工业企业为例，《制浆造纸工业水污染物排放标准》（GB 3544—2008）中仅规定了二噁英 1 年开展 1 次监测，未涉及其他污染物指标的监测频次；《建设项目竣工环境保护验收技术规范　造纸工业》（HJ/T 408—2007）仅对验收监测期间的监测频次进行了规定，频次过高则不适用于日常监测要求；《环境影响评价技术导则　总纲》（HJ 2.1—2011）仅规定要对建设项目提出监测计划要求，缺少具体内容；《国家重点监控企业自行监测及信息公开办法（试行）》对国控企业的监测频次提出部分要求，但是作为规范性管理文件，规定的相对笼统，无法满足量大面广的造纸工业企业自行监测方案编制要求。在我国，造纸工业属于管理相对规范的行业，其他管理基础相对薄弱的行业问题更加突出。

为提高监测效率，应针对不同排放源污染物排放特性确定监测要求。监测是污染排放监管必不可少的技术支撑，具有重要的意义，然而监测是需要成本的，应在监测效果和成本间寻找合理的平衡点。“一刀切”的监测要求，必然会造成部分排放源监测要求过高，从而引起浪费；或者对部分排放源要求过低，从而达不到监管需求。因此，需要专门的技术文件，从排污单位监测要求进行系统分析，进行系统性设计，实现监测要求的精细化，提高监测效率。

1.5.3　对排污单位自行监测行为指导和规范的技术要求

我国从 2014 年以来开始推行国家重点监控企业自行监测及信息公开，从实施情况来看存在诸多问题，需要加强对排污单位自行监测行为的指导和规范。

污染源监测与环境质量监测相比，涉及的行业较多，监测内容更复杂。国家规定的污染物排放标准数量众多，我国现行国家污染物排放（控制）标准达到 150 余项，省级人民政府依法制定并报原环境保护部备案的地方污染物排放标准总数达到 120 余项；标准控制项目种类繁杂，如现行标准规定的水污染物控制项目指标总数达 124 项，与美国水污染物排放法规项目指标总数（126 项）相当。

对每个排污单位来说，生产工艺产生的污染物、不同监测点位执行排放标准和控制指标、环评报告要求的内容都有不同情况及独特内容。虽然各种监测技术标准与规范已从不同角度对排污单位的监测内容做出了规定，但是由于国家发布的有关规定必须有普适性、原则性的特点，因此排污单位在开展自行监测过程中如何结合企业具体情况，合理确定监测点位、监测项目和监测频次等实际问题上面临着诸多疑问。

原环境保护部在对全国各地区自行监测及信息公开平台的日常监督检查及现场检查等工作中发现，部分排污单位自行监测方案的内容、监测数据结果的质量稍差，存在排污单位未包括全部排放口、监测点位设置不合理、监测项目仅开展主要污染物、随意设置排放标准限值、自行监测数据弄虚作假等问题，因此应进一步加强对企业自行监测的工作指导和规范行为，为监督监管企业自行监测提供政策和技术支撑，因此需要建立和完善企业自行监测相关规范内容。为解决企业开展自行监测过程中遇到的问题，加强对企业自行监测的指导，有必要制定自行监测技术指南，将自行监测要求进一步明确和细化。

1.6 造纸行业技术指南在自行监测技术指南体系中的定位和制定思路

1.6.1 自行监测技术指南体系

排污单位自行监测指南体系以《排污单位自行监测技术指南　总则》（HJ 819—2017）为统领，包括一系列重点行业分行业排污单位自行监测技术指南，其共同组成排污单位自行监测技术体系，见图 1-2。

《排污单位自行监测技术指南　总则》在排污单位自行监测指南体系中属于

纲领性的文件，起到统一思路和要求的作用。首先，对行业技术指南总体性原则进行规定，是行业技术指南的参考性文件；其次，对于行业技术指南中必不可少、但要求比较一致的内容，可以在《排污单位自行监测技术指南　总则》中进行体现，在行业技术指南中加以引用，既保证一致性，也减少重复；第三，对于部分污染差异大、企业数量少的行业，单独制定行业技术指南意义不大，这类行业企业可以参照《排污单位自行监测技术指南　总则》开展自行监测。行业技术指南未发布的，也应参照《排污单位自行监测技术指南　总则》开展自行监测。

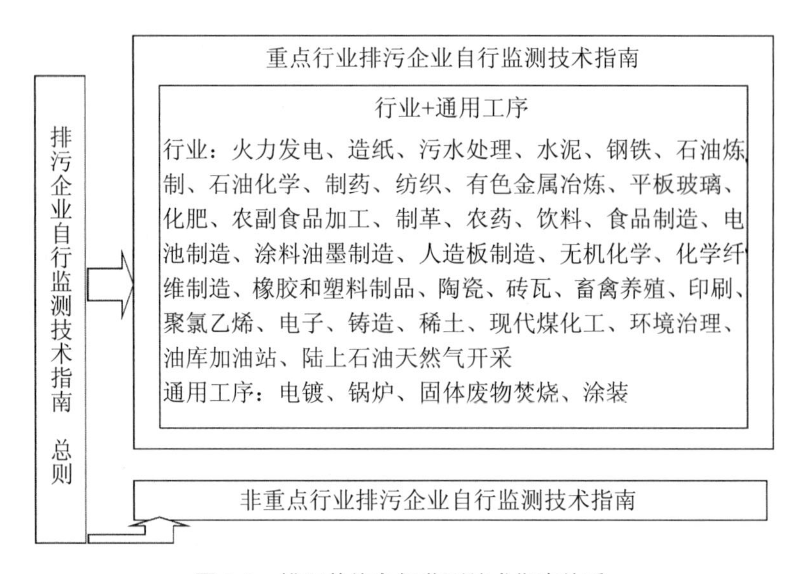

图 1-2　排污单位自行监测技术指南体系

1.6.2　行业排污单位自行监测技术指南是对总则的细化

行业技术指南是在《排污单位自行监测技术指南　总则》的统一原则要求下，考虑该行业企业所有废水、废气、噪声污染源的监测活动，在指南中进行统一规定。行业排污单位自行监测指南的核心内容要包括以下两个方面：

1）污染物监测方案。在指南中明确行业的监测方案。首先明确行业的主要污染源，各污染源的主要污染因子。针对各污染源的各污染因子提出监测方案设置的基本要求，包括点位、监测指标、监测频次、监测技术等。

2）数据记录、报告和公开要求。根据行业特点，各参数或指标与校核污染物排放的相关性，提出监测相关数据记录要求。

除了行业技术指南中规定的内容，还应执行《排污单位自行监测技术指南　总则》的要求。

1.6.3 造纸行业排污单位自行监测技术指南制定原则与思路

（1）以《排污单位自行监测技术指南　总则》为指导，根据行业特点进行细化

造纸行业自行监测技术指南中的主体内容是以《排污单位自行监测技术指南　总则》为指导，根据《排污单位自行监测技术指南　总则》中确定的基本原则和方法，在对造纸行业产排污环节进行分析的基础上，结合造纸工业企业实际的排污特点，对造纸行业监测方案、信息记录的内容进行具体化和明确化。

（2）以污染物排放标准为基础，全指标覆盖

污染物排放标准规定的内容是行业自行监测技术指南制订的重要基础。在污染物指标确定上，行业技术指南主要以当前实施的、适用于造纸行业的污染物排放标准为依据。对于污染物排放标准中已明确规定了监测频次的污染物指标，以污染物排放标准为准，如制浆造纸工业废水排放标准中规定二噁英按年监测。

同时，根据实地调研以及相关数据分析结果，对实际排放的或地方实际进行监管的污染物指标进行适当的考虑，在标准中进行列明，但标明为选测或由排污单位根据实际监测结果判定是否排放，若实际排放，则应进行监测。

（3）以满足排污许可制度实施为主要目标

造纸行业自行监测技术指南的制订以能够满足支撑造纸行业排污许可制度实施为主要目标。

由于造纸行业不同企业实际存在的废气排放源差异较大，有些类型的废气源

仅在少数造纸企业中存在，造纸行业排污许可证申请与核发技术规范中将常见的废气排放源纳入管控。造纸行业自行监测技术指南中对常见废气排放源监测点位、指标、频次进行了规定。

排污许可制度中，对主要污染物提出排放量许可限值，其他污染物仅有浓度限值要求。为了支撑排污许可证制度实施对排放量核算的需求，有排放量许可限值的污染物，监测频次一般高于其他污染物。

第 2 章　自行监测的一般要求

按照开展自行监测活动的一般流程，排污单位应查清本单位的污染源、污染物指标及潜在的环境影响，制定监测方案，设置和维护监测设施，按照监测方案开展自行监测，做好质量保证和质量控制，记录和保存监测数据，依法向社会公开监测结果。

本章围绕排污单位自行监测流程中的关键节点，对其中的关键问题进行介绍。制定监测方案时，应重点保证监测内容、监测指标、监测频次的全面性、科学性，确保监测数据的代表性，这样才能全面反映排污单位的实际排放状况；设置和维护监测设施时，应能够满足监测要求，同时为监测的开展提供便利条件；自行监测开展过程中，应该根据本单位实际情况自行监测或者委托有资质的单位开展监测，所有监测活动要严格按照监测技术规范执行；开展监测的过程中，还应该做好质量保证和质量控制，确保监测数据质量；监测信息记录与公开时，应保证监测过程可溯，同时按要求报送和公开监测结果，接受管理部门和公众的监督。

2.1　制定监测方案

2.1.1　自行监测内容

排污单位自行监测不仅限于污染物排放监测，还应该围绕说清楚本单位污染物排放状况、污染治理情况、对周边环境质量影响监测状况来确定监测内容。但考虑到排污单位自行监测的实际情况，排污单位可根据管理要求，逐步开展。

（1）污染物排放监测

污染物排放监测对于排污单位自行监测是基本要求，包括废气污染物、废水污染物和噪声污染。废气污染物，包括有组织废气污染物排放源和无组织废气污染物排放源。废水污染物，包括直接排入环境的企业，即直接排放企业和排入公共污水处理系统的间接排放企业。

（2）周边环境质量影响监测

排污单位应根据自身排放状况对周边环境质量的影响情况，开展周边环境质量影响状况监测，从而掌握自身排放状况对周边环境质量影响的实际情况和变化趋势。

《大气污染防治法》第七十八条规定，排放有毒有害大气污染物的企业事业单位，应当按照国家有关规定建设环境风险预警体系，对排放口和周边环境进行定期监测，评估环境风险，排查环境安全隐患，并采取有效措施防范环境风险。《水污染防治法》第三十二条规定，排放有毒有害水污染物的企业事业单位和其他生产经营者，应当对排污口和周边环境进行监测，评估环境风险，排查环境安全隐患，并公开有毒有害水污染物信息，采取有效措施防范环境风险。

由于目前我国尚未发布有毒有害大气污染物名录和有毒有害水污染物名录，故排污单位可根据本单位实际自行确定监测指标和内容。对于污染物排放标准、环境影响评价文件及其批复或其他环境管理有明确要求的，排污单位应按照要求对其周边相应的空气、地表水、地下水、土壤等环境质量开展监测。对于相关管理制度没有明确要求的，排污单位应依据《大气污染防治法》《水污染防治法》的要求，根据实际情况确定是否开展周边环境质量影响监测。

（3）关键工艺参数监测

污染物排放监测需要有专门的仪器设备、人力物力，往往具有较高的经济成本。污染物排放状况与生产工艺、设备参数等相关指标具有一定的关联关系，而这些工艺或设备相关参数的监测，有些是生产控制所必须开展监测的，有些虽然不是生产过程中一定开展监测的指标，但开展监测相对容易，成本较低。因此，在部分排放源或污染物指标监测成本相对较高、难以实现高频次监测的情况下，可以通过对与污染物产生和排放密切相关的关键工艺参数进行测试以补充污染物排放监测。

（4）污染治理设施处理效果监测

有些排放标准等文件对污染治理设施处理效果有限值要求，这就需要通过监测结果进行处理效果的评价。另外，有些情况下，排污单位需要掌握污染处理设施的处理效果，从而可以更好地对生产和污染治理设施进行调试。因此，若污染物排放标准等环境管理文件对污染治理设施有特别要求的，或排污单位认为有必要的，应对污染治理设施处理效果进行监测。

2.1.2　自行监测方案内容

排污单位应当对本单位污染源排放状况进行全面梳理，分析潜在的环境风险，根据自行监测方案制定能够反映本单位实际排放状况的监测方案，以此作为开展自行监测的依据。具体监测方案的制定方法在第 5 章中进行详细介绍。

监测方案内容包括：单位基本情况、监测点位及示意图、监测指标、执行标准及其限值、监测频次、采样和样品保存方法、监测分析方法和仪器、质量保证与质量控制等。

所有按照规定应开展自行监测的排污单位，在投入生产或使用并产生实际排污行为之前完成自行监测方案的编制及相关准备工作，一旦有产生实际排污行为，就应当按照监测方案开展监测活动。

当有以下情况发生时，应变更监测方案：执行的排放标准发生变化；排放口位置、监测点位、监测指标、监测频次、监测技术任意一项内容发生变化；污染源、生产工艺或处理设施发生变化。

2.2 设置和维护监测设施

开展监测必须有相应的监测设施，为了保证监测活动的正常开展，排污单位应按照规定设置满足开展监测所需要的监测设施。

（1）监测设施应符合监测规范要求

开展废水、废气污染物排放监测，应保证监测数据不受监测环境的干扰，因此，废水排放口，废气监测断面、监测孔的设置都有相应的要求，要保证水流、气流不受干扰，混合均匀，采样点位的监测数据能够反映监测时点污染物排放的实际情况。

我国废水、废气监测相关标准规范中，对监测设施必须满足的条件有相关规定，排污单位可根据具体的监测项目，对照监测方法标准、技术规范确定监测设施的具体设施要求。但是，由于相关标准规范对监测设施的规定较为零散，不够系统，有些地方出台了专门的标准规范，对监测设施设置规范进行了全面规定，这可以作为排污单位设置监测设施的参考。例如，北京市出台了《固定污染源监测点位设置技术规范》（DB 11/ 1195—2015）。

（2）监测平台应便于开展监测活动

开展监测活动，需要一定空间，有时还需要使用直流供电的仪器设备，排污单位应设置方便开展监测活动的平台。一是到达监测平台要方便，从而可以随时开展监测活动；二是监测平台空间要足够大，要能够保证各类监测设备摆放和人员活动；三是监测平台要备有需要的电源等辅助设施，从而保证监测活动开展所必需的各类仪器设备、辅助设备正常工作。

（3）监测平台应能保证监测人员的安全

开展监测活动的同时，必须能够保证监测人员的人身安全，因此监测平台要设有必要的防护设施。一是高空监测平台，周边要有足够保障人员安全的围栏，监测平台底部的空隙不应过大；二是监测平台附近有造成人体机械伤害、灼烫、腐蚀、触电等危险源的，应在平台相应位置设置防护装置；三是监测平台上方有坠落物体隐患时，应在监测平台上方设置防护装置；四是排放剧毒、致癌物及对人体有严重危害物质的监测点位应储备相应安全防护装备。所有围栏、底板、防护装置使用的材料结构要求，要符合相关质量要求，要能够承受估计的最大冲击力，从而保障人员的安全。

（4）废水排放量大于 100 t/d 的，应安装自动测流设施并开展流量自动监测

废水流量监测是废水污染物监测的重要内容，从某种程度上来说，流量监测比污染物浓度监测更为重要。废水流量的监测方法有多种，根据废水排放形式，流量监测针对明渠和管道可采用明渠流量计和电磁流量计。流量监测易受环境影响，监测结果存在一定不确定性的问题是国际上普遍性的技术问题。但从总体上来说，流量监测技术日趋成熟，其能够满足各种监测需要，并也能满足自动测流的需要。电磁流量计适用于管道排放的形式，对于流量范围适用性较广。明渠流量计中，三角堰适用于流量较小的情况，监测范围能够低至 1.08 m^3/h，即能够满足 30 t/d 排放水平企业的需要。根据环境统计数据，废水排放量大于 30 t/d 的企业数为 7.5 万家，约占企业总数的 80%；废水排放量大于 50 t/d 的为 6.7 万家，约占企业总数的 70%；废水排放量大于 100 t/d 的为 5.7 万家，约占企业总数的 60%。从监测技术稳定性方面和当前的基础来看，本标准建议废水排放量大于 100 t/d 的企业采取自动测流的方式。

2.3　开展自行监测

2.3.1　开展自行监测的一般要求

排污单位应依据最新的自行监测方案，安排监测计划，开展相应的监测活动。对于排污状况或管理要求发生变化的，排污单位应变更监测方案，并按照新的监测方案实施监测活动。

开展监测活动的技术依据是监测技术规范。除了监测方法中的规定，我国还有一些系统性的监测技术规范，对监测全过程进行规范，或者专门针对监测的某个方面进行技术规定。为了保证监测数据准确可靠，客观反映实际情况，无论是自行开展监测，还是委托其他社会化检测机构都应该按照国家发布的环境监测技术规范、监测方法标准开展监测活动。

开展监测活动的机构和人员由排污单位根据实际情况决定。排污单位可根据自身条件和能力，利用自有人员、场所和设备自行监测，企业自行实施监测不需要通过国家的实验室资质认定，目前国家层面不要求检测报告必须加盖 CMA 印章。个别或者全部项目不具备自行监测能力时，也可委托其他有资质的社会化检测机构代其开展。

无论是排污单位自行监测，还是委托社会化检测机构开展监测，排污单位都应对自行监测数据真实性负责。如果社会化检测机构未按照相应技术规范、监测方法标准开展监测，或者存在造假等行为，排污单位可以依据合同追究所委托的社会化检测机构的责任。

2.3.2 监测活动开展方式分类

监测活动开展是自行监测的核心。在监测组织方式上，开展监测活动时可以选择依托自有人员、设备、场地开展自行开展监测，也可以委托有资质的社会化检测机构开展监测。在监测技术手段上，无论是自行监测还是委托监测，都可以采用手工监测和自动监测的方式。排污单位自行监测活动开展方式选择流程见图 2-1。

排污单位首先根据自行监测方案明确需要开展监测的点位、监测项目、监测频次，在此基础上根据不同监测项目的监测要求分析本单位是否具备开展自行监测的条件。具备监测条件的项目，可选择自行开展监测；不具备监测条件的项目，排污单位可根据自身实际情况，决定是否提升自身监测能力，以满足自行监测的条件。如果通过筹建实验室、购买仪器、聘用人员等方式满足了自行开展监测条件的，可以选择自行开展监测。若排污单位不自行开展监测，而选择委托社会化检测机构开展监测，那么需要按照不同监测项目检查拟委托的社会化检测机构是否具备承担委托监测任务的条件。若拟委托的社会化检测机构具备条件，则可委托社会化检测机构开展委托监测；若不具备条件，则应更换具备条件的社会化检测机构承担相应的监测任务。由此来说，对于同一排污单位，存在 3 种情况：全部自行监测、全部委托监测、部分自行监测部分委托监测。同一排污单位，不同监测项目，可委托多家社会化检测机构开展监测。

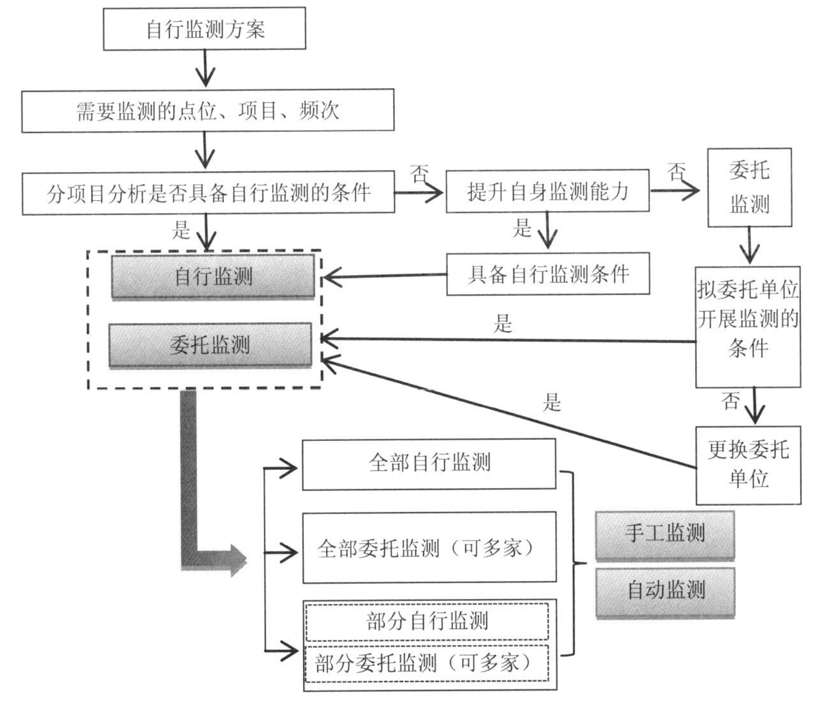

图 2-1　排污单位自行监测活动开展方式选择流程

无论是自行监测，还是委托监测，都应当按照自行监测方案要求，确定各监测点位、监测项目的监测技术手段。对于明确要求开展自动监测的点位及项目，应采用自动监测的方式，其他点位和项目可根据排污单位实际，确定是否采用自动监测。不采用自动监测的项目，应采用手工监测方式开展监测。采用自动监测方式的项目，应该按照相应技术规范的要求，定期采用手工监测方式进行校验。

2.3.3 监测活动开展应具备的条件

2.3.3.1 自行监测应具备的条件

自行承担监测活动的排污单位，应具备开展相应监测项目的能力，不具备的应建立相应的监测能力，具体来说可从以下几个方面来考虑。

（1）人员

自行监测作为排污单位环境管理的关键环节和重要基础，人才是关键，高素质的环境监测人员队伍为排污单位自行监测事业提供坚强的人才保障。

排污单位应有承担环境监测职责的机构，落实环境监测经费，赋予相应的工作定位和职能，配备充足的环境监测技术人员和管理人员。在人员比例上，要考虑各类技术人员的构成，如可要求高级技术人员占技术人员总数比例不低于 20%，中级不低于 50%。

排污单位应与其人员建立固定的劳动关系，明确技术人员和管理人员的岗位职责、任职要求和工作关系，使其满足岗位要求并具有所需的权力和资源，履行建立、实施、保持和持续改进管理体系的职责。

排污单位监测机构最高管理者应组织和负责管理体系的建立和有效运行。排污单位应对操作设备、检测、签发检测报告等人员进行能力确认，由熟悉检测目的、程序、方法和结果评价的人员，对检测人员进行质量监督。排污单位应制定人员培训计划，明确培训需求和实施人员培训，并评价这些培训活动的有效性。排污单位应保留技术人员的相关资格、能力确认、授权、教育、培训和监督的记录。

（2）设施与环境条件

排污单位应配备用于检测的实验室设施，包括能源、照明和环境条件等，实验室设施应有助于检测的正确实施。

实验室宜集中布置，做到功能分区明确、布局合理、互不干扰，对于有温湿度控制要求的实验室，建筑设计应采取相应技术措施；实验室应有相应的安全消防保障措施。

实验室设计必须执行国家现行有关安全、卫生及环境保护法规和规定，对限制人员进入的实验区域应在其明显部位或门上设置警告装置或标志。

凡是进入对人体有害的气体、蒸汽、气味、烟雾、挥发物质实验室，应设置通风柜，实验室需维持负压，向室外排风必须经特殊过滤；凡是经常使用强酸、强碱、有化学品烧伤的实验室，应在出口就近宜设置应急喷淋和应急洗眼器等装置。

实验室用房一般照明的照度均匀，其最低照度与平均照度之比不宜小于 0.7，微生物实验室宜设置紫外灭菌灯，其控制开关应设在门外并与一般照明灯具的控制开关分开设置。

为了确保监测结果准确性，排污单位应做到：对影响监测结果的设施和环境条件应制定成相应的技术文件。如果规范、方法和程序有要求，或对结果的质量有影响时，实验室应监测、控制和记录环境条件。当环境条件危及检测的结果时，应停止检测。应将不相容活动的相邻区域进行有效隔离。对影响检测质量的区域的进入和使用，应加以控制。应采取措施确保实验室的良好内务，必要时应制订专门的程序。

（3）仪器设备

排污单位应配备进行检测（包括采样、样品前处理、数据处理与分析）所要求的所有设备，用于检测的设备及其软件应达到要求的准确度，并符合检测相应的规范要求。根据开展的监测项目，可以考虑配备的仪器设备包括：气相色谱仪、液相色谱仪、离子色谱仪、原子吸收光谱仪、原子荧光光谱仪、红外测油仪、分光光度计、万分之一天平、马弗炉、烘箱、烟气烟尘测定仪、pH 计等。对结果有重要影响的仪器的分量或值，应制订校准计划。设备在投入工作前应进行校准或核查，以保证其能够满足实验室的规范要求和相应的标准规范。

仪器设备应由经过授权的人员操作，大型仪器设备应有仪器设备操作规程和仪器设备运行与保养记录；每一台仪器设备及其软件均应有唯一性标识；应保存对检测具有重要影响的每一台仪器设备及软件的记录，并存档。

（4）实验室质量体系

排污单位应建立实验室质量体系文件，制定质量手册、程序文件、作业指导书等文件，采取质量保证和质量控制措施，确保自行监测数据可靠，可根据实际情况确定是否需要取得实验室计量认证和实验室认可等资质。

2.3.3.2 委托单位相关要求

排污单位委托社会化检测机构开展自行监测的，也应对自行监测数据真实性负责，因此排污单位应重视对委托单位的监督管理。其中，具备检测资质是委托单位承接监测活动的前提条件和基本要求。

接受自行监测任务的社会化检测机构应具备监测相应项目的资质，即所出具的检测报告必须能够加盖 CMA 印章。排污单位除对资质进行检查外，还应该加强对委托单位的事前、事中、事后监督管理。

选择拟委托的社会化检测机构前，应对委托机构的既往业绩、实验室条件、人员条件等进行检查，重点考虑社会化检测机构是否有开展本单位委托项目的经验，是否具备承担本单位委托任务的能力，是否存在弄虚作假的历史等。

委托单位开展监测活动过程中，排污单位应定期不定期抽检委托单位的监测记录，若有存疑的地方，可开展现场检查。

每年报送全年监测报告前，排污单位应对委托单位的监测数据进行全面检查，包括监测的全面性、记录的规范性、监测数据的可靠性等，确保委托单位按照要求开展监测。

2.4　做好监测质量保证与质量控制

无论是自行开展监测还是委托社会化检测机构开展监测，都应该根据相关监测技术规范、监测方法标准等要求做好质量保证与质量控制。

自行开展监测的排污单位应根据本单位自行监测的工作需求，设置监测机构，梳理监测方案制定、样品采集、样品分析、监测结果报出、样品留存、相关记录的保存等监测的各个环节，为保证监测工作质量应制定工作流程、管理措施与监督措施，建立自行监测质量体系。质量体系应包括对以下内容的具体描述：监测机构，人员，出具监测数据所需仪器设备，监测辅助设施和实验室环境，监测方法技术能力验证，监测活动质量控制与质量保证等。

委托其他有资质的社会化检测机构代其开展自行监测的，排污单位不用建立监测质量体系，但应对社会化检测机构的资质进行确认。

2.5　记录和保存监测数据

记录监测数据与监测期间的工况信息，整理成台账资料，以备管理部门检查。对于手工监测，应保留全部原始记录信息，全过程留痕。对于自动监测，除了通过仪器记录全面监测数据外，还应记录运行维护记录。另外，为了更好地说清楚污染物排放状况，了解监测数据的代表性，对监测数据进行交叉印证，形成完整证据链，还应详细记录监测期间的生产和污染治理状况。

排污单位应将自行监测数据接入全国污染源监测信息管理与共享平台，公开监测信息。此外，可以采取以下一种或者几种方式让公众更便捷地获取监测信息：公告或者公开发行的信息专刊；广播、电视等新闻媒体；信息公开服务、监督热线电话；本单位的资料索取点、信息公开栏、信息亭、电子屏幕、电子触摸屏等场所或者设施；其他便于公众及时、准确获得信息的方式。

第 3 章　造纸行业工业污染排放状况

造纸行业是国民经济的基础原材料产业之一，也是环境管理重点关注的行业之一。本章围绕着造纸行业对社会经济贡献情况、产品产量区域分布情况、污染物排放和环保现状、行业发展进展和趋势进行简要介绍。同时针对造纸行业主要的环境污染关注点，对废水排放总体特征进行概述。分类对典型工艺过程污染物产排污节点和污染治理技术进行简要说明。造纸行业的行业发展状况和污染物排放特征，是造纸行业环境管理与自行监测要求的重要依据，更是造纸工业排污单位自行监测技术指南的重要依据。

3.1　行业概况及发展趋势

3.1.1　行业分类

造纸行业主要由纸浆制造、造纸和纸制品制造 3 个部分组成。

制浆原料通常包括木材、非木材（包括竹材、稻麦草、荻苇、蔗渣等）原生植物原料及废纸。原生植物原料制浆根据工艺可分为机械法制浆、化学机械法制浆、半化学法制浆、化学法制浆。

废纸为原料的制浆工艺统称废纸制浆，包括脱墨废纸制浆和非脱墨废纸制浆。

造纸可分为机制纸及纸板制造、手工纸制造和加工纸制造。

纸制品制造指以纸及纸板为原料，进一步加工制成纸制品的生产活动。

3.1.2 社会经济贡献情况

造纸行业是国民经济的基础原材料产业之一，据中国造纸协会调查资料显示，2017 年全国纸及纸板生产企业约 2 800 家，全国纸及纸板生产量 11 130 万 t，消费量 10 897 万 t，人均年消费量为 78 kg（13.90 亿人），纸浆生产总量 7 949 万 t。其中，木浆 1 050 万 t，废纸浆 6 302 万 t，非木浆 597 万 t[①]。

根据国家统计局和中国造纸协会数据，2005—2017 年，全国机制纸及纸板产品产量呈较快上升的趋势，见图 3-1。根据国家统计局数据，2005—2016 年，规模以上造纸企业资产总计、主营业务收入、主要业务成本、利润总额整体均呈现增长趋势，见图 3-2。规模以上造纸企业资产总计、主营业务收入、利润总额占规模以上工业企业总体的比例从 2009 年以来均呈现平稳下降的趋势，见图 3-3。

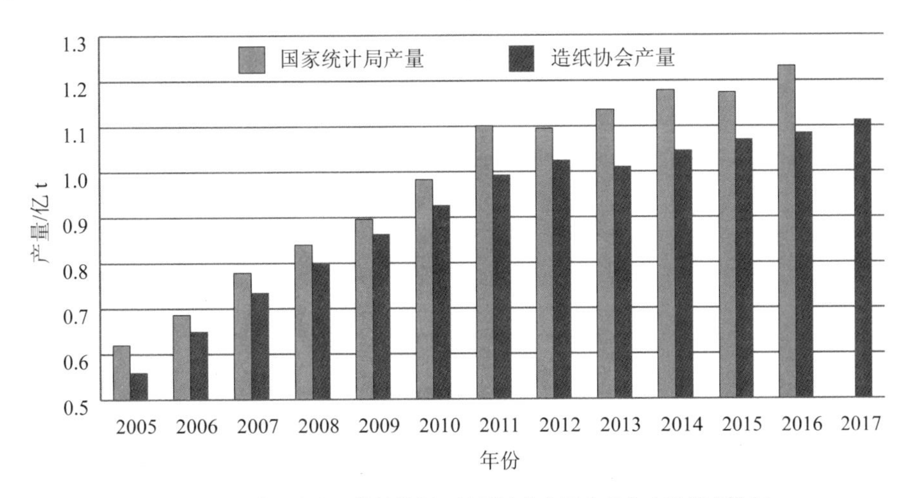

注：国家统计局产量为当年规模以上企业快报数据；造纸协会产量为行业实际调查数据。
数据来源：《国家统计年鉴》、中国造纸协会。

图 3-1　2005—2017 年机制纸及纸板产品产量

①中国造纸协会. 中国造纸工业 2017 年度报告[R]. 北京：中国造纸协会，2018.

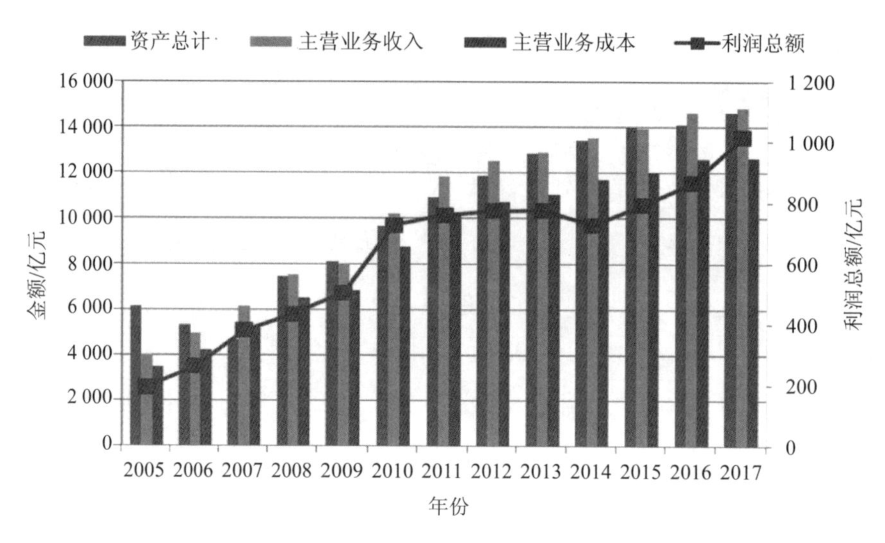

数据来源：《国家统计年鉴》。

图 3-2　2005—2017 年规模以上造纸企业经济发展状况

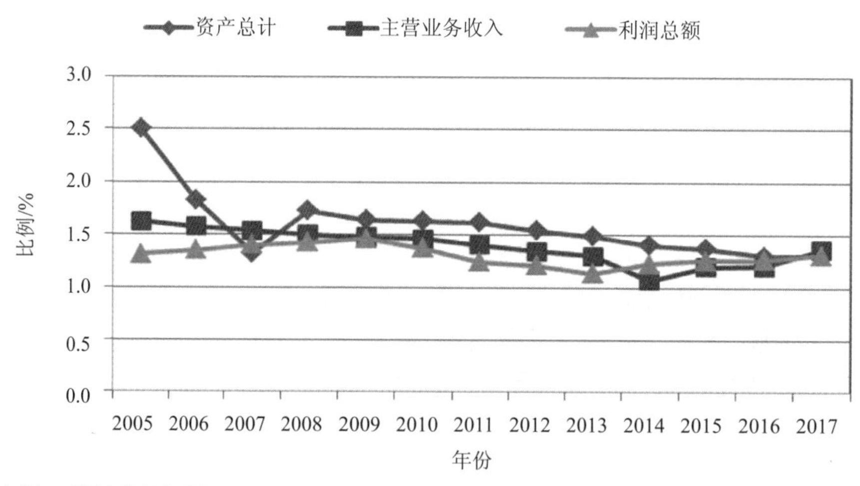

数据来源：《国家统计年鉴》。

图 3-3　2005—2017 年规模以上造纸企业占规模以上工业企业总体的比例

3.1.3　产品产量区域分布情况

2010—2017 年中国造纸工业纸及纸板产量区域分布情况见表 3-1。从各省市分布情况看，省市间产量对比差距明显。

表 3-1　中国造纸工业纸及纸板产量区域分布情况　　单位：万 t

地区	2010 年	2011 年	2012 年	2013 年	2014 年	2015 年	2016 年	2017 年
合计	9 270	9 930	10 250	10 110	10 470	10 710	10 855	11 130
北京市	10	10	7	4	4	5	5	6
天津市	85	126	196	220	235	235	240	231
河北省	371	401	424	344	320	305	250	297
山西省	25	20	28	32	25	35	35	39
内蒙古自治区	28	31	15	11	20	12	10	13
辽宁省	65	56	68	40	38	36	50	97
吉林省	82	88	64	35	63	76	75	62
黑龙江省	64	65	53	63	59	51	33	43
上海市	86	87	91	83	73	66	62	46
江苏省	1 101	1 051	1 206	1 210	1 280	1 305	1 280	1 253
浙江省	1 362	1 477	1 536	1 561	1 590	1 650	1 690	1 711
安徽省	201	235	213	195	230	265	295	302
福建省	391	480	539	525	650	665	710	758
江西省	157	185	155	160	145	173	185	196
山东省	1 510	1 630	1 710	1 730	1 750	1 780	1 880	1 875
河南省	814	828	780	700	630	600	610	568
湖北省	158	199	224	190	200	230	215	267
湖南省	335	372	355	320	300	320	310	290
广东省	1 435	1 496	1 579	1 641	1 760	1 820	1 850	1 885
广西壮族自治区	167	194	258	275	240	230	215	251
海南省	51	113	114	140	155	168	165	173
重庆市	191	178	171	240	300	290	280	309
四川省	316	340	232	202	210	190	195	221
贵州省	20	25	13	14	22	25	28	36

地区	2010 年	2011 年	2012 年	2013 年	2014 年	2015 年	2016 年	2017 年
云南省	36	41	51	40	45	59	75	81
西藏自治区	—	—	—	3	3	3	3	3
陕西省	87	93	78	70	60	59	60	65
甘肃省	11	7	5	6	5	4	4	3
青海省	—	—	—	0	0	—	0	0
宁夏回族自治区	79	72	53	22	23	24	20	24
新疆维吾尔自治区	32	30	32	34	35	29	25	25

数据来源：中国造纸协会。

从我国造纸工业分区域发展情况来看，在总体保持增长和产需基本平衡的形势下，自 2000 年起，长江中下游地区和东南沿海地区持续快速增长，黄淮地区增速逐渐降低并开始下降，西南地区前 6 年增速较快随后产量持平，西北地区前 6 年增速较快随后快速下降，东北地区持续减量。从分布比例来看，长江中下游地区、东南沿海地区持续上升，黄淮地区、西南地区、西北地区、东北地区先升后降。造纸产业布局变化基本符合我国经济发展状况，见图 3-4、表 3-2。

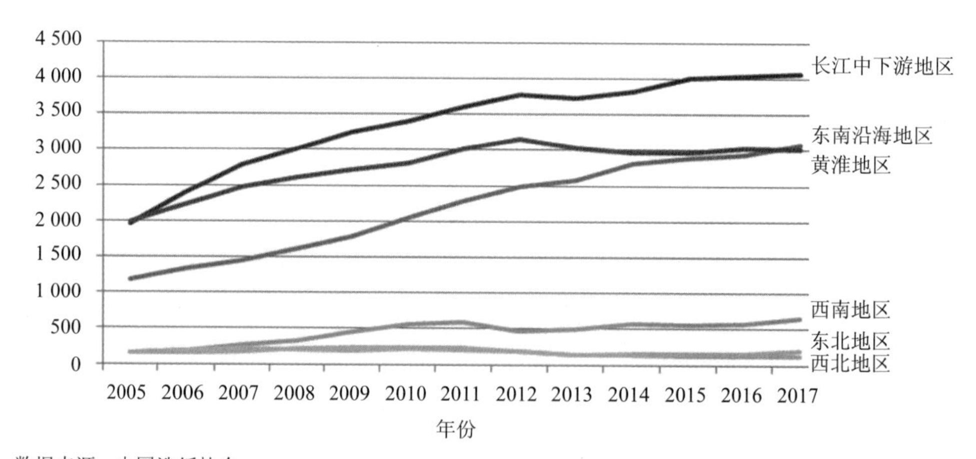

数据来源：中国造纸协会。

图 3-4　我国造纸工业分区域纸及纸板产量变化情况

表 3-2　纸及纸板产量分布变化　　单位：万 t

区域	2005年	2006年	2007年	2008年	2009年	2010年	2011年	2012年	2013年	2014年	2015年	2016年	2017年
长江中下游地区	1 949	2 400	2 779	3 005	3 251	3 400	3 606	3 780	3 719	3 818	4 009	4 037	4 064
东南沿海地区	1 178	1 339	1 450	1 619	1 792	2 044	2 283	2 490	2 581	2 805	2 883	2 940	3 067
黄淮地区	1 990	2 236	2 468	2 607	2 725	2 815	3 015	3 145	3 030	2 964	2 960	3 020	3 017
西南地区	159	189	262	332	450	563	584	467	499	580	567	581	651
东北地区	162	180	216	201	190	211	209	185	138	160	163	158	201
西北地区	159	156	175	216	232	237	233	183	143	143	128	119	129

数据来源：中国造纸协会。

目前，我国纸及纸板需求总量仍保持增长，但增速已明显趋缓，生活用纸、包装纸及纸板和特种纸市场需求量增加显著，而新闻纸受数字网络发展影响生产呈下降趋势，产品结构调整符合“低定量、功能化、高品质、多品种”发展方向。

分区域看，我国纸和纸板的产量集中在中东部地区，2017 年中东部地区纸和纸板的产量占全国总产量的 90%以上。2017 年超过年产千万吨的山东、广东、浙江、江苏 4 省的造纸产量的比例占全国总产量的 60%。福建、海南、重庆、天津 4 省市有良好的增长趋势。黄淮地区的河南、河北两个传统造纸大省，由于淘汰落后产能的原因，近几年产量有所下降。总体上看，长江中下游地区产能增加最大，黄淮地区次之，华南沿海地区位列第三。四川省和重庆市由于经济发展较快，促进了纸和纸板生产和消费快速增长。西北地区由于原料、市场及其他因素，基本无大型投资项目。

3.1.4　纸浆原料的来源和纸浆品种分布情况

我国造纸工业生产主要原料为木、竹、苇、蔗渣、草、废纸等。原料结构为木浆 31%、非木浆 6%，废纸 63%。其中木片、废纸和商品纸浆严重依赖进口。

我国进口废纸和商品纸浆量分别约占到国际贸易总量的 50%和 30%，总体木浆和废纸对外依存度高达 42.8%。另外，木片进口约 1 120 万 t，其中 90%用于制浆工业，如果包含木片在内的话，目前我国造纸用原料（废纸、纸浆和木片）理论对外依存度高达 50%。如果考虑原料的最初来源，国内每年用于补充纤维损耗的自产纤维原料只有 6.03%的非木纤维和占总原料约 3%～4%的国内采购林业剩余物，国内循环废纸的最初来源也是进口废纸，因此，从植物来源角度看，实际原料对外依存度高达 90%。

废纸是支撑我国造纸工业未来发展最重要的原料，也是许多国家争夺的战略性资源。由于我国的产业结构问题，商品出口比重较大，造成包装用纸夹带出口较多。如果减掉出口夹带和不可回收量，国内废纸回收目前已超过了可回收量的 93%，因此，使国内废纸回收率目前只能维持在 48%左右，不足部分只能依赖进口，用于回购出口夹带的包装物和补充国内的废纸循环损耗。

而国内回收的废纸最初的来源因国内只有少量非木植物和林业剩余物可用于制浆，国内废纸中植物纤维的最初来源也主要是进口的废纸、木片、商品纸浆、成品纸和进口商品的包装物，其中进口废纸是国内废纸的最主要来源，国内废纸积累和循环中的损耗主要靠进口废纸来补充。

竹子、芦苇、蔗渣、稻麦草等资源因为存在资源分散、运输条件差、收集收购成本高、环保治理成本高等制约因素，所以造成资源利用率较难大幅提高。国内木材供需结构性矛盾突出，是因为国内木材加工剩余物价值低，集中困难，而到工厂价格偏高、质量又较差，造纸行业难以承受。因此，目前国产木浆使用的木片主要依靠进口，造纸用木片对外依存度也已超过 70%，见表 3-3。

我国造纸工业为了生存和发展，充分利用国内外两种资源，大力推进林纸一体化工程建设，加大废纸利用和关停落后草浆生产线，提高了国内木浆和废纸的供给能力，使原料结构有所调整。

表 3-3 进口纸及纸板、纸制品、木浆、废纸、木片总量与用汇情况

产品	2010 年		2011 年		2012 年		2013 年		2014 年		2015 年		2016 年		2017 年	
	进口量/万 t	用汇/亿美元	进口量/万 t	用汇/亿美元	进口量/万 t	用汇/亿美元	进口量/万 t	用汇/亿美元	进口量/万 t	用汇/亿美元	进口量/万 t	用汇/亿美元	进口量/万 t	用汇/亿美元	进口量/万 t	用汇/亿美元
纸及纸板	336	38.8	331	41.8	311	35.4	284	36.2	282	35.4	287	33.4	297.3	32.6	466	42
纸制品	18	8.1	17	8.8	14	7.6	13	7.5	13	7.6	11.6	7.1	11.9	6.8	19.4	7.0
木浆	1 137	88.2	1 445	119.3	1 647	111.1	1 685	113.7	1 797	120.7	1 984	127.6	2 106.1	122.4	2 372.5	153.4
废纸	2 435	53.5	2 728	69.7	3 007	62.71	2 924	59.3	2 752	53.4	2 928	52.8	2 850	49.9	2 572	58.7
木片	463	6.7	656	11.6	759	13.2	916	15.5	985	15.5	982	16.9	1 117	18.5	1 140	19.3
合计	4 389	195.3	5 177	251.2	5 738	230.	5 822	232.2	5 829	232.6	6 193	237.8	6 382.3	230.2	6 569.9	280.4

数据来源：海关总署、中国造纸协会。

2010—2017 年，造纸木浆用量由 1 859 万 t 增至 3 152 万 t，木浆比例已达 31.4%，其中国产木浆用量由 708 万 t 提高到 1 040 万 t，比例由 8%提升至 10.3%；废纸浆由 5 305 万 t 增至 6 301 万 t，废纸浆比例由 63%降至 62.7%，其中国产废纸浆由 3 213 万 t 增至 4 239 万 t，比例由 38%提升至 42.1%；非木浆总量有明显下降，由 1 297 万 t 下降至 598 万 t，比例则由 15%降至 5.9%。

总体来看，我国已基本形成符合我国国情的以废纸纤维、木纤维为主，合理利用非木纤维造纸原料结构的局面，见表 3-4、表 3-5、表 3-6。

表 3-4　2010—2015 年原料结构消费量变化　　单位：万 t

纸浆	2011 年	2012 年	2013 年	2014 年	2015 年	2016 年	2017 年
1．木浆	2 144	2 291	2 378	2 540	2 713	2 877	3 152
其中：国产	814	802	882	952	966	1 005	1 040
进口	1 330	1 489	1 504	1 588	1 757	1 881	2 112
2．废纸浆	5 660	5 983	5 940	6 189	6 338	6 329	6 301
其中：国内	3 478	3 578	3 561	3 946	3 946	4 020	4 239
进口	2 182	2 405	2 378	2 243	2 392	2 308	2 062
3．非木浆	1 240	1 074	829	755	680	591	598

数据来源：中国造纸协会。

表 3-5　废纸利用率

	废纸利用总量（含进口废纸量）/万 t	废纸利用率/%
2010 年	6 631（2 615）	71.53
2011 年	7 075（2 727）	71.25
2012 年	7 479（3 006）	72.97
2013 年	7 301（2 964）	72.21
2014 年	7 593（2 752）	72.52
2015 年	7 760（2 928）	72.46
2016 年	7 813（2 850）	71.98
2017 年	7 857（2 572）	70.59

数据来源：中国造纸协会。

表 3-6　非木浆结构变化　　单位：万 t

非木浆	2011 年	2012 年	2013 年	2014 年	2015 年	2016 年	2017 年
禾草浆	660	592	401	336	303	244	246
苇浆	158	143	126	113	100	68	69
蔗渣浆	121	90	97	111	96	90	86
竹浆	192	175	137	154	143	157	165
其他浆	109	74	68	41	38	32	32
总量	1 240	1 074	829	755	680	591	598

数据来源：中国造纸协会。

3.1.5　行业污染物排放及环保现状

根据 2017 年全国环境统计数据，造纸行业废水、化学需氧量、氨氮、总氮、总磷、二氧化硫、氮氧化物、烟粉尘排放量在工业行业中分别排名第 3、第 3、第 4、第 4、第 7、第 7、第 7、第 9，分别占各行业排放量的 12.9%、14.2%、10.1%、8.2%、4.0%、1.9%、1.7%、1.0%。因此，对于造纸行业，废水和化学需氧量是污染防治工作中应关注的重点，见图 3-5。

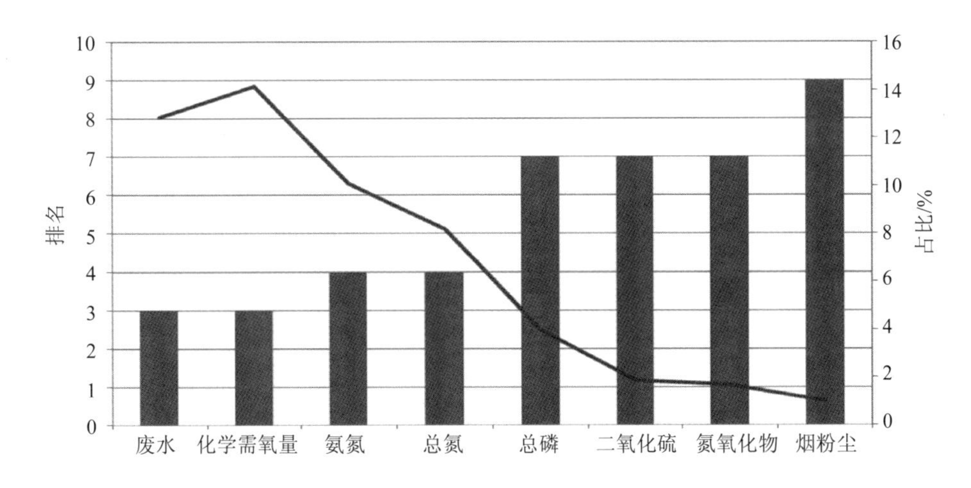

数据来源：《环境统计年报》。

图 3-5　造纸行业在工业行业中排放量排名

2005 年以来，造纸行业废水排放量呈现先增后减的变化趋势，“十二五”以来，在排放标准和总量减排的推动下，废水排放量快速下降，见图 3-6。

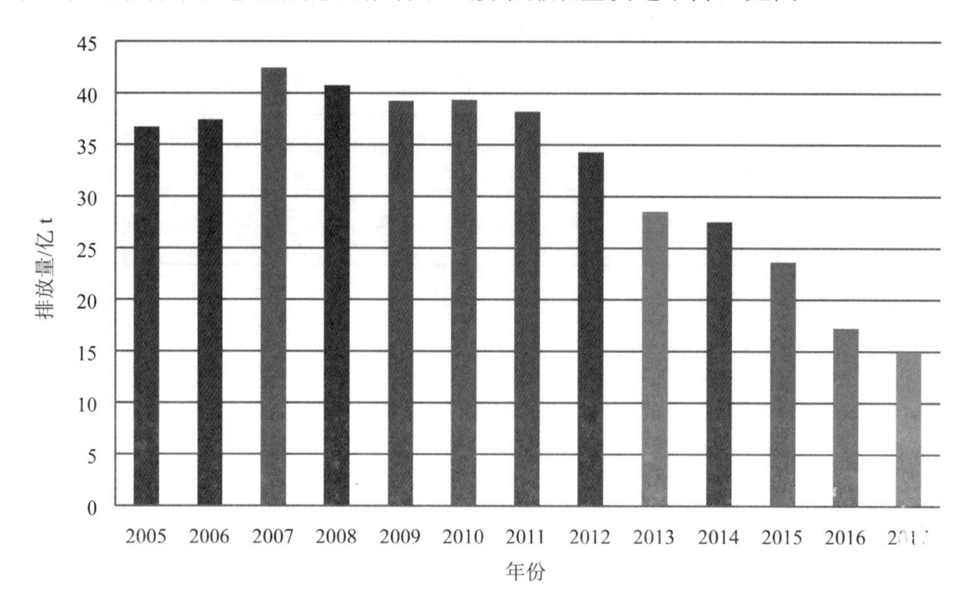

数据来源：《环境统计年报》。

图 3-6　2005—2017 年造纸行业废水排放量情况

“十一五”以来，在主要污染物总量减排的推动下，造纸全行业化学需氧量排放总量从 2005 年的 159.7 万 t 下降到 2015 年的 11.1 万 t，减少了 93%，化学需氧量占工业化学需氧量排放总量的比例持续降低，但仍然是工业行业中化学需氧量排放量排名前 3 的行业，见图 3-7。

我国幅员辽阔，地区发展不平衡现象较严重，西部地区造纸产能占比不到 10%，但单位产品排放强度大于东部地区。另外，我国小型造纸企业数量占比很大，部分小型造纸企业设备、工艺落后，有的为节约运行成本，减少环保相关投入，对这类小造纸企业要继续实行关、停、并、转，淘汰落后产能，实现造纸行业整体产业升级和节能减排。

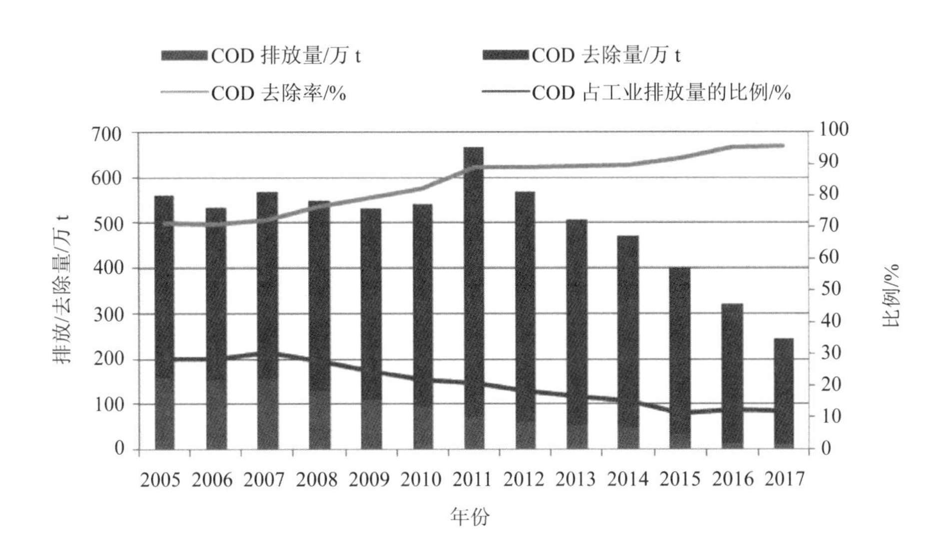

数据来源：《环境统计年报》。

图 3-7　2005—2017 年化学需氧量排放与处理情况

3.1.6　行业发展最新进展

3.1.6.1　行业技术水平和技术进步

经过近三个“五年计划”的实施，国内造纸产能快速增长，产业在规模、技术、环保等领域装备技术水平也得到大幅提升。到 2015 年，我国具有国际先进水平和国内领先水平的产能已超过 70%，推动造纸生产过程向着高效率、高质量、低消耗、低排放的方向发展，纸及纸板产品向着多元化、功能化、低定量、绿色环保的方向提升。

成套引进或关键部件引进，促进了我国制浆造纸设备制造能力和科技水平的提高。世界先进装备厂商在中国的落户和国产化设备制造水平的提高，缩小了我国与国际先进水平的差距，同时也引入了先进的管理和技术人才，提高了产品研发能力和自主创新能力，制浆造纸装备水平得到了大幅度的提升。

另外，我国造纸装备业近年来也取得一系列突破性的创新成果。如自主研发完成了幅宽 5 600 mm、车速 1 200～1 500 m/min 以上的文化纸机；幅宽 5 600 mm、车速 800 m/min 的纸板机；幅宽 4 800 mm、车速 800 m/min 的涂布白板纸机；车速 1 000 m/min 以上高速卫生纸机；年产 60 万～150 万 t 化学木浆大型双辊挤浆机；全球首台非木纤维立式连蒸设备；年产 30 万 t 废纸浆成套设备；8 t/d 二氧化氯制备生产线等。这些达到国内领先或接近国际先进的技术水平，有效提升了我国造纸行业生产工艺技术和装备总体研发水平。中国造纸装备制造业已具备向世界第二方阵冲刺的基础和条件。

造纸化学品的发展也为造纸工业探索新的发展方向提供了强有力的支持，这些化学品的研发和应用，有效地改变了国外造纸化学品的垄断，改善了纸张品质，节约了成本，降低了能源消耗和减少了污染物的排放。目前国际上多个大型跨国化学品企业纷纷在中国设厂，这也给国内造纸企业的发展和产品质量提高提供了支持。

造纸产业通过加大科技研发力度，改善工艺技术与装备，推行质量管理等一系列措施，使纸及纸板产品结构进一步优化，并由数量型向质量型转变，由少品种向多品种转变。产品质量普遍提高不仅创造出了一批优秀品牌产品，增加了高档纸及纸板的供给能力，而且减少了进口，缓解了高档纸及纸板长期短缺的供需矛盾。纸及纸板进口量由 2010 年的 336 万 t 降至 2015 年的 287 万 t，降低 14.5%，整体产品质量已居世界先进水平，部分产品已具有很强的国际竞争力。

3.1.6.2 行业产能规模、集中度和水平

近年来，我国造纸企业充分利用有关兼并重组的政策，采取合并、股权收购、资产收购、投资合作等多种形式进行整合，加大兼并重组力度。玖龙纸业（控股）有限公司、山东晨鸣纸业集团股份有限公司、浙江吉安纸业股份公司、河南江河纸业有限公司、华泰集团有限公司、中国纸业投资总公司（中国诚通控股）等多个有实力的企业在全国范围内进行跨省、跨地区收购兼并，促进企业向集团化、

特色化、多元化方向发展，实现了发展战略上对接和产业、产品、技术上对接。一批生产技术装备先进、产品信誉好、具有资源整合能力和较强竞争力的现代化造纸企业集团脱颖而出，使造纸产业组织结构在一定程度上得到改善和优化。

截至 2017 年，排位前 30 家企业纸及纸板生产量占全国纸及纸板总产量的比例由 2010 年的 42.3%提升到 59.0%，年产量 100 万 t 以上企业有 19 家，合计产量达到 5 728 万 t，占当年纸及纸板总产量比例为 51.5%，比 2010 年 10 家合计 2 674 万 t（占当年纸及纸板总产量比例 28.9%）提高了 22.6 个百分点。

3.1.6.3　造纸行业环保治理技术的进步

近年来，我国制浆造纸工业十分重视清洁生产、节能、节水、减排和降耗，采用清洁生产最佳可行技术，用生物质燃料代替化石燃料，降低生产能源强度，减少 CO_2 排放。企业的废水和过程水都应经过处理，并提高回用率，新鲜水耗用量明显减少。

与国际上的新建产能比较，南美乌拉圭新投产的百万吨 Botnia Fray Bentos 浆厂开机前 8 个月每吨风干浆平均废水排放量为 30 m^3、COD_{Cr} 排放量为 7 kg、BOD 排放量为 0.3 kg、TSS 排放量为 0.65 kg、AOX 排放量为 0.04 kg；而欧盟推荐采用 BAT 的废水排放标准为每吨风干浆废水排放量为 30～50 m^3、COD_{Cr} 排放量为 8～23 kg、BOD_5 排放量为 0.3～1.5 kg、TSS 排放量为 0.6～1.5 kg、AOX 排放量为＜0.25 kg。目前先进的新闻纸机和文化用纸纸机新鲜水消耗已降至 10 m^3/t，有的甚至达到更低的水平。大幅降低新鲜水用量，从过程水分离污染物和废热，进而实现全系统封闭，充分回用处理过的废水都是近年制浆造纸工业的重要发展趋势。

到 2015 年，我国具有国际先进水平和国内领先水平的产能已超过 70%，行业平均废水排放量为 22.1 m^3、COD_{Cr} 排放量为 3.1 kg、AOX 排放量为 0.036 kg，基本上达到或超过国际先进水平；造纸生产过程向着高效率、高质量、低消耗、低排放的方向发展，纸及纸板产品向着多元化、功能化、低定量、绿色环保的方向提升。

装备不仅是工艺技术的载体，也是工艺和技术的集中体现，而制浆造纸装备又是超大型的机电一体化和智能集成设备，其要求实现信息化和智能化，并在高速运转条件下实现高可靠性。现代的造纸装备制造是技术密集的高端制造业，也是一个国家装备制造能力和实力的体现。

目前我国的大型造纸企业在制浆、造纸设备上已经广泛使用信息、网络、自动化控制等技术，并全面采用了集成化信息技术管理。一些全球领先的造纸企业为了提高纸产品的质量，还依靠科技创新，不断提高技术集成化程度，如单元化信息技术、生产过程集散控制系统（DCS）、生产过程质量控制系统（QCS）、设备运行控制系统（MMC）和高度集成信息系统（ERP）。

近年来，造纸技术在提高效率、改善性能和节约资源方面一直在不断地发展。由于全球纸张需求的减少，各大国际纸业集团的生产和经营重心都转向了亚洲和其他发展中国家和地区。最新的纸机和造纸技术实际上都已在中国落地，并带动了中国中高档用纸的产量的增加。这些宽幅、超大纸机，就吨纸消耗的能源和原材料而言，都比以前的中小纸机更加高效，可以提高质量和纸张性能、节省原材料和降低资源消耗。

随着节能和环保的压力不断加大，新型高效、节能效果显著的产品需求不断提高，如中浓系统、节能低噪声真空系统、高效脱水系统、新型干燥技术和装备、结晶蒸发技术、提高压榨脱水效率的靴式压榨、提高烘缸干燥效率的高效钢制烘缸、加强热风罩的传热效率的高效热风罩、利用热废气进行预干燥的热能回收系统等高新技术和装备等。

一些新装备的技术研发应用将成为技术未来进步的重要方向，大型制浆装备和生产线、大型低温置换蒸煮、新型立式连蒸等为主的新一代清洁制浆技术和装备、复合型生物精炼技术和装备、生物质衍生新材料技术、装备等的开发。与此同时，“两化”深度融合、智能化、信息化和机器人等为制浆造纸和纸制品业的发展提供了技术支持。

近年来，我国在研发具有自主知识产权的先进适用装备方面取得积极进展。国产造纸机械部分关键技术有较大突破，如中浓漂白技术、水力式流浆箱及稀释水控制系统等，正在逐渐得到规模化应用，成套装备的研发和集成能力提高，行业创新能力得到增强。

3.1.6.4　环境治理要求的提高

我国造纸行业环保排放标准主要指标大幅度严于国际发达国家要求，“十二五”规划实施以来各地又相继修订和出台多项更加严格的环境排放标准，特别是新颁布的《制浆造纸工业水污染物排放标准》《火电厂大气污染物排放标准》《锅炉大气污染物排放标准》。在法律法规上，《水污染防治行动计划》《大气污染防治行动计划》《土壤污染防治行动计划》，特别是 2015 年新《环境保护法》生效，对企业环境保护从法律上提出了更高的要求，未来行业将面临节能减排任务重、压力大的局面。国家在环境保护方面的政策整体趋严，节能减排压力不断上升，投资和成本不断加大，每年都会有新的政策和标准出台，这就要求企业要面对未来不断提高政策和标准水平。到目前为止，行业的废水 COD 排放限值和碱回收反应炉的氮氧化物排放限值等，仍没有科学可行、环境副作用小的技术能够使其达标。企业未来还需进一步不断加大投入，生产经营成本将不断上升，经营压力逐年加大。

3.1.7　行业发展趋势

（1）企业并购重组加快，产业集中度逐步提高

在国内环保要求的趋严和市场竞争日趋激烈的双重压力下，企业生存空间和盈利空间收窄，这种情况造成企业正常运营的困难增多。为提高企业市场生存机会，大型造纸企业将通过跨省、跨地区甚至跨国重组，推进企业向集团化、特色化、多元化方向发展，实现规模化效益。

（2）产品结构更加优化，纸品质量不断提升

经过多年的发展，我国造纸工业不断引进国外技术并加强自主创新，不断推进技术装备改造更新，加快了产品向低定量、功能化、高品质、多品种方向优化调整和质量升级，以满足市场消费结构变化和需求。

（3）清洁生产和节能减排效果明显

国家和地方不断发布和更新相关产业政策和环保政策法规及标准，是为了促进企业通过必要的技术工艺改造更新，加大生产过程污染预防技术方面的投入，加大环境治理力度，实现源头及末端治理综合防治，使得企业清洁生产水平不断提高，节能减排效果日益显著。

3.2 造纸行业废水排放总体特征

废水污染物为造纸行业最重要的环境污染要素，制浆造纸过程产生的废水主要包括制浆废水（初段水）、中段废水（漂白和洗涤水）和纸机白水（末段水）3个部分。

3.2.1 制浆废水

3.2.1.1 机械法制浆

机械法制浆通常以木材为原料，主要包括热磨机械浆（TMP）和漂白热磨机械浆（BTMP）。纸浆得率一般能达到80%～90%，水污染物产生量比化学机械浆低，采用的末端处理技术与化学机械浆大致相同。

3.2.1.2 化学机械法制浆

化学机械法制浆主要包括化学热磨机械浆（CTMP）、漂白热磨化学机械浆（BCTMP）、碱性过氧化氢机械浆（APMP）、磺化化学机械浆（SCMP）。化学机

械法制浆主要原料是木材，通常采用温和的化学处理与机械磨浆工艺相结合的方式制浆，纸浆得率一般可达到 75%～88%。废水污染发生量较化学浆低，可生化性较好，不同化学机械浆产生的废水污染物与原料和制浆化学药品的种类及用量有关。其废水一般采用“厌氧＋好氧”的末端处理模式，COD 的去除率可达 70%～85%，BOD 的去除率可达 80%～95%。有些企业还采用了三级深度处理技术。

3.2.1.3 化学法制浆

化学法制浆按照制浆方法主要分为碱法和亚硫酸盐法两大类，以碱法（包括硫酸盐法和烧碱法）化学法制浆为主。

（1）碱法制浆

碱法制浆包括漂白硫酸盐浆、本色硫酸盐浆、烧碱法漂白浆、烧碱法本色浆等。碱法制浆得率一般为 38%～48%，水污染物主要是制浆产生的黑液，目前大部分大中型生产线都配有碱回收系统。在碱回收系统中，黑液经过蒸发浓缩、反应燃烧、苛化工段，其中的无机盐被还原成能够再次用于制浆的活性碱，有机物则转化成能源。利用碱回收工艺，制浆废水污染大大降低。木材和竹子原料制浆黑液的提取率可达到 94%～99%，非木材原料（包括狄苇、蔗渣、麦草等）制浆黑液的提取率可达到 70%～90%。黑液提取后余下的废水与备料、洗浆、漂白等废水混合后再进入末端处理系统，一般通过二级生化法处理，COD 的去除率可达 80%～85%，BOD 的去除率可达 80%～90%。个别企业通过三级处理，废水 COD 的去除率可达 90%，BOD 的去除率可达 90%以上。如果没有碱回收工艺或其他综合利用设施的企业，水污染物排放将相当严重。

（2）亚硫酸盐制浆

亚硫酸盐制浆根据原料的不同，采用不同 pH（酸性、中性或碱性）及不同盐基的亚硫酸盐制浆，主要包括亚硫酸钠法制浆、亚硫酸镁法制浆、亚硫酸铵法制浆等。亚硫酸盐浆法制浆的水污染物主要是制浆红液，废液处理一般配备综合利用工艺，利用率一般为 70%～90%，既消除了大部分污染物，又有一定的经济效益。综合利用提取后余下的废液进入末端处理，COD 和 BOD 去除效果与碱法化学浆基本类同。

3.2.1.4 半化学法制浆

半化学法制浆是一种在制浆时，以化学方法辅以机械方法生产出来的纸浆，其得率低于化学机械法制浆，主要包括碱法（含硫酸盐法）、亚硫酸盐法的半化学制浆，产品主要用于生产瓦楞原纸和箱纸板。半化学制浆药剂用量较化学制浆少，单位产品污染产生量相对化学法制浆低。其亚硫酸盐法制浆废液需采用综合利用方式处理，碱法一般直接进入末端处理系统，末端处理采用“厌氧+好氧”处理。COD 的去除率在 70%～85%，BOD 的去除率可达到 80%～90%。少数企业因同时具有化学法制浆采用碱回收方式。个别企业也会采用三级处理。

3.2.1.5 废纸制浆

废纸制浆可以分为脱墨和非脱墨两种，非脱墨制浆主要靠机械方法，如生产瓦楞原纸、挂面纸板、箱纸板等；脱墨制浆除机械方法以外还需用化学方法进行脱墨和漂白，如生产再生新闻纸、书写印刷纸、杂志纸（含超级压光纸和轻量涂布纸等）、商品脱墨浆、厕用卫生纸、擦手纸、纸蛋托等。两类制浆方法的工艺过程中的废水处理要求，因水中污染物和回用的水质要求的不同而有所区别。废纸制浆废水中各类有机杂质、微小颗粒含量、金属离子含量、胶体物质的含量等都会随纤维回用次数的增加而增加，浓度会随新水补充量的减少而增加。

废纸制浆废水中的污染物应主要分为：固体污染物，如颜料、填料、纤维、尘土和形体较大的各种杂质等，溶解的污染物，如溶解性的有机物和无机物，包括有机酸、溶解的有机或无机盐类、碳水化合物、木素的产物、油墨中的可溶物、化学添加剂和脱墨剂的可溶成分等；胶体污染物，分散在废水中的非常细小的形成稳定胶体的污染物。

一般情况下固体污染物很容易去除，使用现代的处理设备如气浮、过滤、沉淀的方法即可去除，有的时候不用加入化学药品即可达到净化的目的，在废纸制浆废水中 COD、BOD 的主要来源是悬浮物（SS）。现在废纸制浆产生的废水难点主要是处理溶解的污染物和胶体污染物。

在处理用于生产挂面纸板和瓦楞纸不用脱墨的废纸时，废水中的溶解性有机物的浓度往往比使用脱墨化学品的脱墨废水浓度高，这因为除了这类生产流程水的封闭程度高以外，还因为造纸过程中加入的大量补强用淀粉、胶乳和废纸中原有的补强用淀粉，瓦楞纸箱生产过程中大量的粘接用淀粉，半化学浆中的物质和其他可溶的天然及人造有机物等。制浆废水中产生的大量在蒸汽中可挥发的低分子量有机酸及其他有机物和胶体物质，这些成为废水中有机物的主要来源。这类废水在实行封闭用水后 BOD 与 COD 的浓度较高，BOD 与 COD 的比值相对较高，约 0.35～0.62，平均约 0.44，处理旧瓦楞纸箱时比值更高，可达到 0.52，即使 BOD 与 COD 的比值相对较低，在进行了去除 SS 的预处理之后，BOD 与 COD 的比值也会提高到可生化处理的水平。

在处理脱墨制浆废水时，BOD 与 COD 的浓度较处理 OCC 时要低一些，但水量相对要高许多，吨浆的 BOD 与 COD 负荷也要高许多，BOD 与 COD 的比值相对于处理旧瓦楞纸箱时要高，平均约 0.5，可生化降解性好。由于油墨脱墨和漂白及越来越多的涂布纸含量，废水中成分比处理旧瓦楞纸箱要复杂。脱墨和非脱墨两种废水处理方法基本类同。若采用物化-生物法处理，COD 去除率和 BOD 去除率一般约为 85%～95%。

近年来，随着制浆造纸技术的进步，我国制浆造纸生产的单位产品水污染物产生量较过去有大幅度降低。基于工艺及生产设备的进步，在单位浆或纸产品水污染物产生量降低的同时，生产过程产生的废水量也大大减少，但是，部分生产线的废水污染物排放浓度有所提高。

我国纸浆制造生产绝大多数是为满足本厂造纸自用，商品浆的比例较少。自制浆产生的水污染物浓度高，但通常与造纸生产线产生的纸机白水共同进入末端处理，与纸机白水混合后污染物浓度降低，经过处理将能够达到排放标准。

3.2.2 造纸废水

纸和纸板产品主要包括：新闻纸、印刷书写纸、包装纸、生活用纸、箱纸板、白纸板、瓦楞原纸、特种纸、手工纸、加工纸等。

纸和纸板生产过程产生的废水一般都可通过厂内白水回收装置循环利用，一般回收率可达到 70%～99%。白水回收后多余的废水再进入末端处理，纸和纸板种类较多，处理方法也很多，不同方法处理效果不尽相同，主要是造纸过程中流失的细小纤维和溶解在水中的改性淀粉等化学助剂。造纸白水通常采用二级生化处理，COD 和 BOD 去除率可达到 75%～90%。

综合来看，造纸白水的污染治理在技术上已没有障碍，而蒸煮废液和中段废水的污染治理是我国制浆造纸工业污染防治的重点和难点。

3.3 典型造纸工艺过程污染物产排污节点

3.3.1 化学法制浆

3.3.1.1 生产工艺及产排污节点

化学法制浆工艺过程主要包括备料、蒸煮、洗涤、筛选、氧脱木素、漂白以及黑液碱回收或废液综合利用等。典型的化学法制浆工艺过程及污染物产生节点见图 3-8 和图 3-9。

（1）备料

木材原料的备料主要经过剥皮和切片两个环节，其中，剥皮工艺包括干法和湿法。湿法剥皮用水量大，且废水中的污染物即树皮的水溶解物（有机酸和酚类等物质）较难处理。目前湿法剥皮已逐步被干法剥皮所取代，干法剥皮用水量少，用水仅限于原木洗涤和除冰（在寒冷气候条件下，使用水或蒸汽为木材解冻），且能有效循环使用，使产生的废水降到最低。

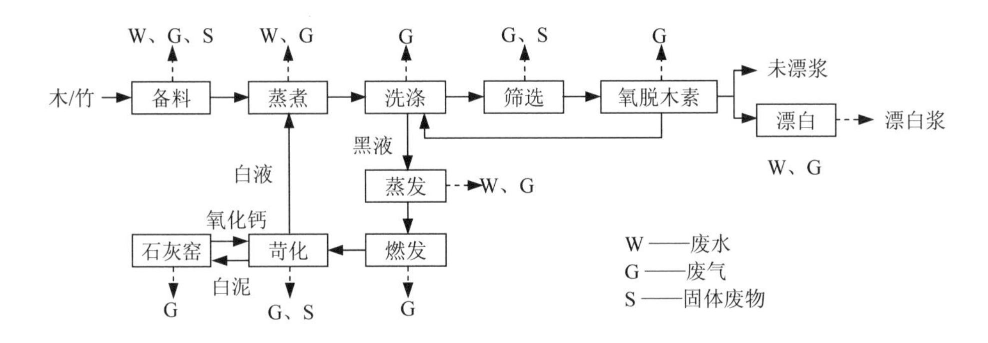

图 3-8　典型硫酸盐法化学木（竹）制浆工艺过程污染物产生节点

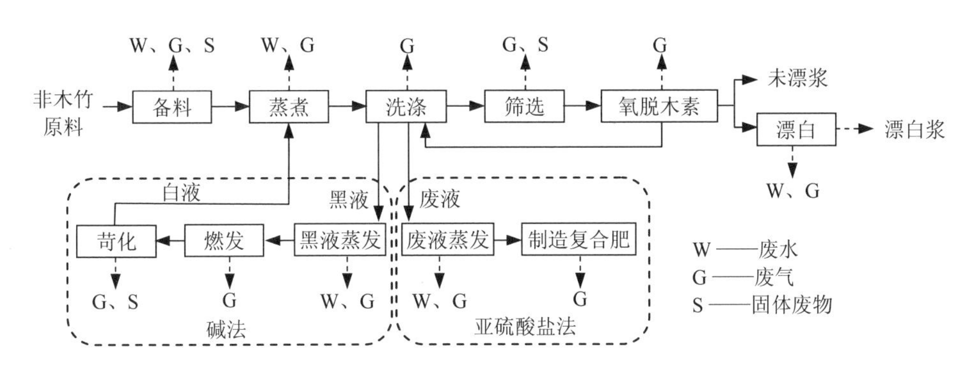

图 3-9　典型碱法或亚硫酸盐法化学非木浆工艺过程污染物产生节点

竹材则通常采用干法备料技术。麦草、芦苇等原料备料，国内一般采用干法备料或干湿法备料工艺。干法备料技术备料车间产生较多飞尘，影响人体健康，且不适合后续采用连续蒸煮工艺的企业，适用性受到一定限制。干湿法备料技术原料净化程度高，可实现均匀连续供料，保障连续蒸煮的正常生产，所得纸浆质量较好，也使化学药品用量减少。蔗渣中除含有纤维细胞外，还有 30%左右的蔗髓及5%左右的非纤维表皮细胞[①]。蔗渣备料的关键工序是除髓。除髓的方法有干法、半干法和湿法。目前，绝大多数企业采用半干法除髓，可大大减少贮存面积和运输费用，降低原料成本，并且纤维损失少。蔗渣原料经除髓后，一般均进行湿法堆存。

（2）蒸煮

化学法制浆蒸煮设备分为连续式和间歇式两大类。连续式蒸煮设备主要包括立式或横管蒸煮器，间歇式蒸煮设备目前主要包括蒸球和立式蒸煮锅。

1）硫酸盐法木（竹）制浆

大部分硫酸盐法木（竹）制浆企业均采用立式连续蒸煮器。

在新型立式连续蒸煮工艺中，具有代表性的有改良型连续蒸煮（MCC）、深度改良型连续蒸煮（EMCC）、等温蒸煮（ITC）、低固形物蒸煮（Lo-Solids）及紧凑蒸煮（Compact Cooking）5种，但目前新建或改造后企业普遍采用低固形物蒸煮或紧凑蒸煮等先进的新型连续蒸煮技术。

在间歇蒸煮技术发展过程中，也开发出多种技术，主要包括快速置换加热（RDH）、超级间歇蒸煮（Super Batch），以及由此发展起来的改良型间歇蒸煮技术，如DDS置换蒸煮、连续间蒸（Dual C）和优化间蒸（Opti-Batch）等。

新型立式连续蒸煮技术、改良型间歇蒸煮技术与传统蒸煮技术相比可有效降低纸浆卡伯值，纸浆的卡伯值每降低一个单位，漂白过程中产生的COD_{Cr}将减少约2 kg/t。

2）碱法或亚硫酸盐法非木浆

碱法或亚硫酸盐法非木浆连续式蒸煮以横管式连续蒸煮器为主，间歇式蒸煮以蒸球和立式蒸煮锅为主。

蒸球结构简单、操作方便、投资小，但装锅量小，单套设备产浆量低，采取直接通汽的方式加热，蒸煮时间长且不均匀，粗浆得率低，已被逐步淘汰。立锅装锅量大，但操作复杂、投资大，且容易糊锅，蒸煮不均匀。

①詹怀宇，付时雨，李海龙. 浅述我国制浆科学技术学科现状与发展[J]. 中国造纸，2011，30（2）：49-57.

连续蒸煮技术一次性虽然投资较高，但产量高，生产工艺参数稳定，成浆质量好且均匀，自动化程度高，蒸煮时间短，药品消耗少，粗浆得率高，运行费用低。目前已有越来越多的非木材制浆企业选择横管式连续蒸煮器。

（3）洗浆、筛选、漂白

1）洗浆

洗浆的目的是在纸浆充分洗净的同时，提取较高浓度的蒸煮废液。单段洗涤耗水量大，而且会导致黑液浓度下降，不利于碱回收和资源化利用。

为减少新鲜水的消耗和水污染物排放，提高蒸煮废液的综合利用率，企业应采用高效的多段逆流洗涤技术。主要包括由压榨洗浆机组成的洗浆系统，或通过在传统的真空洗浆机等洗浆设备前增加挤浆工序，通过机械挤压的作用，以很小的稀释因子实现废液中固形物和纤维的分离。

2）筛选

对于纸浆的筛选一般有开放式筛选和封闭式筛选两类。开放式筛选与洗浆一般是一体式的，该技术所用的筛选净化设备，如跳筛、离心筛及除砂器均为低浓度处理设备，但整个工艺耗水量、耗电量大，该方法已逐步被封闭筛选工艺所代替。封闭式筛选选用封闭式的压力筛代替开放式系统的跳筛和离心筛，可以有效分离置换出节子、浆渣中夹带的纤维和黑液，并减少稀释水用量，达到了节能、节水和提高筛选质量的目的，是目前较为先进的筛选工艺。

3）氧脱木素

氧脱木素技术在木（竹）材制浆中已经得到广泛应用，非木浆也在推广使用。氧脱木素工艺一般作为无元素氯或全无氯漂白工艺的配套工艺，设置在蒸煮之后。氧脱木素技术一般可脱除40%～60%的木素，从而减少后续漂白工段化学品用量，降低漂白剂总成本，减少漂白阶段的污染负荷。

企业应在采用低能耗、低卡伯值蒸煮技术的基础上，同步考虑氧脱木素技术。当对无氧脱木素的制浆生产线进行技术改造，增加氧脱木素系统时，应注意由于固形物总量增加，因此需要提高蒸发、碱回收炉和苛化能力，这有可能使得碱回收系统超负荷运行或因此限制了制浆产能的发挥。

4）漂白

目前采用的漂白技术分为元素氯漂白和无元素氯（ECF）漂白。传统的氯气-碱-次氯酸盐（CEH）三段漂白会产生大量的氯化废水，废水中含有致癌性和致变性的二噁英等有机氯化物，而 ECF 漂白技术则可以大大降低废水中 AOX 的产生量。

漂白工序通常需要多段漂白，包括进一步脱除木素段和后续的漂白段。现代 ECF 漂白技术的目标是进一步降低二氧化氯使用量，降低漂白废水产生量和降低漂白产生的 COD_{Cr}。如在漂白段使用酸、氧气、臭氧、过氧化物等部分替代二氧化氯，称为轻 ECF 漂白，国内轻 ECF 漂白程序的主要应用情况见表 3-7。

表 3-7　国内轻 ECF 漂白程序的应用情况

序号	漂白程序	序号	漂白程序
1	O/O-D-Eop-D-PO	5	O/O-D-Eop-D-P
2	O/O-Q-OP-D-PO	6	O/O-D-Eop-D
3	O/O-AZe-D-P	7	O/O-D-Eop-D-D
4	O/O-ZQ-Eop-D	8	O/O-D-Zq-PO

注：O 代表氧脱木素（氧漂）；D 代表二氧化氯漂白；E 代表碱抽提（碱处理）；P 代表过氧化氢漂白；Q 代表螯合处理；A 代表酸处理；Z 代表臭氧漂白；Eop 代表氧和过氧化氢强化的碱抽提；PO 代表压力过氧化氢漂白（用氧加压的过氧化氢漂白）；OP 代表加过氧化氢的氧脱木素。

针叶木、阔叶木、竹浆和非木浆的漂白程序也不尽相同，一般依据产品需求、化学品成本、运行成本和灵活性、漂白损失及其他工艺限制条件综合确定，但其一致的目标是优化漂白工艺、降低能耗、水耗、污染物排放并依据产品用途生产高质量纸浆产品。

5）酶促漂白

酶促漂白技术是指利用生物酶（主要是木聚糖酶）对未漂纸浆进行预处理，通过降解纸浆中的残余木聚糖，提高纸浆的可漂性，降低后续漂白工段的化学品用量有利于实现 ECF 漂白，降低漂白过程中 AOX 及二噁英的产生。

该技术目前仅有部分企业使用，尚未大范围推广。

6）漂白工段工艺水循环利用

漂白工段工艺水循环利用是指将漂白后段的碱性（或酸性）滤液逆流用于漂白前段碱性（或酸性）漂白段浆料洗涤，甚至将漂白工段碱性水逆流进入粗浆洗涤，降低漂白工段清水消耗的技术。该技术可减少漂白工段废水产生量和污染物的排放量。

漂白工段工艺水逆流使用应对原料、工艺过程、设备情况等仔细研究后确定，因为其对漂白甚至其他工序产生一定的影响，包括：

①含氯漂白的滤液产生的氯离子对漂白、洗选及碱回收设备的腐蚀问题；

②因 Ca^{2+}、Ba^{2+}、$C_2O_4^{2-}$、CO_3^{2-}及 SO_4^{2-}在浆料及滤液中累积，造成漂白设备结垢；

③碱回收固形物中氯、钾离子含量增加，碱灰熔点降低造成碱炉换热面积灰加剧；

④非工艺元素累积造成回收石灰反应活性降低；

⑤因洗涤水含有机物而使浆料洗净度降低，造成漂白化学品消耗量增加；

⑥因金属离子浓度增加造成有些氧化剂氧化反应的选择性降低；

⑦因树脂或其他成分的累积而降低漂白浆质量。

应特别注意碱性滤液与酸性滤液混合过程中草酸钙的结垢问题。氧化漂白将产生草酸，当使用碱性滤液作为洗涤水或与酸性滤液混合时，溶在酸性废水中的钙将以草酸钙形式析出，在漂白设备上形成结垢，严重的将影响漂白系统正常运行。

（4）黑液（废液）处理

碱法化学制浆黑液一般通过碱回收方式进行处理，亚硫酸盐法制浆废液可综合利用制成有机肥等产品。

1）黑液蒸发

按照黑液运动方式，可将黑液蒸发器分为升膜式蒸发器和降膜式蒸发器。降膜式蒸发器与升膜式蒸发器不同之处在于：降膜式蒸发器的二次蒸汽、黑液流向与重力同向，而升膜式蒸发器的二次蒸汽、黑液流向与重力相反。升膜式蒸发器将黑液拉拽成上升的液膜，其必须克服重力及料液与管壁的摩擦力，因此，黏度较大的黑液不易上升成膜，而降膜蒸发器不必克服液体上升的重力，反而可以借助重力拉拽成膜，降膜蒸发器有更高的蒸发强度，可把黑液蒸浓至含固形物 65%左右。

降膜蒸发器型式又分为管式和板式。与管式相比，板式降膜蒸发器产生的二次蒸汽与液膜之间没有干扰，传热效率更高，具有不易积垢、容易清洗、运行周期长、耗电量低、出液浓度高及操作弹性大等优点。

降膜蒸发器通过提高蒸发强度，降低单位蒸发水量的蒸汽消耗量来节约能源，具有更强的稳定性。

2）高浓黑液蒸发及燃烧

对于碱回收炉来说，黑液固形物含量需要达到 40%～80%，而且浓度越高，碱回收炉热效率越高，运行更稳定。对木浆而言，采用管式升膜蒸发器只能生产浓度不超过 45%～50%的浓黑液，为达到碱回收炉对黑液固形物的要求，需要进一步提高黑液固形物浓度，或为了提高碱回收炉的热效率，采用降膜蒸发器浓缩的黑液也需要进一步提高浓度，这时就需要用到黑液增浓器。由于在高固形物浓度时黑液黏度太高，且无机钠盐会沉析出来，发生严重的结垢现象，因此必须泵入相当大量的黑液以减少管壁沉淀，带循环的降膜式增浓器是最常用的方式。

采用高浓黑液蒸发及燃烧技术，可以提高碱炉热效率，增加蒸汽产量，同时可以减少碱炉二氧化硫的排放。

3）蒸发二次蒸汽冷凝水分级及重污冷凝水汽提

蒸发器蒸汽冷凝水可以分为轻污冷凝水Ⅰ、轻污冷凝水Ⅱ及重污冷凝水，使用特殊设计的蒸发器结构，将二次冷凝水中 80%的污染物集中在 10%～20%的重污冷凝水中，重污冷凝水通过蒸汽汽提使其中的恶臭气体及有机物分离出来，处理后的冷凝水与轻污冷凝水Ⅱ混合，所有冷凝水均回用于生产。汽提系统产生含有恶臭气体的蒸汽，需要进行热氧化处置，在碱回收炉、石灰窑、辅助锅炉或单独的臭气焚烧炉即可实现。

该技术可减少企业新鲜水用量，减少废水处理系统的有机污染负荷，并减少臭气的排放。

4）碱灰中的氯、钾元素去除

随着浆厂运行封闭程度的加大及速生木材制浆的发展，含氯、钾等非过程元素对碱回收车间生产的正常运行及经济性产生了严重危害，如随飞灰黏结点的下降，加剧了碱回收炉结焦堵灰，高温过热器的结垢腐蚀、运行周期缩短等，导致碱回收车间运行效率降低，影响制浆生产能力。

可通过采用析滤法、蒸发结晶法、冷却结晶法或离子交换法实现氯、钾元素的去除，减少碱灰中氯、钾元素的富集，保证生产的正常进行[①]。

该技术目前仅有少数企业使用，尚未大范围推广。

5）复合肥制备

复合肥制备技术是利用原料制浆废液来制造有机肥，提取后的废液经蒸发后，通过热风炉进行喷浆造粒。喷浆造粒干燥机和冷却机会排出粉尘，需配备除尘器对其回收后再重新进行配料造粒。

该技术目前仅应用于亚硫酸盐法非木浆生产企业。

3.3.1.2 主要污染物产生情况

（1）废水

废水主要由备料、蒸煮、蒸发、漂白等工段产生，污染物主要为 COD_{Cr}、BOD_5、SS 及氨氮。洗涤工段产生的黑液进入碱回收工段处置。

（2）废气

废气污染物主要为备料产生的粉尘，蒸煮、洗涤、筛选、黑液（废液）蒸发、

①吴立群，戚永宜，谭耕，等. 碱回收炉飞灰中氯钾元素的影响及其去除技术[J]. 中国造纸，2010，29（5）：51-54.

污水处理厂等工段产生的臭气，碱回收炉、石灰窑产生的烟尘、二氧化硫及氮氧化物等。硫酸盐法制浆臭气主要为硫化氢、甲硫醇、甲硫醚及二甲二硫醚等，烧碱法制浆臭气主要为甲醇等挥发性有机物，亚硫酸盐法制浆臭气主要为氨等，污水处理厂臭气主要为氨、硫化氢。

（3）固体废物

固体废物主要为备料工段产生的树皮和木（竹）屑、麦糠、苇叶、蔗髓及砂尘等废渣，筛选工段产生的节子和浆渣，碱回收工段产生的绿泥、白泥、石灰渣，污水处理厂产生的污泥等。

（4）噪声

噪声主要来自剥皮机、削片机、传动装置、泵、风机和压缩机等设备运转，以及间歇排放或放空，压力、真空清洗或吹扫等过程，噪声水平一般为 78～110 dB（A）。

3.3.2 化学机械法制浆

3.3.2.1 生产工艺及产排污节点

化学机械法制浆工艺过程包括备料、木片洗涤、预浸渍、磨浆、洗涤、漂白及筛选等。典型的机械法制浆工艺过程及污染物产生节点见图 3-10。

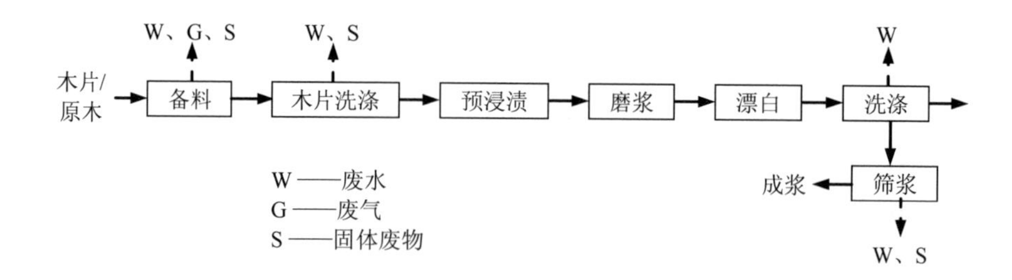

图 3-10 典型化学机械法制浆工艺过程及污染物产生节点

（1）备料

同化学法制浆。

（2）磨浆

1）两段磨浆

高浓磨浆对纤维的切断作用较小，而以纤维的细纤维化为主。低浓磨浆以纤维切断为主，其容易产生较大的纤维碎片，细小组分增多。在二段采用低浓磨浆有助于减少纤维束的含量。在低浓磨浆时，由于浓度较低，动、定磨片磨齿之间的纤维分布多呈单根游离的纤维或数目较少的纤维间松散絮聚，纤维多与磨片磨齿作用，纤维束主要被分散、切断和分丝帚化，纤维束得到了较好的磨浆。采用二段低浓磨浆，可在成纸松厚度损失不多的同时，显著提高成纸的抗张强度和内结合强度，缓和化机浆应用时成纸松厚度与强度这一矛盾。

2）浆渣筛选及精磨

化机浆在磨解成浆后，含有未完全离解的纤维束、少量木材碎片以及砂尘等杂质，需经压力筛分离出初级筛渣，再经多段筛选对筛渣进一步分离，砂石等无机杂物分离后排出系统，尽量保留纤维束，并送浆渣处理系统，浆渣经精磨后再转化为纤维返回制浆线。

采用浆渣筛选及精磨技术可提高原料的利用率，减少固体废物产生。

（3）洗涤

洗涤设备有很多种，采用辊式洗浆机、双辊压榨洗浆机或螺旋压榨机等高效洗涤设备，可提高纸浆的洁净度，降低后续漂白化学品（漂白化学热磨机械浆）的消耗；改进的洗涤工艺可减少洗涤损失，降低洗涤用水量。另外，通过流程控制可实现轻污分流，制浆废液单独进厌氧处理，降低厌氧段废水的处理量。

（4）制浆废液处理

化学机械法制浆废水通常情况下送污水处理站厌氧段处理后再经生化、三级深度处理后排放，但随着废水排放标准的加严、总量控制要求的提高，部分企业参考化学浆黑液的处理方式处理化机浆废液，即将其蒸发后送碱回收炉燃烧回收热量和化学品。

（5）酶促打浆

酶促打浆可以用于制浆过程，对于化学机械浆而言，在一段磨和二段磨之间加入生物酶（如纤维素酶），可以水解半纤维素并改善纤维素纤维的游离度，降低第二段磨的磨浆时间。

该技术目前只有少数企业使用，尚未大范围的推广。

3.3.2.2 主要污染物产生情况

（1）废水

废水主要由备料、木片洗涤、洗涤、筛选等工段产生，污染物主要为 COD_{Cr}、BOD_5、SS 及氨氮。

（2）废气

废气污染物主要为备料产生的粉尘，污水处理厂产生的臭气（主要为氨、硫化氢），废液采用碱回收系统处理时，碱回收炉产生的烟尘、二氧化硫及氮氧化物等。

（3）固体废物

固体废物主要为备料工段产生的树皮和木（竹）屑等废渣，筛选工段产生的浆渣，污水处理厂产生的污泥等。

（4）噪声

噪声主要来自剥皮机、削片机、磨浆机、传动装置、泵、风机和压缩机等设备运转，以及压力、真空清洗或吹扫等过程，噪声水平一般为 78～110 dB（A）。

3.3.3 废纸制浆

3.3.3.1 生产工艺技术及产排污节点

废纸制浆工艺过程包括碎浆、筛选、净化、洗涤及漂白（脱墨浆）等。典型废纸制浆工艺过程及污染物产生节点见图3-11和图3-12。

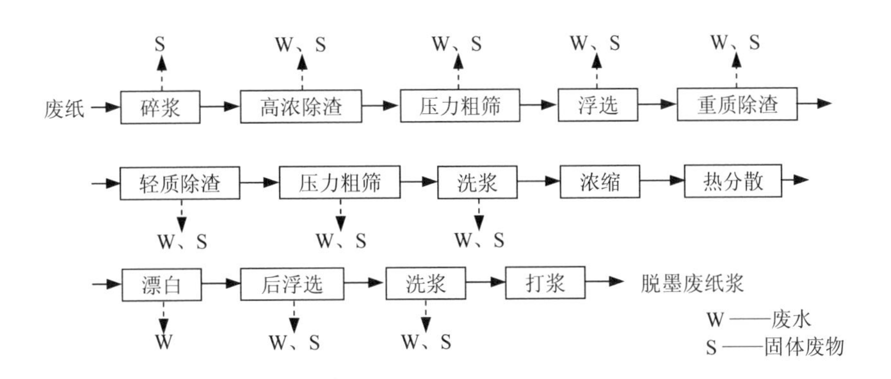

图3-11 典型脱墨废纸制浆工艺过程及污染物产生节点

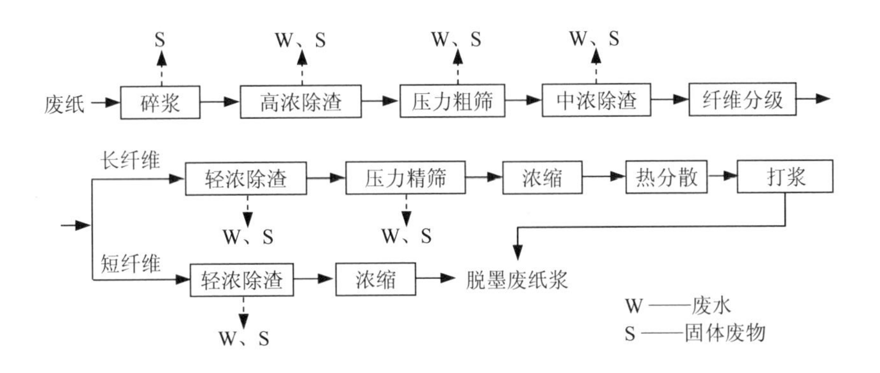

图3-12 典型脱墨废纸制浆工艺过程及污染物产生节点

（1）废纸原料分选

废纸的回收再利用首先是要获得纯净的原料。在回收再利用过程中，被分选出的纸张有利于生产高品质终端产品，并节约生产过程化学品和能源的消耗量。此外，分选出的废纸回用时还可减少污泥和废弃物以及抄纸用水量等。

将废纸分为若干等级，根据生产产品及工艺要求选用质量过关、杂质少的废纸原料，能在提供制浆产品质量的同时，从生产源头降低污染物产生量，达到降低企业成本的目的。

（2）脱墨

脱墨常用技术主要有洗涤法、浮选法及浮选和洗涤相结合的方法。洗涤法和浮选法的特点比较见表 3-8。浮选法因浆得率高、污染小、原料适应性强等特点，越来越被得到广泛应用。

表 3-8　废纸脱墨方法比较[①]

脱墨方法	洗涤法	浮选法
优点	灰分去除率高达 95%，并且可控；投资费用低；成品浆强度与白度较高。适合油墨粒子的有效粒径小于 40 μm，最佳值为 1～10 μm，适合于活版印刷、胶版印刷、苯胺印刷油墨粒子的去除	纸浆得率高（90%～95%）；水可循环利用，清水用量少；污染少，废水处理较容易；对油墨粒子规格大小不敏感；药剂成本低，原料适应性强
缺点	纸浆得率低；化学品消耗多，水耗与能耗高；废水处理回用难，操作费用高。对激光打印、紫外光固化等印刷油墨粒子难以去除	设备费用稍高；白度较洗涤法低

3.3.3.2　主要污染物产生情况

（1）废水

废水主要由洗涤、筛选、脱墨及漂白等工段产生，主要污染物为 COD_{Cr}、BOD_5、SS 及氨氮。

（2）废气

废气为污水处理厂产生的臭气，主要为氨、硫化氢。

（3）固体废物

固体废物主要为碎浆工段产生的砂石、金属及塑料等废渣，净化、筛选工段产生的油墨微粒、胶黏剂、塑料碎片及填料等，浮选产生的脱墨渣，污水处理厂产生的污泥等。

①周亚男，张秀梅. 废纸脱墨技术的研究进展[J]. 纸和造纸，2016，35（10）：20-25.

（4）噪声

噪声主要来自碎浆机、磨浆机、热分散系统、泵、风机和压缩机等设备运转，以及压力、真空清洗或吹扫等过程。噪声水平为 85～110dB（A）。

3.3.4　机制纸及纸板制造

3.3.4.1　生产工艺技术及产排污节点

机制纸及纸板制造工艺过程包括打浆、流送、成型、压榨、干燥、施胶或涂布及压光等。典型机制纸及纸板制造工艺过程及污染物产生节点见图 3-13。

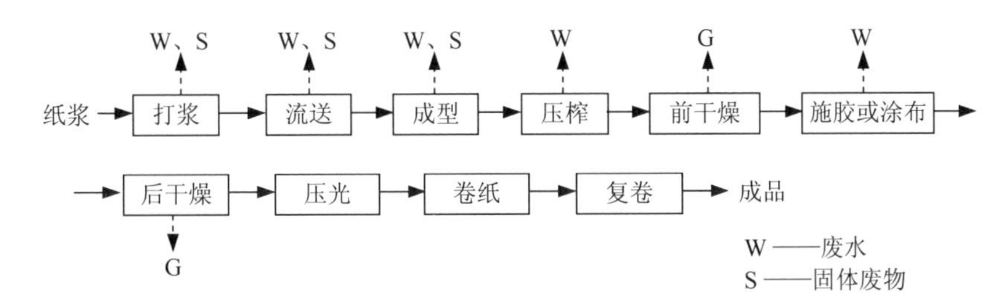

图 3-13　典型机制纸及纸板制造工艺过程及污染物产生节点

（1）压榨

宽压区压榨的典型代表是靴型压榨和大辊径压榨。靴型压榨是 20 世纪 80 年代发展起来的一种最具潜能的压榨型式，目前在现代纸机上被广泛采用。靴型压榨装置以一个靴型支撑体与上压辊配合，实现了提高压区宽度的目标，从而获得优良的压榨效果。纸机压榨部由常规压榨改为靴型压榨后，干燥部可节约 20%～30%的能耗。使用大辊径压榨，可以有效提高脱水效率、提高车速、降低干燥蒸汽消耗。

采用该技术可改善纸张质量，降低干燥部能耗。某企业改用靴型压榨代替常规压榨后，干燥部纸幅干度提高 3%～4%，车速从 850 m/min 提高到 1 200 m/min，产量增加 30%，干燥部蒸汽消耗减少 30%；某企业采用靴型压榨代替常规压榨后，纸幅干度增加 6%，干燥部吨纸蒸汽消耗量从 2.13 t 减少到 1.76 t，节约了 18%的能耗。

（2）干燥

1）烘缸封闭气罩技术

采用封闭式烘缸气罩代替敞开式烘缸气罩，可回收干燥纸页蒸发水蒸气中的热量和水分，提高送风温度，减少进、排风量，降低干燥能耗。

2）袋式通风技术

在纸机干燥部袋区安装袋式通风装置，将封闭式气罩回收的热量和蒸汽加热后的干燥热风均匀不断地送到纸幅周围，抵消蒸发阻力，使整个纸幅横向比较均匀。设计合理的气袋通风装置可提高纸机运行效率，降低吨纸蒸汽消耗量。与无袋式通风相比，袋式通风可使纸机的干燥能力提高 10%～20%，使纸机车速平均提高 10%。

3）废气热回收技术

废气热回收系统指回收利用干燥部排气中的热能，干燥部排气首先用于加热干燥部的进空气，其次用于加热循环水或喷淋用水，也可用于建筑通风采暖。

热回收系统通常分为干燥部排气—空气换热器、干燥部排气—水换热器。气—气换热器主要用于加热风罩供风和机房通风空气；气—水换热器主要用于循环水和工艺用水的加热。通常为避免堵塞，热交换器配套设有清洗装置。

热回收系统可节约大量的蒸汽，投资回收期较短，各企业可根据生产工艺及设备情况对热回收系统进行单独设计。

（3）纸机白水回收及纤维利用

造纸生产中白水的使用应尽量通过再循环，将白水应用于前一段生产工序以回收白水中所含的纤维、填料和可溶性造纸化学品。从网部脱除的部分白水，又回用于稀释进入流浆箱的浆料，称为白水的短循环系统。细小纤维和填料特别容易通过成形网进入白水中，短循环可以达到使这些细小粒子在网上成型的纸幅中合理分布，能大致保持与打浆工段送到纸机的浆料相当的目的。

在网上脱除的不用于稀释流浆箱浆料的另一部分白水，可将其引送至更前面的生产工序，称为白水的长循环系统。长循环包括多个分支，目的是改善系统物料和热量的利用。如长循环排出的白水常在白水回收装置中处理，从长循环来的白水可用于均衡浆料的浓度波动，或调节浆料制备系统的浓度。除了上述持续耗水的用水点外，还有间断耗水的用水点。这类用水点，如损纸碎浆器（纸机断头时启动）、冲网喷水管（从成形网移走湿纸幅，使其掉入损纸坑中）等。

典型的造纸生产线水回路设计见图 3-14。

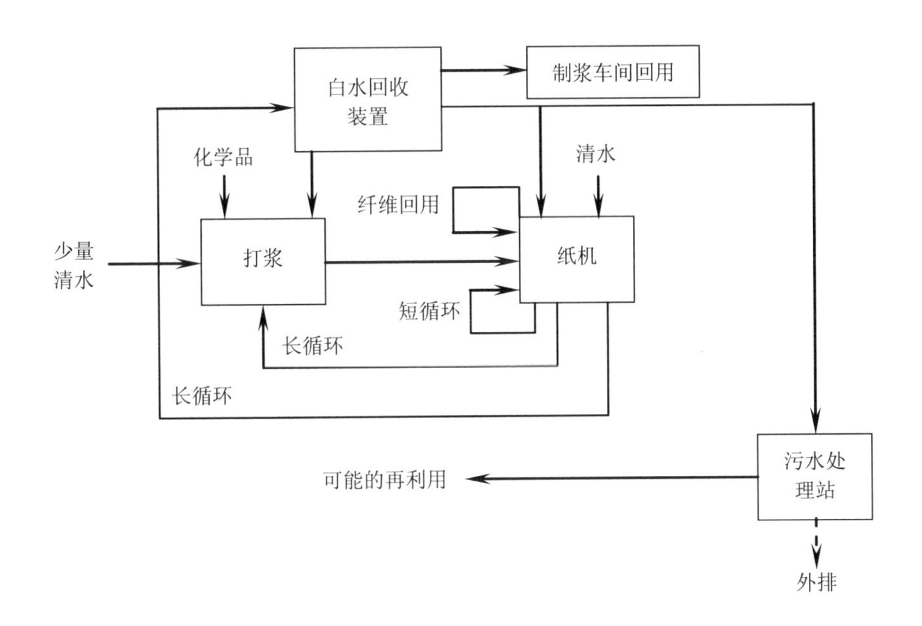

图 3-14　典型的造纸生产线水回路设计

该技术可减少清水用量，通过优化水回路设计，生产瓦楞纸板和挂面纸板可达到的最小清水使用量为 4～7 m^3/t 纸，减少废水产生量和原材料损失。

随着废水排放标准的实施及相关环保要求的提高，该技术已被广泛应用于造纸企业，企业可根据自身产品及生产工艺要求，本着工艺水重复利用原则优化设计水回路，设置白水回收系统设备。

（4）涂料回收利用

涂布废水的固含量通常在 2%～5%，这些废水主要来源于涂料站（涂布头）和供料系统断纸时的冲洗水，其中含有大量的涂料和黏合剂。可采用超滤技术截留涂料、黏合剂等大分子物质，并回收利用。在回收涂料的同时，减少清水用量，降低废水的污染产生负荷，避免黏合剂、防腐剂等物质直接排入污水处理厂对其运行造成影响。

3.3.4.2 主要污染物产生情况

（1）废水

废水主要由打浆、流送、成型、压榨、施胶或涂布等工段产生，主要污染物为 COD_{Cr}、BOD_5、SS 及氨氮。

（2）废气

废气为污水处理厂产生的臭气，主要为氨、硫化氢。

（3）固体废物

固体废物主要为打浆、流送工段产生的浆渣，成型工段产生的废聚酯网，污水处理厂产生的污泥等。

（4）噪声

噪声主要来自磨浆机、泵、传动专职、风机和压缩机等设备运转，以及压力、真空清洗或吹扫等过程，噪声水平一般为 78～110 dB（A）。

3.4 污染治理技术

3.4.1 废水污染治理技术

造纸行业企业通过在工艺过程中采用污染预防措施，提高产品得率、减少化学品使用、提高水循环利用率，可从源头降低废水污染产生负荷。产生的废水一般采用两级或三级处理，选择适当的工艺，最终满足《制浆造纸工业水污染物排放标准》（GB 3544—2008）要求达标排放。

一级处理常用工艺包括过滤、沉淀、混凝沉淀（气浮）等技术，通过一级处理后可以均衡废水的水质及水量，另外对悬浮物等污染物进行有效去除，调节 pH 及温度以满足后续生化处理的要求。

二级处理主要为生化处理过程，常见厌氧工艺包括水解酸化、升流式厌氧污泥床（UASB）、内循环升流式厌氧反应器、厌氧膨胀颗粒污泥床（EGSB）等工艺，好氧工艺主要包括完全混合活性污泥法、氧化沟、序批式活性污泥（SBR）法、厌氧/好氧（A/O）等工艺。通常依据一级处理后的出水情况选择适当的工艺，当废水通过一级处理后 COD_{Cr} 浓度大于 1 500 mg/L 时，宜采用厌氧与好氧相结合的方式，否则可选择好氧的方式进行处理。通过生化工段的处理，可有效降解悬浮和溶解在废水中的有机污染物。

三级处理一般可采用物理、化学或者物理化学相结合的方式，主要工艺技术包括混凝沉淀（气浮），高级氧化（以 Fenton 氧化为主）等，通过三级处理能够使水中的污染物质进一步去除。

废水处理工艺的主要运行参数、污染物去除效率是在参考《制浆造纸废水治理工程技术规范》（HJ 2011—2012）等文件的基础上，结合实地调研、资料收集及专家咨询的方式给出。

3.4.2 废气污染治理技术

对造纸企业的废气污染源，主要针对工艺过程臭气、碱回收炉废气、石灰窑废气、焚烧炉废气及厌氧沼气总结了治理技术。

（1）工艺过程恶臭气体

硫酸盐法制浆企业制浆及碱回收等工段会产生高、低浓度臭气，其主要成分为硫化氢、甲硫醇、甲硫醚及二甲二硫醚等还原性物质，一般收集后采用焚烧处置。臭气可引入碱回收炉焚烧，高浓度臭气通过碱回收炉中的燃烧系统直接焚烧，低浓度臭气通过引风机输送到碱回收炉中作为二次风或三次风进行焚烧，此方法也是目前广泛采用的臭气治理措施；也可将收集起来的高、低浓度臭气引入石灰窑焚烧，但对于现有制浆企业，通过改造实现对低浓度臭气的收集和处理存在一定困难；另外也可将高浓度臭气通过火炬燃烧，可单独使用，也可作为其他臭气处理技术的辅助技术，通常作为事故状态下的臭气应急处置；高浓度臭气也可经收集后采用专用焚烧炉焚烧，高温烟气可经余热锅炉回收热量，最终洗涤后排空。

（2）碱回收炉废气

烟尘可通过电除尘的方式进行处置，除尘效率可达 99%以上，经过处理后废气中的烟尘能够满足相应标准限值的要求。也可采用袋式除尘技术，除尘效率能够达到 99.5%以上，但碱回收炉废气中烟尘的黏性高、粒径小，易黏附在布袋上，影响其使用寿命。

氮氧化物可通过优化燃烧控制条件，控制黑液固形物浓度、碱回收炉负荷等方式降低其产生量。近年来，部分企业通过对碱回收炉引入四次风系统来降低烟气中氮氧化物产生，但该技术宜从新建项目设计源头进行考虑①，另外该技术会造成碱回收炉二氧化硫排放量增加及热能损失等问题。

（3）石灰窑废气

烟尘可通过电除尘的方式予以去除，TRS 的控制可以通过白泥洗涤及过滤实现，该过程可降低白泥中硫化钠的含量和煅烧过程中石灰窑 TRS 排放，也可使石灰窑运行更加稳定。

（4）焚烧炉废气

烟尘通常采用布袋除尘技术进行处置，除尘效率为 99.50%～99.99%。

二氧化硫可采用石灰石/石灰—石膏湿法脱硫技术或喷雾干燥法脱硫技术进行治理。

氮氧化物可通过选择性非催化还原（SNCR）脱硝技术进行治理。

二噁英可通过活性炭吸附技术治理，在布袋除尘器前喷入粉状活性炭，降低

①曹春华. 大型碱回收炉燃烧供风系统[J]. 中国造纸，2013，32（1）：46-52.

烟气中的二噁英排放。

焚烧炉炉膛内焚烧温度、烟气停留时间、焚烧残渣热灼减率等技术性能指标要符合《生活垃圾焚烧污染控制标准》（GB 18485—2014）及《危险废物焚烧污染控制标准》（GB 18484—2001）要求。

（5）厌氧沼气

污水厌氧处理过程中产生的沼气，可脱硫后通入锅炉作为燃料用于发电或直接采用火炬燃烧的方式进行处置。

3.4.3 固体废物污染治理技术

（1）备料废渣

备料废渣一般为富含纤维的固体废物，具有较高热值，用于焚烧综合利用；另外在硫酸盐法化学木浆企业，树皮、木屑等生物质原料可在生物质气化炉中产生可燃气（主要成分为氢气、一氧化碳、甲烷和一些碳氢化合物等），替代石灰窑化石燃料的使用，替代率可达到65%～100%，其经济性取决于化石燃料如重油和燃气的价格，气化气体的成本也取决于设备和技术来源，目前此项技术仅个别企业使用，尚未推广。木浆生产过程产生的备料废渣经过好氧堆肥后可作为有机肥，非木浆尤其是草浆生产过程备料废渣可用于还田，增加土壤有机质，增肥地力。

（2）废纸浆原料中的废渣

废纸浆生产过程中，原材料中的塑料、金属等固体废物，可回收实现资源化利用。

（3）浆渣

浆渣经单独的处理系统处理后，可厂内回用或用于配超低价值纸板、纸浆模塑产品，另外也可通过处理后送锅炉焚烧处置。

（4）碱回收工段废渣

硫酸盐法化学木浆企业白泥一般均经石灰窑烧制重新生成石灰用于苛化工段；对于碱法竹浆及非木浆生产企业、配套碱回收装置的化学机械浆企业，白泥可经洗涤、精制后作为造纸车间碳酸钙填料，或经脱水等处理后进行填埋处置，另外也可作为锅炉湿法脱硫脱硫剂。

绿泥一般采用填埋的方式，近年来有部分硫酸盐法化学木浆和化学机械法制浆企业将其送入锅炉焚烧。

石灰渣一般采用填埋的方式，近年来有部分硫酸盐法化学木浆和化学机械法制浆企业将其送入锅炉焚烧。

（5）脱墨渣

脱墨渣属于危险废物，可采用专用焚烧炉处置，焚烧过程需满足《危险废物焚烧污染控制标准》（GB 18484—2001）的相关要求，如不具备厂内焚烧处置条件，则应委托有相应危险废物处理资质的单位进行安全处置。

（6）废聚酯网

机制纸及纸板生产过程中产生的废聚酯网，可回收实现资源化利用。

（7）污水处理厂污泥

污水处理厂污泥由于具有较高的热值，可直接或干化处理后送入锅炉或焚烧炉焚烧。另外也可经过脱水处理后进行填埋处置。

3.4.4 噪声污染治理技术

制浆造纸企业噪声主要分为机械噪声和空气动力性噪声，主要的降噪措施包括：由振动、摩擦和撞击等引起的机械噪声，通常采取减振、隔声措施，如对设备加装减振垫、隔声罩等，也可将某些设备传动的硬件连接改为软件连接；车间内可采取吸声和隔声等降低噪声的措施；对于空气动力性噪声，通常采取安装消声器的措施。

第 4 章　造纸行业排污单位自行监测方案的制定

立足排污单位自行监测在我国污染源监测管理制度中的定位，根据造纸行业发展概况和污染排放特征，我国发布了《排污单位自行监测技术指南　总则》（HJ 819—2017）、《排污单位自行监测技术指南　火力发电及锅炉》（HJ 820—2017）、《排污单位自行监测技术指南　造纸工业》（HJ 821—2017）等相关标准规范，这是造纸行业企业制定自行监测方案的依据。为了让标准规范的使用者更好地理解标准中规定的内容，本章重点围绕《排污单位自行监测技术指南　造纸工业》中的具体要求，一方面对其中部分要求的来源和考虑进行说明，另一方面对使用过程中需要注意的重点事项进行说明，以期为指南使用者提供更加详细的信息。

4.1　监测方案制定的依据

2017 年 4 月，环境保护部发布《排污单位自行监测技术指南　总则》《排污单位自行监测技术指南　火力发电及锅炉》《排污单位自行监测技术指南　造纸工业》，这是造纸工业排污单位确定监测方案的重要依据。

根据自行监测技术指南体系设计思路，造纸工业排污单位主要是按照《排污单位自行监测技术指南　造纸工业》确定监测方案，其中《排污单位自行监测技术指南　造纸工业》中未规定，但《排污单位自行监测技术指南　总则》中进行了明确规定的内容，应按照《排污单位自行监测技术指南　总则》执行。

另外，由于锅炉广泛分布在各类工业企业中，造纸工业排污单位中也会有自备电厂或工业锅炉，因此对于造纸工业排污单位中的自备电厂和工业锅炉，应按照《排污单位自行监测技术指南　火力发电及锅炉》确定监测方案。

4.2 废水排放监测

4.2.1 监测点位及监测指标的确定

（1）造纸工业企业废水来源

根据第 3 章的分析，概括起来，造纸工业排污单位废水主要有以下几个来源。①备料工段废水：废纸的碎解、疏解，植物原料备料等；②制浆工段废水：制浆废液、纸浆的洗涤、筛选、净化等；③抄纸工段废水：多余白水等；④漂白工段废水；⑤纸制品加工工序废水：制胶废水、调墨废水等；⑥辅助工序废水：冷却系统废水等；⑦冲刷废水：生产车间冲洗、雨水冲刷等；⑧生活污水。

由于不同排污单位所包含的生产工序有所差异，如有的排污单位仅包含制浆工序而无抄纸工序，有的排污单位则同时包含制浆工序和抄纸工序，不同排污单位根据所含工序不同，包含上述一项或多项来源的废水。

（2）污染物指标确定

根据《制浆造纸工业水污染物排放标准》（GB 3544—2008），纳入国家排放标准管控的废水污染物指标包括 pH、色度、悬浮物、五日生化需氧量（BOD_5）、化学需氧量、氨氮、总氮、总磷、可吸附有机卤素（AOX）、二噁英，其中 AOX、二噁英仅限于采用元素氯漂白工艺的情况。

根据 2013 年和 2014 年国控污染源监督性监测结果，《制浆造纸工业水污染物排放标准》中 AOX 和二噁英以外的 8 项污染物指标监测比例最高，除此之外，挥发酚和硫化物的也有略高于 10%的企业开展了监测。在污染物浓度上，2013 年造纸国控企业挥发酚平均浓度为 0.036 mg/L，未超过排放标准，但高于黑色金属冶炼及压延加工业和医药制造行业监测结果；硫化物平均浓度为 0.27 mg/L，在所有监测硫化物的行业中排第 8，见表 4-1。

表 4-1 国控造纸企业监督性监测情况

监测项目	监测比例/%		超标比例/%	
	2013 年	2014 年	2013 年	2014 年
COD	99.9	99.8	8.9	11.5
悬浮物	97.7	97.9	6.6	8.4
pH	93.7	99.0	0.5	1.5
BOD	90.5	95.4	9.2	9.4
氨氮	88.4	94.9	2.9	2.6
色度	72.7	75.0	1.4	1.5
总氮	59.9	63.5	6.1	5.7
总磷	59.7	66.4	3.0	2.2
挥发酚	11.1	11.9	—	0
硫化物	10.4	10.1	1.2	0

全盐量已经在部分地方引起关注，在废水治理中，为了降低主要污染物 COD 的浓度，会出现大量使用废水处理药剂的现象。2018 年，山东省环境保护厅、山东省质量监督局批准发布了《流域水污染物综合排放标准 第 1 部分：南四湖东平湖流域》等 5 项地方标准，其中对全盐量规定了浓度限值要求。各类工业废水排入内陆水体的工业企业、污水处理厂都应达到上述排放标准的限值要求。考虑到造纸行业是我国废水排放的重点行业，也将全盐量指标纳入考虑范畴，由各地根据管理现状和需求自行确定是否要求排污单位进行监测。

根据《国家危险废物名录（2016 版）》，制浆造纸行业废纸回收利用处理过程中产生的脱墨渣属于危险废物。同时，考虑到《油墨工业水污染物排放标准》（GB 25463—2010）中包括总汞、烷基汞、总镉、总铬、六价铬、总铅等重金属的排放限值要求，因此，为了避免脱墨车间废水产生重金属污染，将脱墨车间重金属污染指标纳入考虑。

根据我国水污染物排放标准相关规定，污染物监控位置包括企业废水总排放口、车间或生产设施废水排放口两类。对于毒性较大、环境风险较高、仅是特定工序产生的重金属等污染物，监控位置在车间或生产设施废水排放口，这样可以避免其他废水混合后造成稀释排放，在污染物未得到有效治理的情况下实现浓度达标。其他多数工序都会产生、毒性相对较小、环境风险相对较低的污染物指标，监控位置多为企业废水总排放口。

综合考虑以上因素，造纸工业排污单位的废水排放口分为三种情形：①废水总排放口：来自不同工序的废水最终经企业废水总排放口排出；②元素氯漂白工艺车间废水排放口：排放标准规定的可吸附有机卤素（AOX）、二噁英的监控位置；③脱墨车间废水排放口：脱墨工序排放重金属的造纸工业企业重金属的监控位置。各排污口的可能涉及的污染物指标见表 4-2。

表 4-2　造纸工业企业废水排放口及污染物指标

废水排放口	造纸行业排放标准中的污染物指标	其他污染物指标
企业总排口	pH、悬浮物、色度、五日生化需氧量、化学需氧量、氨氮、总氮、总磷	挥发酚、硫化物、全盐量
元素氯漂白工艺车间废水排放口	可吸附有机卤素（AOX）、二噁英	—
脱墨车间废水排放口	—	重金属

因此，排污单位在设置废水监测点位时，有元素氯漂白工序的造纸工业企业，须在元素氯漂白车间排放口设置监测点位；有脱墨工序，且脱墨工序排放重金属的造纸工业企业，须在脱墨车间排放口或脱墨车间处理设施排放口设置监测点位；所有造纸工业企业均须在企业废水总排放口设置监测点位。

4.2.2　最低监测频次的确定

4.2.2.1　造纸工业排污单位分类

《环境保护法》《大气污染防治法》《水污染防治法》中对重点排污单位的监测

责任提出了明确要求，并提出重点排污单位的条件由国务院环境保护主管部门规定。为了落实《环境保护法》《大气污染防治法》《水污染防治法》，2017 年，环境保护部印发了《重点排污单位名录管理规定（试行）》（环办监测〔2017〕86 号），明确了重点排污单位筛选条件，规范了重点排污单位名录管理。

根据《重点排污单位名录管理规定（试行）》，重点排污单位名录由管理部门确定并公开。设区的市级地方人民政府环境保护主管部门依据本行政区域的环境承载力、环境质量改善要求和规定的筛选条件，每年商有关部门筛选污染物排放量较大、排放有毒有害污染物等具有较大环境风险的企业事业单位，确定下一年度本行政区域重点排污单位名录。重点排污单位名录实行分类管理，按照受污染的环境要素分为水环境重点排污单位名录、大气环境重点排污单位名录、土壤环境污染重点监管单位名录、声环境重点排污单位名录，以及其他重点排污单位名录五类，同一家企业事业单位因排污种类不同可以同时属于不同类别重点排污单位。纳入重点排污单位名录的企业事业单位应明确所属类别和主要污染物指标。

根据《排污单位自行监测技术指南　造纸工业》，重点排污单位和非重点排污单位废水监测频次有所差异，这主要是针对水环境重点排污单位名录而言的。根据《重点排污单位名录管理规定（试行）》，重点排污单位筛选时，既要根据排污单位的生产活动类型进行确定，也要根据污染物排放量占比进行筛选。

与造纸工业排污单位特定生产活动要求相关的规定包括，所有制浆造纸大中型企业都应纳入水环境重点排污单位，纳入排污许可重点管理的排污单位全部纳入重点排污单位。根据《固定污染源排污许可分类管理名录（2017 版）》以下造纸工业企业实施重点管理：以植物或者废纸为原料的纸浆生产的排污单位；用纸浆或者矿渣棉、云母、石棉等其他原料悬浮在流体中的纤维，经过造纸机或者其他设备成型，或者手工操作而成的纸及纸板的制造（包括机制纸及纸板制造、手工纸制造、加工纸制造）排污单位。

专栏一

《关于印发〈重点排污单位名录管理规定（试行）〉的通知》（环办监测〔2017〕86号）

第五条　具备下列条件之一的企业事业单位，纳入水环境重点排污单位名录。

（一）一种或几种废水主要污染物年排放量大于设区的市级环境保护主管部门设定的筛选排放量限值。

废水主要污染物指标是指化学需氧量、氨氮、总磷、总氮以及汞、镉、砷、铬、铅等重金属。筛选排放量限值根据环境质量状况确定，排污总量占比不得低于行政区域工业排污总量的65%。

（二）有事实排污且属于废水污染重点监管行业的所有大中型企业。

废水污染重点监管行业包括：制浆造纸，焦化，氮肥制造，磷肥制造，有色金属冶炼，石油化工，化学原料和化学制品制造，化学纤维制造，有漂白、染色、印花、洗水、后整理等工艺的纺织印染，农副食品加工，原料药制造，皮革鞣制加工，毛皮鞣制加工，羽毛（绒）加工，农药，电镀，磷矿采选，有色金属矿采选，乳制品制造，调味品和发酵制品制造，酒和饮料制造，有表面涂装工序的汽车制造，有表面涂装工序的半导体液晶面板制造等。

各地可根据本地实际情况增加相关废水污染重点监管行业。

（三）实行排污许可重点管理的已发放排污许可证的产生废水污染物的单位。

（四）设有污水排放口的规模化畜禽养殖场、养殖小区。

（五）所有规模的工业废水集中处理厂、日处理10万t及以上或接纳工业废水日处理2万t以上的城镇生活污水处理厂。各地可根据本地实际情况降低城镇污水集中处理设施的规模限值。

（六）产生含有汞、镉、砷、铬、铅、氰化物、黄磷等可溶性剧毒废渣的企业。

（七）设区的市级以上地方人民政府水污染防治目标责任书中承担污染治理任务的企业事业单位。

（八）三年内发生较大及以上突发水环境污染事件或者因水环境污染问题造成重大社会影响的企业事业单位。

（九）三年内超过水污染物排放标准和重点水污染物排放总量控制指标被环境保护主管部门予以“黄牌”警示的企业，以及整治后仍不能达到要求且情节严重被环境保护主管部门予以“红牌”处罚的企业。

因此，概括起来，有制浆工序、造纸工序的造纸工业排污单位通常都应被筛选确定为重点排污单位。没有制浆或造纸工序的纸制品加工企业排污单位，若废水排放量大，主要污染物排放量达到排污许可证重点管理的下限，或达到区域排放量 65%的下限要求，或者符合重点排污单位筛选的其他条件的，也会被筛选确定为重点排污单位。按照这些要求列入重点排污单位名录的造纸工业排污单位，应按照《排污单位自行监测技术指南　造纸工业》中重点排污单位监测要求执行。除了重点排污单位以外的排污单位，视为非重点排污单位，按照《排污单位自行监测技术指南　造纸工业》中非重点排污单位监测要求执行。

4.2.2.2　造纸工业排污单位废水监测频次

（1）监测频次的一般要求

根据《排污单位自行监测技术指南　造纸工业》，造纸工业排污单位废水排放口各监测指标最低监测频次按表 4-3 执行。排污单位可根据管理要求或实际情况在表 4-3 的基础上提高监测频次。

表 4-3　造纸工业排污单位废水排放口监测指标最低监测频次

<table>
<tr><th>排污单位级别</th><th>监测点位</th><th>监测指标</th><th>监测频次</th><th>备注</th></tr>
<tr><td rowspan="6">重点排污单位[1]</td><td rowspan="6">企业废水总排放口</td><td>流量、pH、化学需氧量</td><td>自动监测</td><td>—</td></tr>
<tr><td>氨氮[2]</td><td>日</td><td>—</td></tr>
<tr><td>悬浮物、色度</td><td>日</td><td>—</td></tr>
<tr><td>总氮、总磷[2]</td><td>周（日）</td><td>水环境质量中总氮（无机氮）/总磷（活性磷酸盐）超标的流域或沿海地区，或总氮/总磷实施总量控制区域，总氮/总磷最低监测频次按日执行</td></tr>
<tr><td>五日生化需氧量</td><td>周</td><td>—</td></tr>
<tr><td>挥发酚、硫化物、溶解性总固体（全盐量）</td><td>季度</td><td>选测</td></tr>
</table>

排污单位级别	监测点位	监测指标	监测频次	备注
重点排污单位[1]	元素氯漂白车间废水排放口	可吸附有机卤素（AOX）、二噁英、流量	年	可吸附有机卤素（AOX）、二噁英监测结果超标的，应适当增加监测频次
	脱墨车间废水排放口	环境影响评价及批复、或摸底监测确定的重金属污染物指标	周	若无重金属排放，则不需要开展监测
非重点排污单位	企业废水总排放口	pH、悬浮物、色度、五日生化需氧量、化学需氧量、氨氮、总氮、总磷、流量	季度	—

注：1．制浆造纸企业全部按重点排污单位管理。

2．设区的市级及以上环保主管部门明确要求安装自动监测设备的污染物指标，须采取自动监测。

（2）标准中监测频次的确定

1）重点排污单位监测频次

对于《制浆造纸工业水污染物排放标准》中规定的适用于所有造纸排污单位的 8 项污染物：pH、悬浮物、色度、五日生化需氧量、化学需氧量、氨氮、总氮、总磷，考虑因素如下。

造纸行业排污许可中，对化学需氧量和氨氮许可总量限值，为了支撑排放总量核算需求，对化学需氧量、氨氮、流量按较高的监测频次确定。同时，考虑到造纸工业生产工艺中一般不引入氮素，氨氮排放浓度较低，因此对化学需氧量、流量按自动监测规定，氨氮按日监测。pH 是对排水安全很重要的指标，且监测实施较为简单方便，因此大量造纸排污单位已实施了 pH 自动监测，规定 pH 自动监测。悬浮物和色度在造纸工业企业中会存在一定超标比例，2014 年监督性监测结果中分别有 8.4%和 1.5%的企业超标，且这项指标会容易引起公众感观反应。悬浮物和色度监测相对简单，也按照较高的监测频次处理，规定按日监测。考虑到造纸工业废水属于缺磷和氮的状况，监测频次相对低一些，故按每周监测一次规定。但对于氮、磷超标的流域和地区，实施总氮或总磷总量控制的，可提高相应指标的监测频次，按日监测规定。五日生化需氧量监测相对耗时，且已对化学需氧量提出较高监测要求，故五日生化需氧量监测频次略低，按每周监测一次规定。

对于《制浆造纸工业水污染物排放标准》中适用于有元素氯漂白工艺制浆造纸排污单位元素氯漂白车间排放口的 AOX、二噁英，考虑到二噁英监测技术难度相对较大，按照《制浆造纸工业水污染物排放标准》，二噁英按年开展监测，AOX 与二噁英按相同监测频次规定。

对于挥发酚、硫化物、溶解性总固体（全盐量），由于《制浆造纸工业水污染物排放标准》中并未进行统一规定，在《排污单位自行监测技术指南　造纸工业》中按选测规定，地方管理部门和排污单位根据实际情况自行决定是否开展这三项指标的监测。

对于有脱墨工艺的脱墨车间废水排放口的重金属，排污单位根据环境影响评价及批复或摸底监测确定的排污单位实际排放的重金属污染物指标应按周开展监测，若排污单位不排放重金属污染物，则不需要开展监测。

2）非重点排污单位监测频次

因为有制浆工序的排污单位都作为重点排污单位管理，因此对于非重点排污单位不涉及元素氯漂白车间、脱墨车间，仅包括 pH、悬浮物、色度、五日生化需氧量、化学需氧量、氨氮、总氮、总磷等 8 项污染物指标，对此统一规定每季度监测一次。根据《排污单位自行监测技术指南　总则》，流量超过 100 t/d 的非重点排污单位，应对流量实施自动监测。

4.2.3　需要注意的特殊情形

（1）纸制品加工排污单位

与制浆造纸工业排污单位相比，没有制浆造纸工序的纸制品加工排污单位一般水量较小，但也有少数纸制品加工排污单位水量较大，甚至列入重点排污单位名录。对于列入重点排污单位的纸制品加工排污单位，除了元素氯漂白车间、脱墨车间废水排放口的监测指标，废水总排放口的监测指标和监测频次，按照《排污单位自行监测技术指南　造纸工业》中的重点排污单位规定执行，未列入重点排污单位名录的纸制品加工排污单位，按照《排污单位自行监测技术指南　造纸工业》中的非重点排污单位规定执行。

（2）关于自动监测

《排污单位自行监测技术指南　造纸工业》中仅对重点排污单位的流量、pH、化学需氧量 3 项指标提出了自动监测要求，其他指标均按手工监测提出最低监测频次要求。对于氮、磷指标未提自动监测要求，主要是考虑造纸工业排污单位多数造纸废水本身氮、磷含量较低，为了提高生化处理效果，在污水处理过程中需要添加尿素等营养物质，废水中的氮、磷主要来源于添加的营养物质。从监测浓度上来看，造纸废水氮、磷浓度都不高，不属于氮、磷重点排污行业。企业从成本和污水处理系统运行的角度考虑，也会控制药剂的添加。按日监测，每日至少采 3 次样，监测频次已经很高，能够反映企业的实际排放状况，不建议氮、磷加装自动监测。但由于各地水环境质量现状和要求不同，自动监测要求有所差异，地方可根据本地区环境管理需要和企业实际情况，决定是否要求氮、磷自动监测。排污单位也可根据自身实际情况，选择采取手工监测或是安装自动监测设备开展自行监测。

（3）间接排放排污单位

由于《制浆造纸工业水污染物排放标准》仅对直接排放的制浆造纸企业废水污染物进行了规定，未对排入到污水处理厂的间接排放排污单位的污染物指标及限值进行规定。按照《制浆造纸工业水污染物排放标准》，其他污染物由造纸工业排污单位和城镇污水处理厂商定或执行相关标准，因此，各地间接排放的造纸工业排污单位的管控污染物指标各有差异。由于无法对间接排放的造纸工业排污单位的管控污染物指标进行统一规定，因此《排污单位自行监测技术指南　造纸工业》中未对间接排放造纸工业排污单位的监测指标与监测频次进行明确，由造纸排污单位根据实际被管控的污染物指标，参照直接排放的造纸工业排污单位确定监测频次。

若间接排放的造纸工业排污单位存在元素氯漂白车间、脱墨车间，则元素氯漂白车间、脱墨车间废水排放口的监测指标与监测频次，按照《排污单位自行监

测技术指南　造纸工业》中的规定执行，即元素氯漂白车间废水排放口的 AOX、二噁英按年监测，脱墨车间废水排放口实际排放的重金属按周监测，若无重金属排放则不需要监测。

间接排放的造纸工业排污单位，pH、悬浮物、色度、五日生化需氧量、化学需氧量、氨氮、总氮、总磷等 8 项指标及流量，可在《排污单位自行监测技术指南　造纸工业》中规定的直接排放造纸工业排污单位监测频次的基础上适当降低，并可由地方环境管理部门、接纳废水的污水处理厂、排污单位共同协商确定。

（4）关于《制浆造纸工业水污染物排放标准》中未规定的指标

根据我国的排放标准体系，地方标准可以严于国家标准。因此，各地有可能会在《制浆造纸工业水污染物排放标准》的基础上提出更多的污染物控制要求。但由于各地的要求存在差异，《排污单位自行监测技术指南　造纸工业》中未进行统一规定。各地可以根据造纸工业排污单位执行的排放标准，参照《排污单位自行监测技术指南　造纸工业》和《排污单位自行监测技术指南　总则》确定其他污染物指标的监测频次。

4.3　废气排放监测

4.3.1　有组织废气

根据第 3 章的分析，有组织废气排放源主要包括：碱回收炉、石灰窑、固废焚烧炉、供热锅炉、自备电厂锅炉等，部分造纸工业企业还涉及的溶解槽等物理或化学反应设备会产生废气排放。

供热锅炉和电厂锅炉的污染物指标及监测要求参见《排污单位自行监测技术指南　火力发电及锅炉》，本书中不再对此进行详细介绍。固体焚烧炉（包括危险废物焚烧、生活垃圾焚烧、污泥等一般工业固体废物焚烧）的监测要求可待适用于固体废物焚烧行业自行监测技术指南发布后按照规定执行，在固体废物焚烧行业自行监测技术指南发布前，可按照造纸行业排污许可证申请与核发技术规范中的监测要求执行。个别造纸工业企业涉及溶解槽等设备，由于难以确定具体成分，《排污单位自行监测技术指南　造纸工业》中未进行细化，这部分内容的监测可参照《排污单位自行监测技术指南　总则》执行。《排污单位自行监测技术指南　造纸工业》中主要考虑了碱回收炉、石灰窑两种有组织排放源的监测要求，见表 4-4。

表 4-4　废气排放口监测指标最低监测频次

污染源	监测点位	监测指标	监测频次
碱回收炉	碱回收炉排气筒或烟道上	NO_x、SO_2	自动监测
		颗粒物、烟气黑度	季度
石灰窑	石灰窑排气筒或烟道上	颗粒物、NO_x、SO_2	季度

注：排气筒废气监测要同步监测烟气参数。

（1）碱回收炉

碱回收炉的污染物指标主要包括 SO_2、NO_x、颗粒物、烟气黑度四项。

根据管理要求，应对碱回收炉 NO_x 实施总量控制，故对 NO_x 实施自动监测。考虑到碱回收炉 NO_x 和 SO_2 排放存在负相关关系，为了控制 NO_x 的排放量，需要对炉温进行控制，因此会造成 SO_2 浓度上升。所以，SO_2 和 NO_x 都要求采用自动监测的方式。

（2）石灰窑

石灰窑目前没有专门的行业排放标准，现行《工业炉窑大气污染物排放标准》（GB 9078—1996），无 NO_x 控制标准。考虑到现有管理基础较为薄弱，以积累一定监测数据为出发点，按季度开展监测，目的是为日后明确管理要求奠定基础。

（3）同步监测烟气参数

开展废气污染物排放监测时，应根据《固定污染源排气中颗粒物和气态污染物采样方法》（GB/T 16157—1996）、《固定源废气监测技术规范》（HJ/T 397—2007）和相应排放标准的要求同步监测排气参数，排气参数包括监测断面截面积、排气筒高度、烟道中烟气温度、水分含量、动压、静压和大气压等。其目的是计算污染物的折算浓度和排放速率，满足排放标准评价的要求。其中监测断面截面积、排气筒高度静态参数仅监测一次，其他动态排气参数监测频次与污染物监测频次相同，应同步开展监测。

4.3.2　无组织废气

无组织废气排放源包括制浆备料过程和石灰窑原料输送过程中的颗粒物排放，以及制浆过程和污水处理过程中的恶臭废气。制浆恶臭污染物根据原料的不同有所差异，原料普遍存在硫化物，部分原料还存在甲硫醇、甲硫醚、二甲二硫醚等臭气污染物的排放。

对于无组织排放，主要根据各类造纸工业企业涉及的无组织排放源类型提出了监测指标及频次，见表 4-5。

表 4-5　无组织废气监测指标最低监测频次

企业类型	监测点位	监测指标	监测频次
有制浆工序的企业	厂界	臭气浓度[1]、颗粒物	年（月[2]）
采用含氯漂白工艺的企业	漂白车间或二氧化氯制备车间外	HCl	年
有生化污水处理工序的企业	厂界	臭气浓度、H_2S、氨	年
有石灰窑的企业	厂界	颗粒物	年

注 1. 根据环境影响评价文件及其批复，以及原料工艺等确定是否监测其他臭气污染物。

2. 适用于有硫酸盐法制浆或硫酸盐法纸浆漂白工序的企业，若周边没有敏感点，可适当降低监测频次。

在调研过程中发现，造纸厂的恶臭问题易引起公众投诉，尤其对于有硫酸盐制浆或硫酸盐纸浆漂白工序的企业。因此，对于有硫酸盐制浆或硫酸盐纸浆漂白工序的企业，无组织废气监测频次要求较高，需按月开展监测，对于有其他类型制浆工序的企业无组织排放需按年开展监测。若环境影响评价文件及批复要求控制其他恶臭污染物，或者排污单位根据使用的原料和生产工艺情况确定有其他恶臭污染物排放的，则应开展相应恶臭污染物的监测。

采用含氯漂白工艺的企业，除在漂白车间或二氧化氯（ClO_2）制备车间外，还应在氯化氢（HCl）浓度最高处，按年开展 HCl 监测。有生化污水处理工序的企业，考虑到恶臭的影响，也应按年开展臭气浓度、硫化氢（H_2S）、氨的监测。石灰窑企业，应按年开展颗粒物的监测。对于同时有制浆工序、生化污水处理工序的企业，污染物指标应全覆盖，监测频次从严，即应按月开展臭气浓度、颗粒物监测，按年开展 H_2S、氨监测。同时有制浆工序、石灰窑的企业，同样应做到污染物指标全覆盖，监测频次从严。

特别说明，表 4-5 企业类型中，相关工序的要求是指生产或产生相关环境污染的工序；对于虽有相关工序，但该工序未投入使用，也不会产生相应环境污染的，则无须按照表 4-5 的要求执行。

开展无组织废气排放监测时，应按照《大气污染物无组织排放监测技术导则》（HJ/T 55—2000）的要求记录气象等相关参数信息。

4.4 厂界环境噪声监测

厂界环境噪声监测点位设置应遵循《排污单位自行监测技术指南　总则》（HJ 819—2017）中的原则，根据厂内主要噪声源距厂界位置布点；根据厂界周围敏感目标布点；“厂中厂”是否需要监测根据内部和外围排污单位协商确定；面临海洋、大江、大河的厂界原则上不布点；厂界紧邻交通干线不布点；厂界紧邻另一排污单位的，在临近另一排污单位侧是否布点由排污单位协商确定。

对于造纸工业排污单位内的噪声源，主要考虑表 4-6 中噪声源在厂区内的分布情况，若排污单位内还存在其他噪声源，应一并考虑，同时根据不同噪声源的强度选择对周边居民影响最大的位置开展监测。厂界环境噪声每季度至少开展一次昼夜监测。监测的目的主要是促进排污单位做好降噪措施，降低对周边居民的影响，因此周边有敏感点的，应提高监测频次，具体的监测频次可由周边居民、排污单位、管理部门共同协商确定。

表 4-6　厂界环境噪声布点应关注的造纸工业企业主要噪声源

噪声源	主要设备
生产车间	备料过程的机械、制浆机械、抄纸机械、纸制品加工机械等
污水处理	生化处理曝气设备、污泥脱水设备等

4.5　周边环境质量影响监测

环境影响评价文件及其批复、相关环境管理政策有明确要求的，排污单位应按要求开展相应的周边环境质量要素的监测。

管理上没有明确要求，对于废水直接排入地表水、海水的排污单位，若排污单位想说清楚自身排放状况及对周边环境质量影响状况有必要开展相应要素监测的，可按照《环境影响评价技术导则　地表水环境》（HJ/T 2.3—2018）、《地表水和污水监测技术规范》（HJ/T 91—2002）、《近岸海域环境监测规范》（HJ 442—2008）及受纳水体环境管理要求确定设置监测断面和监测点位，监测指标及频次按表 4-7 执行。

表 4-7　周边环境质量影响最低监测频次

目标环境	监测指标	监测频次
地表水	pH、悬浮物、化学需氧量、五日生化需氧量、氨氮、总磷、总氮、石油类	每年丰、平、枯水期至少各监测一次
海水	pH、化学需氧量、五日生化需氧量、溶解氧、活性磷酸盐、无机氮、石油类	每年大潮期、小潮期至少各监测一次

除此之外，排污单位认为有必要开展其他环境要素监测，以更好说清楚自身排放状况和对周边环境质量影响状况的，也可参照《排污单位自行监测技术指南　总则》、环境影响评价技术文件、环境质量监测技术规范开展监测。

4.6 其他要求

（1）《排污单位自行监测技术指南　造纸工业》中未规定的污染物指标

造纸工业排污单位所持的排污许可证中载明的其他污染物指标或其他环境管理明确要求管控的污染物指标，也应纳入自行监测范围内。另外，对于《排污单位自行监测技术指南　造纸工业》中所规定的典型工艺所涉及的污染物指标外，排污单位根据生产过程的原辅用料、生产工艺、中间及最终产品类型、监测结果确定实际排放的，在有毒有害或优先控制污染物相关名录中的污染物指标，或其他有毒污染物指标，也应纳入自行监测范围内。这些纳入自行监测范围的污染物指标，应参照《排污单位自行监测技术指南　造纸工业》中表1～表3，以及《排污单位自行监测技术指南　总则》确定监测点位和监测频次。

（2）监测频次的确定

《排污单位自行监测技术指南　造纸工业》中的监测频次均为最低监测频次，排污单位在确保各指标的监测频次满足《排污单位自行监测技术指南　造纸工业》的基础上，可根据《排污单位自行监测技术指南　总则》中监测频次的确定原则提高监测频次。监测频次的确定原则为：不应低于国家或地方发布的标准、规范性文件、规划、环境影响评价文件及其批复等明确规定的监测频次；主要排放口的监测频次高于非主要排放口；主要监测指标的监测频次高于其他监测指标；排向敏感地区的应适当增加监测频次；排放状况波动大的，应适当增加监测频次；历史稳定达标状况较差的需增加监测频次，达标状况良好的可以适当降低监测频次；监测成本应与排污企业自身能力相一致，尽量避免重复监测。

（3）其他要求

对于《排污单位自行监测技术指南　造纸工业》中未规定的内容，如内部监测点位设置及监测要求、采样方法、监测分析方法、监测质量保证与质量控制、监测方案的描述、变更等按照《排污单位自行监测技术指南　总则》执行。

4.7　监测方案示例

为了对本章中监测方案示例的正确掌握和应用，特别强调以下两点：

第一，本书附录 5 列出了可供参考的完整的监测方案模板示例，排污单位可根据示例和本单位实际情况，进行相应的调整完善，作为本单位的监测方案使用。本章重点针对附录 5 中的监测点位、监测指标、监测频次、监测方法等内容给出示例，对于共性较大的描述性内容和质量控制等相关内容，在本章中不再进行列举，但并不意味着不重要或者不需要。

第二，本书给出的排放限值仅用于示例，可能会存在与实际要求略有差异的情况，这与各地实际管理要求有关，也与案例企业的特殊情况有关，本书对此不做深入解释和说明。

4.7.1　示例一：某木浆制浆造纸企业（直接排放）

（1）企业基本情况

大型木浆浆纸联合企业采用硫酸盐法制浆（元素氯漂白）工艺，废水治理后直接排入地表水环境，厂区配有燃煤锅炉、碱回收炉、石灰窑，并有二氧化氯制备等生产车间。

（2）自行监测方案

1）废水

针对两个元素氯漂白车间排放口、企业废水总排放口、自备电厂脱硫设施废水排放口设置监测方案，见表 4-8。

2）废气

碱回收炉、燃煤锅炉、石灰窑、二氧化氯制备、漂白车间废气等有组织排放源设计监测方案，见表 4-9。

表 4-8 废水排放监测方案

排放口	监测指标	排放限值	技术手段	监测频次	分析方法
元素氯漂白车间排放口1（DW001）	流量	—	手工	年	—
	可吸附有机卤素（AOX）	30 mg/L	手工	年	《水质 可吸附有机卤素（AOX）的测定 离子色谱法》（HJ/T 83—2001）
	二噁英	12pgTEQ/L	手工	年	《水质 二噁英类的测定 同位素稀释高分辨气相色谱法》（HJ 77.1—2008）
企业废水总排放口（DW003）	流量	—	自动监测	连续	—
	悬浮物	30 mg/L	手工	日	《水质 悬浮物的测定 重量法》（GB11901—1989）
	色度	30 倍	手工	日	《水质 色度的测定 稀释倍数法》（GB 11903—1989）
	氨氮	10 mg/L	自动监测	连续	—
	总氮	15 mg/L	自动监测	连续	—
	总磷	0.8 mg/L	手工	日	《水质 总磷的测定 钼酸铵分光光度法》（GB 11893—1989）
	pH	6～9	自动监测	连续	—
	硫化物	1.0 mg/L	手工	月	《水质 硫化物的测定 亚甲基蓝分光光度法》（GB/T 16489—1996）
	氟化物	10 mg/L	手工	月	《水质 氟化物的测定 离子选择电极法》（GB 7487—1987）
	挥发酚	0.5 mg/L	手工	月	《水质 挥发酚的测定 溴化容量法》（HJ 502—2009）
	石油类	5 mg/L	手工	月	《水质 石油类和动植物油类的测定 红外分光光度法》（HJ 637—2018）
	五日生化需氧量	20 mg/L	手工	周	《水质 五日生化需氧量（BOD_5）的测定 稀释与接种法》（HJ 505—2009）

排放口	监测指标	排放限值	技术手段	监测频次	分析方法
企业废水总排放口（DW003）	化学需氧量	60 mg/L	自动监测	连续	—
	溶解性总固体	—	—	—	《水质 全盐量的测定 重量法》（HJ/T 51—1999）
脱硫设施废水排放口（DW004）	流量	—	手工	月	
	pH	6～9	手工	月	《水质 pH 的测定 玻璃电极法》（GB 6920—1986）
	总铅	1.0 mg/L	手工	月	《水质 铜、锌、铅、镉的测定 原子吸收分光光度法》（GB 7475—1987）
	总砷	0.5 mg/L	手工	月	《水质 总砷的测定 二乙基二硫代氨基甲酸银分光光度法》（GB 7485—1987）
	总汞	0.05 mg/L	手工	月	《水质 总汞的测定 冷原子吸收分光光度法》（HJ 597—2011）
	总镉	0.1 mg/L	手工	月	《水质 铜、锌、铅、镉的测定 原子吸收分光光度法》（GB 7475—1987）

表 4-9　有组织废气排放监测方案

污染源信息		监测点位	监测指标	排放限值	技术手段	监测频次	分析方法
排放口	排放源类型						
DA001	漂白废气	烟道	氯气	65 mg/m^3	手工	年	《固定污染物排气中氯气的测定 甲基橙分光光度法》（HJ/T 30—1999）
DA003	碱回收炉	烟道	SO_2	100 mg/m^3	自动监测	连续	—
			NO_x	240 mg/m^3	自动监测	连续	—
			烟尘	20 mg/m^3	自动监测	连续	
			烟气黑度	1	手工	季度	《固定污染源排放烟气黑度的测定 林格曼烟气黑度图法》（HJ/T 398—2007）
DA005	ClO_2 制备	烟道	氯气	65 mg/m^3	手工	年	《固定污染物排气中氯气的测定 甲基橙分光光度法》（HJ/T 30—1999）

污染源信息		监测点位	监测指标	排放限值	技术手段	监测频次	分析方法
排放口	排放源类型						
DA005	ClO_2制备	烟道	氯化氢	100 mg/m^3	手工	年	《固定污染源废气 氯化氢的测定 硝酸银容量法》（HJ 548—2016）
DA007	燃煤锅炉	烟道	SO_2	100 mg/m^3	自动监测	连续	—
			NO_x	200 mg/m^3	自动监测	连续	—
			烟尘	20 mg/m^3	自动监测	连续	—
			汞及其化合物	0.03 mg/m^3	手工	季度	《固定污染源废气 汞的测定 冷原子吸收分光光度法（暂行）》（HJ 543—2009）
			烟气黑度	1	手工	季度	《固定污染源排放烟气黑度的测定 林格曼烟气黑度图法》（HJ/T 398—2007）
	石灰窑	烟道	SO_2	300 mg/m^3	自动监测	连续	—
			NO_x	300 mg/m^3	自动监测	连续	—
			烟尘	30 mg/m^3	自动监测	连续	—

分别在氨罐周边、储油罐周边、厂界等设置无组织排放监测点位，具体见表4-10。

表 4-10 无组织废气排放监测方案

监测点位	监测指标	排放限值	技术手段	监测频次	分析方法
氨罐周边	氨	1.5 mg/m^3	手工	年	《环境空气和废气 氨的测定 纳氏试剂分光光度法》（HJ 533—2009）
储油罐周边	非甲烷碳氢化合物	—[1]	手工	年	《固定污染源废气 总烃、甲烷和非甲烷总烃的测定 气相色谱法》（HJ 38—2017）
厂界	臭气浓度	20	手工	月	《空气质量 恶臭的测定 三点比较式臭袋法》（GB/T 14675—1993）
	硫化氢	—[1]	手工	季度	《空气质量 硫化氢、甲硫醇、甲硫醚和二甲二硫的测定 气相色谱法》（GB/T 14678—1993）

监测点位	监测指标	排放限值	技术手段	监测频次	分析方法
厂界	氨	1.5 mg/m^3	手工	季度	《环境空气和废气 氨的测定 纳氏试剂分光光度法》（HJ 533—2009）
	颗粒物	1.0 mg/m^3	手工	月	《环境空气 总悬浮颗粒物的测定 重量法》（GB/T 15432—1995）
	非甲烷碳氢化合物	—[1]	手工	季度	《固定污染源废气 总烃、甲烷和非甲烷总烃的测定 气相色谱法》（HJ 38—2017）

注：表示无浓度限值要求。

3）厂界环境噪声

对工厂四周环境噪声开展监测，监测方案见表 4-11。

表 4-11　厂界环境噪声监测

监测点位	监测指标	排放限值	监测方式	监测频次	监测方法
厂界北外 1 m 处	等效 A 声级	上限：60（昼）；50（夜）dB	手工	季度	《工业企业厂界环境噪声排放标准》（GB 12348—2008）
厂界西外 1 m 处	等效 A 声级	上限：60（昼）；50（夜）dB	手工	季度	《工业企业厂界环境噪声排放标准》（GB 12348—2008）
厂界南外 1 m 处	等效 A 声级	上限：60（昼）；50（夜）dB	手工	季度	《工业企业厂界环境噪声排放标准》（GB 12348—2008）
厂界东外 1 m 处	等效 A 声级	上限：60（昼）；50（夜）dB	手工	季度	《工业企业厂界环境噪声排放标准》（GB 12348—2008）

4）周边环境质量影响

在排入的地表水上游、下游设置监测点位，对周边环境质量影响状况开展监测，见表 4-12。

表 4-12　周边环境监测方案

监测点位	监测指标	监测方式	监测频次	监测方法
污水入××河至下游 100 m	化学需氧量	手工	季度	《水质 高锰酸盐指数的测定》（GB/T 11892—1989）
	总氮（以 N 计）	手工	季度	《水质 总氮的测定 碱性过硫酸钾消解紫外分光光度法》（HJ 636—2012）

监测点位	监测指标	监测方式	监测频次	监测方法
污水入××河至下游100 m	总磷（以P计）	手工	季度	《水质 总磷的测定 钼酸铵分光光度法》（GB/T 11893—1989）
	氨氮（NH_3-N）	手工	季度	《水质 氨氮的测定 纳氏试剂分光光度法》（HJ 535—2009）
	五日生化需氧量	手工	季度	《水质 五日生化需氧量（BOD_5）的测定 稀释与接种法》（HJ 505—2009）
	pH	手工	季度	《水质 pH的测定 玻璃电极法》（GB/T 6920—1986）
污水入××河至上游50 m	化学需氧量	手工	季度	《水质 高锰酸盐指数的测定》（GB/T 11892—1989）
	总氮（以N计）	手工	季度	《水质 总氮的测定 碱性过硫酸钾消解紫外分光光度法》（HJ 636—2012）
	总磷（以P计）	手工	季度	《水质 总磷的测定 钼酸铵分光光度法》（GB/T 11893—1989）
	氨氮（NH_3-N）	手工	季度	《水质 氨氮的测定 纳氏试剂分光光度法》（HJ 535—2009）
	五日生化需氧量	手工	季度	《水质 五日生化需氧量（BOD_5）的测定 稀释与接种法》（HJ 505—2009）
	pH	手工	季度	《水质 pH的测定 玻璃电极法》（GB/T 6920—1986）

4.7.2 示例二：某木浆制浆造纸企业（间接排放）

（1）企业基本情况

大中型木浆浆纸联合企业采用硫酸盐法制浆（漂白）工艺，制浆和造纸废水在本厂进行生化处理后，制浆和造纸废水分别由废水总排放口排入下游污水处理厂，漂白工艺采用无元素氯漂白，根据地方管理要求企业执行造纸工业直接排放限值。厂区配有两台燃煤发电锅炉，有碱回收炉、石灰窑。

（2）自行监测方案

1）废水

间接排放企业参照造纸行业自行监测技术指南执行，两个废水排放口监测指标、频次、分析方法见表4-13。

表 4-13　废水排放监测方案

排放口	监测指标	排放限值	技术手段	监测频次	分析方法
企业总排放口 1（DW001）	流量	—	自动监测	连续	—
	pH	6～9	自动监测	连续	—
	COD	80 mg/L	自动监测	连续	—
	氨氮	8 mg/L	自动监测	连续	—
	色度	50 倍	手工	日	《水质　色度的测定》（GB 11903—1989）
	BOD_5	20 mg/L	手工	周	《水质　五日生化需氧量（BOD_5）的测定　稀释与接种法》（HJ 505—2009）
	悬浮物	30 mg/L	手工	日	《水质　悬浮物的测定　重量法》（GB 11901—1989）
	总氮	12 mg/L	手工	周	《水质　总氮的测定　碱性过硫酸钾消解紫外分光光度法》（HJ 636—2012）
	总磷	0.8 mg/L	手工	周	《水质　总磷的测定　钼酸铵分光光度法》（GB/T 11893—1989）
企业总排放口 2（DW002）	流量	—	自动监测	连续	—
	pH	6～9	自动监测	连续	—
	COD	90 mg/L	自动监测	连续	—
	氨氮	8 mg/L	自动监测	连续	—
	色度	50 倍	手工	日	《水质　色度的测定》（GB 11903—1989）
	BOD_5	20 mg/L	手工	周	《水质　五日生化需氧量（BOD_5）的测定　稀释与接种法》（HJ 505—2009）
	悬浮物	30 mg/L	手工	日	《水质　悬浮物的测定　重量法》（GB 11901—1989）
	总氮	12 mg/L	手工	周	《水质　总氮的测定　碱性过硫酸钾消解紫外分光光度法》（HJ 636—2012）
	总磷	0.8 mg/L	手工	周	《水质　总磷的测定　钼酸铵分光光度法》（GB/T 11893—1989）

2）废气

燃煤锅炉、碱回收锅炉、石灰窑等废气有组织排放源的监测方案见表 4-14，废气无组织监测方案见表 4-15。

表 4-14　废气有组织排放监测方案

污染源信息		监测点位	监测指标	排放限值	技术手段	监测频次	分析方法（原理）
排放口	排放源类型						
DA001	燃煤锅炉	烟道	SO_2	200 mg/m^3	自动监测	连续	—
			NO_x	200 mg/m^3	自动监测	连续	—
			烟尘	20 mg/m^3	自动监测	连续	—
			汞及其化合物	0.03 mg/m^3	手工	季度	《固定污染源废气 汞的测定 冷原子吸收分光光度法（暂行）》（HJ 543—2009）
			烟气黑度	1	手工	季度	《固定污染源排放烟气黑度的测定 林格曼烟气黑度图法》（HJ/T 398—2007）
DA002	燃煤锅炉	烟道	SO_2	200 mg/m^3	自动监测	连续	—
			NO_x	200 mg/m^3	自动监测	连续	—
			烟尘	20 mg/m^3	自动监测	连续	—
			汞及其化合物	0.03 mg/m^3	手工	季度	《固定污染源废气 汞的测定 冷原子吸收分光光度法（暂行）》（HJ 543—2009）
			烟气黑度	1	手工	季度	《固定污染源排放烟气黑度的测定 林格曼烟气黑度图法》（HJ/T 398—2007）
DA003	碱回收炉	烟道	SO_2	200 mg/m^3	自动监测	连续	—
			NO_x	200 mg/m^3	自动监测	连续	—
			烟尘	20 mg/m^3	自动监测	连续	—
			烟气黑度	1	手工	季度	《固定污染源排放烟气黑度的测定 林格曼烟气黑度图法》（HJ/T 398—2007）
DA004	石灰窑	烟道	SO_2	850 mg/m^3	自动监测	连续	—
			NO_x	—	自动监测	连续	—
			烟尘	200 mg/m^3	自动监测	连续	—

表 4-15　无组织废气监测方案

监测点位	监测指标	排放限值	监测频次	分析方法
厂界	颗粒物	1.0 mg/m^3	月	《环境空气 总悬浮颗粒物的测定 重量法》（GB/T 15432—1995）
	臭气浓度	10	月	《空气质量 恶臭的测定 三点比较式臭袋法》（GB/T 14675—1993）
	硫化氢	0.03 mg/m^3	季度	《空气质量 硫化氢、甲硫醇、甲硫醚和二甲二硫的测定 气相色谱法》（GB/T 14678—1993）
	氨	1.0 mg/m^3	季度	《环境空气和废气 氨的测定 纳氏试剂分光光度法》（HJ 533—2009）

3）厂界环境噪声

厂界环境噪声监测方案见表 4-16。

表 4-16　厂界环境噪声监测方案

监测点位	监测指标	排放限值	监测频次	监测方法
厂界（7 个点）	等效 A 声级	55 dB（夜） 65 dB（昼）	季度	《工业企业厂界环境噪声排放标准》（GB 12348—2008）

4.7.3　示例三：某废纸造纸企业（小型企业）

小型废纸造纸企业，废水经本厂处理后排向水体环境，没有废气有组织排放源。废水监测方案见表 4-17。

表 4-17　废水排放监测方案

排放口	监测指标	排放限值	技术手段	监测频次	分析方法
企业总排放口 1（DW001）	流量	—	自动监测	连续	—
	pH	6～9	自动监测	连续	—
	COD	90 mg/L	自动监测	连续	—
	氨氮	8 mg/L	手工	日	《水质 氨氮的测定 纳氏试剂分光光度法》（HJ 535—2009）
	色度	50 倍	手工	日	《水质 色度的测定》（GB 11903—1989）

排放口	监测指标	排放限值	技术手段	监测频次	分析方法
企业总排放口1（DW001）	BOD_5	20 mg/L	手工	周	《水质 五日生化需氧量（BOD_5）的测定 稀释与接种法》（HJ 505—2009）
	悬浮物	30 mg/L	手工	日	《水质 悬浮物的测定 重量法》（GB 11901—1989）
	总氮	12 mg/L	手工	周	《水质 总氮的测定 碱性过硫酸钾消解紫外分光光度法》（HJ 636—2012）
	总磷	0.8 mg/L	手工	周	《水质 总磷的测定 钼酸铵分光光度法》（GB 11893—1989）

无组织废气排放监测方案见表 4-18。

表 4-18 无组织废气监测方案

监测点位	监测指标	排放限值	监测频次	分析方法
厂界	颗粒物	1.0 mg/m^3	年	《环境空气 总悬浮颗粒物的测定 重量法》（GB/T 15432—1995）
	臭气浓度	10	年	《空气质量 恶臭的测定 三点比较式臭袋法》（GB/T 14675—1993）
	硫化氢	0.03 mg/m^3	年	《空气质量 硫化氢、甲硫醇、甲硫醚和二甲二硫的测定 气相色谱法》（GB/T 14678—1993）
	氨	1.0 mg/m^3	年	《环境空气和废气 氨的测定 纳氏试剂分光光度法》（HJ 533—2009）

厂界环境噪声监测方案见表 4-19。

表 4-19 厂界环境噪声监测方案

监测点位	监测指标	排放限值	监测频次	监测方法
厂界（4 个点）	等效 A 声级	55dB（夜）	季度	《工业企业厂界环境噪声排放标准》（GB 12348—2008）
		65dB（昼）		

4.7.4 示例四：某纸制品加工企业（非重点排污单位）

纸制品加工企业，产生少量废水，无废气排放，噪声源较多。废水监测方案见表 4-20。

表 4-20　废水排放监测方案

排放口	监测指标	排放限值	技术手段	监测频次	分析方法
企业总排放口 1（DW001）	流量	—	手工	季度	便携式超声波流速仪测流
	pH	6～9	手工	季度	《水质 pH 的测定 玻璃电极法》（GB 6920—1986）
	COD	90 mg/L	手工	季度	《水质 化学需氧量的测定 快速消解分光光度法》（HJ/T 399—2007）
	氨氮	8 mg/L	手工	季度	《水质 氨氮的测定 纳氏试剂分光光度法》（HJ 535—2009）
	色度	50 倍	手工	季度	《水质 色度的测定》（GB 11903—1989）
	BOD_5	20 mg/L	手工	季度	《水质 五日生化需氧量（BOD_5）的测定 稀释与接种法》（HJ 505—2009）
	悬浮物	30 mg/L	手工	季度	《水质 悬浮物的测定 重量法》（GB 11901—1989）
	总氮	12 mg/L	手工	季度	《水质 总氮的测定 碱性过硫酸钾消解紫外分光光度法》（HJ 636—2012）
	总磷	0.8 mg/L	手工	季度	《水质 总磷的测定 钼酸铵分光光度法》（GB 11893—1989）

厂界环境噪声监测方案见表 4-21。

表 4-21　厂界环境噪声监测方案

监测点位	监测指标	排放限值	监测频次	监测方法
厂界（8 个点）	等效 A 声级	55 dB（夜）	季度	《工业企业厂界环境噪声排放标准》（GB 12348—2008）
		65 dB（昼）		

第 5 章　监测设施设置与维护要求

监测设施是监测活动开展的重要基础，监测设施的规范性直接影响监测数据质量。我国涉及监测设施设置与维护要求的标准规范有很多，但相对零散，且存在衔接不够紧密的地方。本章立足现有的标准规范，结合污染源监测实际开展情况，对监测设施设置与维护要求进行全面梳理和总结，供开展污染源监测的相关主体参考。

5.1　基本原则和依据

5.1.1　基本原则

排污单位应当依据国家污染源监测相关标准规范、污染物排放标准、自行监测相关技术指南和其他相关规定等进行监测点位的确定和排污口规范化设置；地方颁布执行的污染源监测标准规范、污染物排放标准等对监测点位的确定和排污口规范化设置有要求时，可按照地方规范、标准从严执行。

5.1.2　相关依据

排污单位的排污口主要包括废水排放口和废气排放口。

目前，国家有关废水监测点位确定及排污口规范化设置的标准规范主要包括：

《地表水和污水监测技术规范》（HJ/T 91—2002）、《水污染物排放总量监测技术规范》（HJ/T 92—2002）、《固定污染源监测质量保证与质量控制技术规范（试行）》（HJ/T 373—2007）、《水污染源在线监测系统安装技术规范》（HJ/T 353—2007）等。

废气监测点位确定及规范化设置的标准规范主要包括：《固定污染源排气中颗粒物测定与气态污染物采样方法》（GB/T 16157—1996）、《固定源废气监测技术规范》（HJ/T 397—2007）、《固定污染源监测质量保证与质量控制技术规范（试行）》（HJ/T 373—2007）、《固定污染源烟气（SO_2、NO_x、颗粒物）排放连续监测技术规范》（HJ 75—2017）、《固定污染源烟气（SO_2、NO_x、颗粒物）排放连续监测系统技术要求及检测方法》（HJ 76—2017）等。

对于各类污染物排放口监测点位标志牌的规范化设置，主要依据国家环境保护总局于 2003 年发布的《排放口标志牌技术规格》（2003 年 10 月 15 日，国家环保总局 环办〔2003〕95 号），以及《环境保护图形标志——排放口（源）》（GB 15562.1—1995）等执行。

此外，国家环境保护局于 1996 年发布的《排污口规范化整治技术要求（试行）》（1996 年 5 月 20 日，国家环保局 环监〔1996〕470 号）对排污口规范化整治技术提出了总体要求，部分省、自治区、直辖市、地级市也对本辖区排污口的规范化管理发布了技术规定、标准；各行业污染物排放标准以及各重点行业的排污单位自行监测的相关技术指南则对废水、废气排放口监测点位进行了进一步明确。

5.2　废水监测点位的确定及排污口规范化设置

5.2.1　废水排放口的类型及监测点位确定

排污单位的废水排放口一般包括排污单位废水总排口、排污单位车间废水排放口、雨水排放口、生活污水排放口等。

废水总排口排放的废水一般应包括排污单位的生产废水、生活废水、初期雨水、事故废水等，开展自行监测的排污单位均须在废水总排口设置监测点位。

对于排放一类污染物的排污单位，即排放环境中难以降解或能在动植物体内蓄积，对人体健康和生态环境产生长远不良影响，具有致癌、致畸、致突变污染物的排污单位，必须在车间废水排放口设置监测点位，对一类污染物进行监测。

考虑到排污单位在生产过程中，可能会有部分污染物通过雨排系统排入外环境，因此排污单位还应在雨水排口设置监测点位，并在雨水排口排放期间开展监测。

部分排污单位的生产废水和生活废水分别设置排放口，对于此类排污单位，除在生产废水排放口设置监测点位外，还应在生活废水排放口设置监测点位。

此外，排污单位还应根据各行业自行监测技术指南的相关要求，设置监测点位。

5.2.2 废水排放口的规范化设置

废水排放口的设置，应达到如下要求：

1）废水排放口可以是矩形、圆管形或梯形，一般使用混凝土、钢板或钢管等原料。

2）废水排放口应设置规范的、便于测量流量和流速的测流段，测流段水流应平直、稳定、集中，无下游水流顶托影响，上游顺直长度应大于 5 倍测流段最大水面宽度，同时测流段水深应大于 0.1 m 且不超过 1 m。

3）废水排放口应能够方便安装三角堰、矩形堰、测流槽等测流装置或其他计量装置。

4）有废水自动监测设施的排放口，还应能够满足安装污水水量自动计量装置（如超声波明渠流量计、管道式电磁流量计等）、采样取水系统、水质自动采样器等设备、设施的要求。

5）排污单位应单独设置各类废水排放口，避免多家不同排污单位共用一个废水排放口。

5.2.3 采样点及监测平台的规范化设置

各类废水排放口监测点位的实际具体采样位置即采样点，一般应设在厂界内或厂界外不超过 10 m 范围内。压力管道式排放口应安装取样阀门；废水直接从暗渠排入市政管道的，应在企业界内或排入市政管道前设置取样口。有条件的排污单位应尽量设置一段能满足采样条件的明渠，以方便采样。

污水面在地下或距地面超过 1 m 时，应建取样台阶或梯架。

废水监测平台面积应不小于 1 m^2，平台应设置高度不低于 1.2 m 的防护栏、高度不低于 10cm 的脚部挡板。监测平台、梯架通道及防护栏的相关设计载荷及制造安装应符合《固定式钢梯及平台安全要求 第 3 部分：工业防护栏杆及钢平台》（GB 4053.3—2016）的要求。

应保证污水监测点位场所通风、照明正常，应在有毒有害气体的监测场所设置强制通风系统，并安装相应的气体浓度报警装置。

5.2.4 废水自动监测设施的规范化设置

5.2.4.1 监测站房的设置

废水自动监测站房的设置，应达到如下要求：

1）新建监测站房面积应不小于 7 m^2。监测站房应尽量靠近采样点，与采样点的距离不宜大于 50 m。监测站房应做到专室专用。

2）监测站房应密闭，安装空调，保证室内清洁，环境温度、相对湿度和大气压等应符合《工业自动化仪表工作条件 温度、湿度和大气压力》（ZBY 120—1983）的要求。

3）监测站房内应有安全合格的配电设备，能提供足够的电力负荷并不小于 5 kW。站房内应配置稳压电源。

4）监测站房内应有合格的给水、排水设施，应使用自来水清洗仪器及有关装置。

5）监测站房应有完善规范的接地装置和避雷措施、防盗和防止人为破坏的设施。

6）监测站房如采用彩钢夹芯板搭建，应符合相关临时性建（构）筑物设计和建造要求。

7）监测站房内应配备灭火器箱、手提式二氧化碳灭火器、干粉灭火器或沙桶等。

8）监测站房不能位于通信盲区。

9）监测站房的设置应避免对企业安全生产和环境造成影响。

5.2.4.2 采样取水系统的设置

废水自动监测设备的采样取水系统设置，应达到如下要求：

1）采样取水系统应保证采集有代表性的水样，并保证将水样无变质地输送至监测站房供水质自动分析仪取样分析或采样器采样保存。

2）采样取水系统应尽量设在废水排放堰槽取水口头部的流路中央，采水的前端设在下流的方向，防止采水部前端的堵塞。测量合流排水时，应在合流后充分混合的场所采水。采样取水系统宜设置成可随水面的涨落而上下移动的形式。应同时设置人工采样口，以便进行比对试验。

3）采样取水系统的构造应有必要的防冻和防腐设施。

4）采样取水管材料应对所监测项目没有干扰，并且耐腐蚀。取水管应能保证水质自动分析仪所需的流量。采样管路应采用优质的硬质 PVC 或 PPR 管材，严禁使用软管做采样管。

5）采样泵应根据采样流量、采样取水系统的水头损失及水位差合理选择。取水采样泵应对水质参数没有影响，并且使用寿命长、易维护。采样取水系统的安装应便于采样泵的安置及维护。

6）采样取水系统宜设置过滤设施，防止杂物和粗颗粒悬浮物损坏采样泵。

7）氨氮水质自动分析仪采样取水系统的管路设计应具有自动清洗功能，宜采用加臭氧、二氧化氯或加氯等冲洗方式。应尽量缩短采样取水系统与氨氮水质自动分析仪之间输送管路的长度。

5.2.4.3　现场废水自动分析仪的设置

现场废水自动分析仪的设置，应达到如下要求：

1）现场水质自动分析仪应落地或壁挂式安装，有必要的防震措施，保证设备安装牢固稳定。在仪器周围应留有足够空间，方便仪器维护。现场水质自动分析仪的安装还应满足《自动化仪表工程施工及质量验收规范》（GB 50093—2013）的相关要求。其他要求参照仪器相应说明书内容。

2）安装高温加热装置的现场水质自动分析仪，应避开可燃物和严禁烟火的场所。

3）现场水质自动分析仪与数据采集传输仪的电缆连接应可靠稳定，并尽量缩短信号传输距离，减少信号损失。

4）各种电缆和管路应加保护管铺于地下或空中架设，空中架设的电缆应附着在牢固的桥架上，并在电缆和管路以及电缆和管路的两端作明显标识。电缆线路的施工还应满足《电气装置安装工程　电缆线路施工及验收规范》（GB 50168—2006）的相关要求。

5）现场水质自动分析仪工作所必需的高压气体钢瓶，应稳固固定在监测站房的墙上，防止钢瓶跌倒。

6）必要时（如南方的雷电多发区），仪器和电源也应设置防雷设施。

5.3　废气监测点位的确定及规范化设置

5.3.1　废气排放口类型及监测点位的确定

排污单位的废气排放口一般包括生产设施工艺废气排放口、自备火力发电机组（厂）或配套动力锅炉废气排放口、污染处理设施排放口（如自备危险废物焚烧炉废气排放口、污水处理设施废气排放口）等。

排气筒（烟道）是目前排污单位废气有组织排放的主要排放口，因此，有组织废气的监测点位通常设置在排气筒（烟道）的横截断面（监测断面）上，并通过监测断面上的监测孔完成废气污染物的采样监测及流速、流量等废气参数的测量。

废气排放口监测点位的确定包括了监测断面的设置及监测孔的设置 2 个部分。排污单位应按照相关技术规范、标准的规定，根据所监测的污染物类别、监测技术手段的不同要求，先确定具体的废气排放口监测断面位置，再确定监测断面上监测孔的位置、数量。

5.3.2 监测断面规范化设置

5.3.2.1 基本要求

废气排放口监测断面包括手工监测断面和自动监测断面，监测断面设置应满足以下基本要求：

1）监测断面应避开对测试人员操作有危险的场所，并在满足相关监测技术规范、标准规定的前提下，尽量选择方便监测人员操作、设备运输、安装的位置进行设置。

2）若一个固定污染源排放的废气先通过多个烟道或管道后进入该固定污染源的总排气管时，应尽可能将废气监测断面设置在总排气管上，不得只在其中的一个烟道或管道上设置监测断面开展监测，并将测定值作为该源的排放结果；但允许在每个烟道或管道上均设置监测断面同步开展废气污染物排放监测。

3）一般优先选择设置在烟道垂直管段和负压区域，应避开烟道弯头和断面急剧变化的部位，确保所采集样品的代表性。

5.3.2.2　手工监测断面设置的具体要求

对于废气手工监测断面，在满足本章“5.3.2.1”中基本要求的同时，还应按照以下具体规定进行设置：

（1）颗粒态污染物及流速、流量监测断面

①监测断面的流速应不小于 5 m/s；

②监测断面位置应位于在距弯头、阀门、变径管下游方向不小于 6 倍直径（当量直径）和距上述部件上游方向不小于 3 倍直径（当量直径）处；

对矩形烟道，其当量直径按下式计算：

$$D=\frac{2AB}{A+B}$$

式中：A、B——边长。

③现场空间位置有限，很难满足②中要求时，可选择比较适宜的管段采样。手工监测位置与弯头、阀门、变径管等的距离至少是烟道直径的 1.5 倍，并应适当增加测点的数量和采样频次。

（2）气态污染物监测断面

手工监测时若需要同步监测颗粒态污染物及流速、流量，则监测断面应按照上述要求设置；否则，可不按上述要求设置，但要避开涡流区。

5.3.2.3　自动监测断面设置的具体要求

对于废气自动监测断面，在满足本章“5.3.2.1”中基本要求的同时，还应按照以下具体规定进行设置：

（1）一般要求

①位于固定污染源排放控制设备的下游和比对监测断面、比对采样监测孔的上游，且便于用参比方法进行校验；

②不受环境光线和电磁辐射的影响；

③烟道振动幅度尽可能小；

④安装位置应尽量避开烟气中水滴和水雾的干扰，如不能避开，应选用能够适用的检测探头及仪器；

⑤安装位置不漏风；

⑥固定污染源烟气净化设备设置有旁路烟道时，应在旁路烟道内安装自动监测设备采样和分析探头。

（2）颗粒态污染物及流速、流量监测断面

①监测断面的流速应不小于 5 m/s；

②用于颗粒物及流速自动监测设备采样和分析探头的安装的监测断面位置，应设置在距弯头、阀门、变径管下游方向不小于 4 倍烟道直径，以及距上述部件上游方向不小于 2 倍烟道直径处。矩形烟道当量直径可按照上述公式计算；

③无法满足②中要求时，颗粒物及流速自动监测设备采样和分析探头的安装位置尽可能选择在气流稳定的断面，并采取相应措施保证监测断面烟气分布相对均匀断面无紊流。对烟气分布均匀程度的判定采用相对均方根 σ_r 法，当 $\sigma_r \leqslant 0.15$ 时视为烟气分布均匀，σ_r 按下式计算：

$$\sigma_r = \sqrt{\frac{\sum_{i=1}^{n}(v_i - \bar{v})^2}{(n-1) \times \bar{v}^2}}$$

式中：v_i——测点烟气流速，m/s；

$\bar{v}$——截面烟气平均流速，m/s；

n——截面上的速度测点数目，测点的选择按照《固定污染源排气中颗粒物与气态污染物采样方法》执行。

（3）气态污染物监测断面

①对于气态污染物自动监测设备采样和分析探头的安装位置，应设置在距弯头、阀门、变径管下游方向不小于 2 倍烟道直径，以及距上述部件上游方向不小于 0.5 倍烟道直径处。矩形烟道当量直径可按照上述公式计算；

②无法满足①中要求时，应按照上述相关要求及公式计算，设置监测断面；

③同步进行颗粒态污染物及流速、流量监测的，应优先满足颗粒态污染物及流速、流量监测断面的设置条件，监测断面的流速应不小于 5 m/s。

5.3.3　监测孔的规范化设置

5.3.3.1　监测孔规范化设置的基本要求

监测孔一般包括用于废气污染物排放监测的手工监测孔、用于废气自动监测设备校验的参比方法采样监测孔。

监测孔的设置应满足以下基本要求：

1）监测孔位置应便于人员开展监测工作，应设置在规则的圆形或矩形烟道上，不宜设置在烟道的顶层。

2）对于输送高温或有毒有害气体的烟道，监测孔应开在烟道的负压段；若负压段下满足不了开孔需求，对正压下输送高温和有毒气体的烟道，应安装带有闸板阀的密封监测孔，见图 5-1。

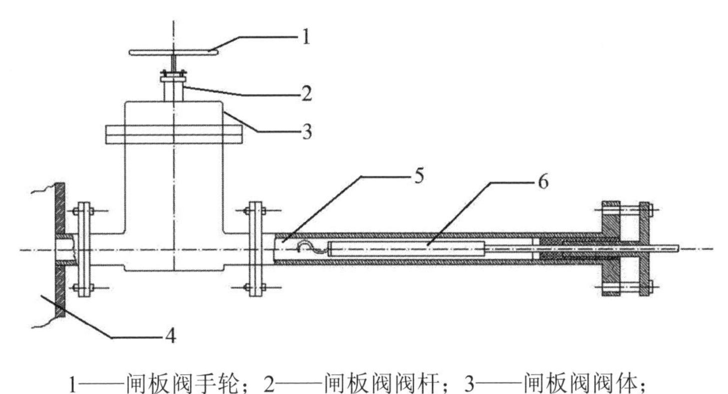

1——闸板阀手轮；2——闸板阀阀杆；3——闸板阀阀体；
4——烟道；5——监测孔管；6——采样枪

图 5-1　带有闸板阀的密封监测孔

3）监测孔的内径一般不小于 80 mm，新建或改建污染源废气排放口监测孔的内径应不小于 90 mm；监测孔管长不大于 50 mm（安装闸板阀的监测孔管除外）。监测孔在不使用时用盖板或管帽封闭，在监测使用时应易开合。

5.3.3.2 手工监测开孔的具体要求

在确定的监测断面上设置手工监测的监测孔时，应在满足本章“5.3.3.1”中基本要求的同时，还要按照以下具体规定设置：

1）若监测断面为圆形的烟道，监测孔应设在包括各测点在内的互相垂直的直径线上，其中，断面直径小于 3 m 时，应设置相互垂直的 2 个监测孔；断面直径大于 3 m 时，应尽量设置相互垂直的 4 个监测孔，见图 5-2。

2）若监测断面为矩形烟道，监测孔应设在包括各测点在内的延长线上，其中，监测断面宽度大于 3 m 时，应尽量在烟道两侧对开监测孔，具体监测孔数量按照《固定污染源排气中颗粒物与气态污染物采样方法》的要求确定，见图 5-3。

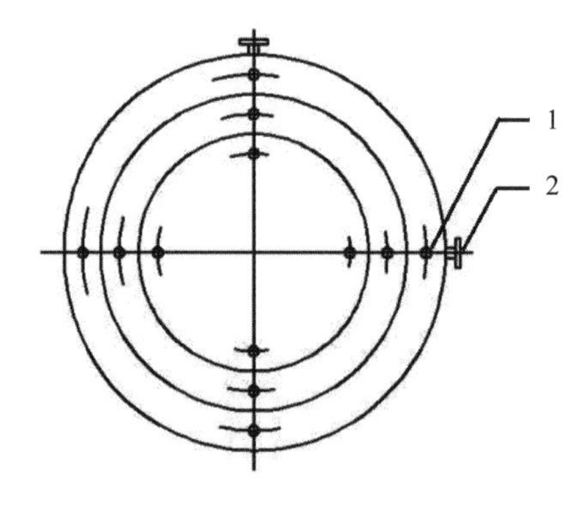

1——测点；2——监测孔

图 5-2 圆形断面测点与监测孔示意图

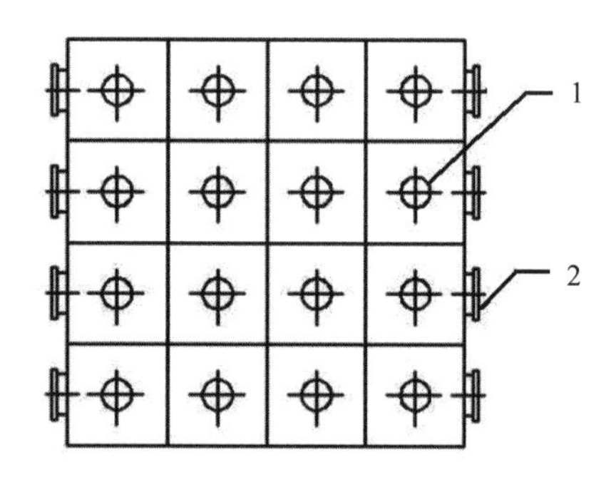

1——测点；2——监测孔

图 5-3 矩形断面测点与监测孔示意图

5.3.3.3　自动监测设备参比方法采样监测开孔的具体要求

废气自动监测设备参比方法采样监测孔的设置，在满足本章“5.3.3.1”中基本要求的同时，还应按照以下具体规定设置：

（1）应在自动监测断面下游预留参比方法采样监测孔，在互不影响测量的前提下，参比方法采样监测孔应尽可能靠近废气自动监测断面，距离约 0.5 m 为宜。

（2）对于监测断面为圆形的烟道，参比方法采样监测孔应设在包括各测点在内的互相垂直的直径线上，其中，断面直径小于 4 m 时，应设置相互垂直的 2 个监测孔；断面直径大于 4 m 时，应尽量设置相互垂直的 4 个监测孔。

（3）若监测断面为矩形烟道，参比方法采样监测孔应设在包括各测点在内的延长线上，监测断面宽度大于 4 m 时，应尽量在烟道两侧对开监测孔，具体监测孔数量按照《固定污染源排气中颗粒物与气态污染物采样方法》的要求确定。

5.3.4　监测平台的规范化设置

监测平台应设置在监测孔的正下方 1.2～1.3 m 处，应安全、便于开展监测活动，必要时可设置多层平台以满足与监测孔距离的要求。

仅用于手工监测的平台可操作面积至少应大于 1.5 m^2（长度、宽度均不小 1.2 m），最好应在 2 m^2 以上。用于安装废气自动监测设备和进行参比方法采样监测的平台面积至少在 4 m^2 以上（长度、宽度均不小 2 m），并不小于采样枪长度外延 1 m。

监测平台应易于人员和监测仪器到达。应根据平台高度，按照《固定式钢梯及平台安全要求　第 1 部分：钢直梯》（GB 4053.1—2009）、《固定式钢梯及平台安全要求　第 2 部分：钢斜梯》（GB 4053.2—2009）的要求，设置直梯或斜梯。当监测平台距离地面或其他坠落面距离超过 2 m 时，不应设置直梯，应有通往平台的斜梯、旋梯或通过升降梯、电梯到达，斜梯、旋梯宽度应不小于 0.9 m，梯子倾角不超过 45°，其他具体指标详见 GB 4053.1—2009、

GB 4053.2—2009。监测平台距离地面或其他坠落面距离超过 20 m 时，应有通往平台的升降梯，见图 5-4。

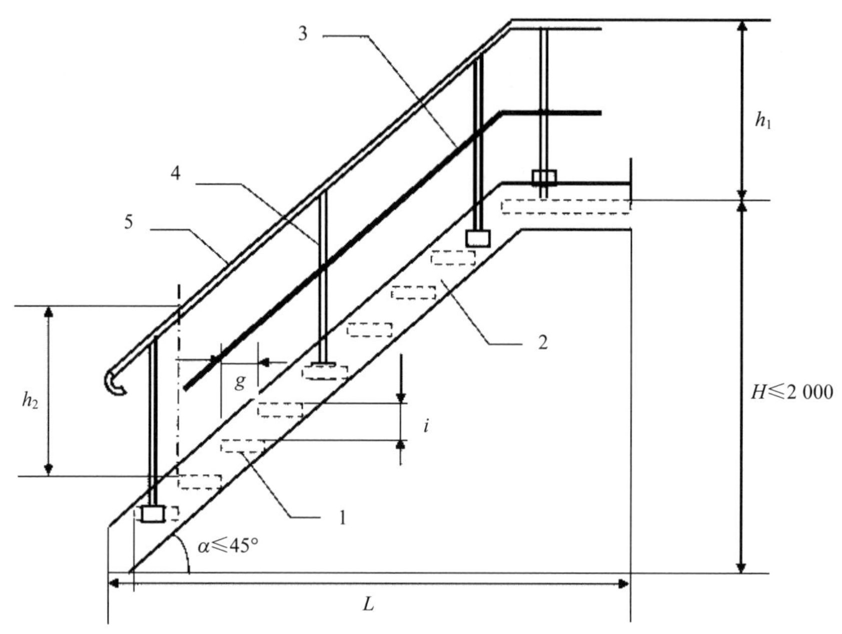

1——踏板；2——梯梁；3——中间栏杆；4——立柱；5——扶手；H——梯高；L——梯跨；h_1——栏杆高；h_2——扶手高；α——梯子倾角；i——踏步高；g——踏步宽

图 5-4 固定式钢斜梯

监测平台、通道的防护栏杆的高度不低于 1.2 m，脚部挡板不低于 10cm。监测平台、通道、防护栏的设计载荷、制造安装、材料、结构及防护要求应符合《固定式钢梯及平台安全要求 第 3 部分：工业防护栏杆及钢平台》（GB 4053.3—2009）的要求，见图 5-5。

监测平台应设置一个防水低压配电箱，内设漏电保护器、不少于 2 个 16A 插座及 2 个 10A 插座，保证监测设备所需电力。

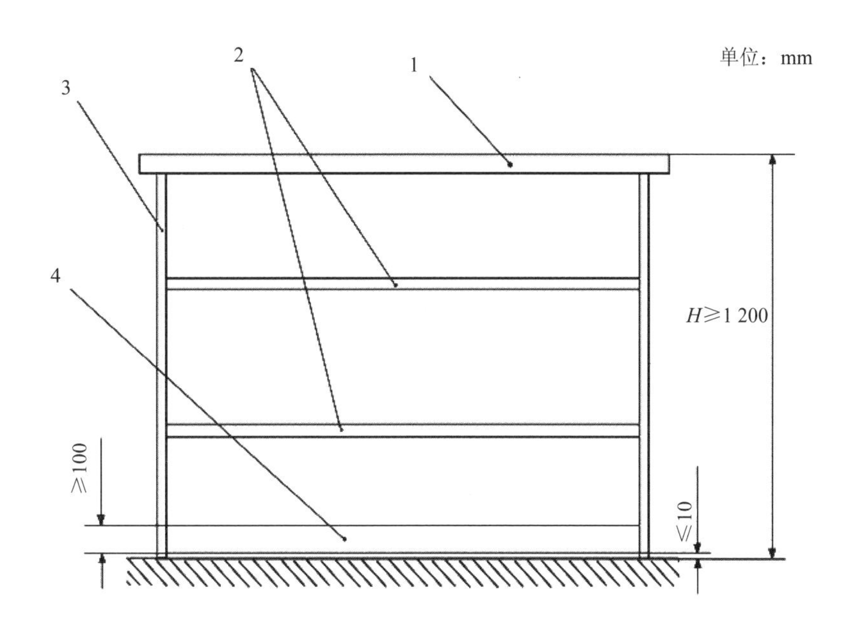

1——扶手（顶部栏杆）；2——中间栏杆；3——立柱；4——踢脚板；*H*——栏杆高度

图 5-5　防护栏杆

监测平台附近有造成人体机械伤害、灼烫、腐蚀、触电等危险源的，应在平台相应位置设置防护装置。监测平台上方有坠落物体隐患时，应在监测平台上方高处设置防护装置。防护装置的设计与制造应符合《机械安全防护装置固定式和活动式防护装置设计与制造一般要求》（GB/T 8196—2003）要求。

排放剧毒、致癌物及对人体有严重危害物质的监测点位应储备相应安全防护装备。

5.3.5　废气自动监测设施的规范化设置

5.3.5.1　监测站房的设置

废气自动监测站房的设置，应达到如下要求：

1）应为室外的废气自动监测系统提供独立站房，监测站房与采样点之间距离应尽可能近，原则上不超过 70 m。

2）监测站房的基础荷载强度应不小于 2 000 kg/m^2。若站房内仅放置单台机柜，面积应不小于 2.5 m×2.5 m。若同一站房放置多套分析仪表的，每增加一台机柜，站房面积应至少增加 3 m^2，以便于开展运维操作。站房空间高度应不小于 2.8 m，站房建在标高不小于 0 m 处。

3）监测站房内应安装空调和采暖设备，室内温度应保持在 15～30℃，相对湿度应不大于 60%，空调应具有来电自动重启功能，站房内应安装排风扇或其他通风设施。

4）监测站房内配电功率应能够满足仪表实际要求，功率不少于 8 kW，至少预留三孔插座 5 个、稳压电源 1 个、UPS 电源一个。

5）监测站房内应配备不同浓度的有证标准气体，且在有效期内。标准气体应当包含零气（含 SO_2、NO_x 浓度均≤0.1 μmol/mol 的标准气体，一般为高纯氮气，纯度≥99.999%；当测量烟气中 CO_2 时，零气中 CO_2≤400 μmol/mol，含有其他气体的浓度不得干扰仪器的读数）和 CEMS 测量的各种气体（SO_2、NO_x、O_2）的量程标气，以满足日常零点、量程校准、校验的需要。低浓度标准气体可由高浓度标准气体通过经校准合格的等比例稀释设备获得（精密度≤1%），也可单独配备。

6）监测站房应有必要的防水、防潮、隔热、保温措施，在特定场合还应具备防爆功能。

7）监测站房应具有能够满足废气自动监测系统数据传输要求的通信条件。

5.3.5.2 自动监测设备的安装施工要求

1）废气自动监测系统安装施工应符合《自动化仪表工程施工及质量验收规范》《电气装置安装工程　电缆线路施工及验收规范》的规定。

2）施工单位应熟悉废气自动监测系统的原理、结构、性能，编制施工方案、施工技术流程图、设备技术文件、设计图样、监测设备及配件货物清单交接明细表、施工安全细则等有关文件。

3）设备技术文件应包括资料清单、产品合格证、机械结构、电气、仪表安装的技术说明书、装箱清单、配套件、外购件检验合格证和使用说明书等。

4）设计图样应符合技术制图、机械制图、电气制图、建筑结构制图等标准的规定。

5）设备安装前的清理、检查及保养应符合以下要求：

①按交货清单和安装图样明细表清点检查设备及零部件，缺损件应及时处理，更换补齐；

②运转部件（如取样泵、压缩机、监测仪器等），滑动部位均需清洗、注油润滑防护；

③因运输造成变形的仪器、设备的结构件应校正，并重新涂刷防锈漆及表面油漆，保养完毕后应恢复原标记。

6）现场端连接材料（垫片、螺母、螺栓、短管、法兰等）为焊件组对成焊时，壁（板）的错边量应符合以下要求：

①管子或管件对口、内壁齐平，最大错边量≥1 mm；

②采样孔的法兰与连接法兰几何尺寸极限偏差不超过±5 mm，法兰端面的垂直度极限偏差≤0.2%；

③采用透射法原理颗粒物监测仪器发射单元和颗粒物监测仪反射单元，测量光束从发射孔的中心射出到对面中心线相叠合的极限偏差≤0.2%。

7）从探头到分析仪整条采样管线的铺设应采用桥架或穿管等方式，保证整条管线具有良好的支撑。管线倾斜度≥5°，防止管线内积水，在每隔 4～5 m 处装线卡箍。当使用伴热管线时应具备稳定、均匀加热和保温的功能；其设置加热温度≥120℃，且应高于烟气露点温度 10℃以上，其实际温度值应能够在机柜或系统软件中显示查询。

8）电缆桥架安装应满足最大直径电缆的最小弯曲半径要求。电缆桥架的连接应采用连接片。配电套管应采用钢管和 PVC 管材质配线管，其弯曲半径应满足最小弯曲半径要求。

9）应将动力与信号电缆分开敷设，保证电缆通路及电缆保护管的密封，自控电缆应符合输入和输出分开、数字信号和模拟信号分开的配线和敷设的要求。

10）安装精度和连接部件坐标尺寸应符合技术文件和图样规定。监测站房仪器应排列整齐，监测仪器顶平直度和平面度应不大于 5 mm，监测仪器牢固固定，可靠接地。二次接线正确、牢固可靠，配导线的端部应标明回路编号。配线工艺整齐，绑扎牢固，绝缘性好。

11）各连接管路、法兰、阀门封口垫圈应牢固完整，均不得有漏气、漏水现象。保持所有管路畅通，保证气路阀门、排水系统安装后应畅通和启闭灵活。自动监测系统空载运行 24h 后，管路不得出现脱落、渗漏、振动强烈现象。

12）反吹气应为干燥清洁气体，反吹系统应进行耐压强度试验，试验压力为常用工作压力的 1.5 倍。

13）电气控制和电气负载设备的外壳防护应符合《外壳防护等级》（GB 4208—2017）的技术要求，户内达到防护等级 IP24 级，户外达到防护等级 IP54 级。

14）防雷、绝缘要求：

①系统仪器设备的工作电源应有良好的接地措施，接地电缆应采用大于 4 mm^2 的独芯护套电缆，接地电阻应小于 4Ω 且不能和避雷接地线共用；

②平台、监测站房、交流电源设备、机柜、仪表和设备金属外壳、管缆屏蔽层和套管的防雷接地，可利用厂内区域保护接地网，采用多点接地方式。厂区内不能提供接地线或提供的接地线达不到要求的，应在子站附近重做接地装置；

③监测站房的防雷系统应符合《建筑物防雷设计规范》（GB 50057—2016）的规定，电源线和信号线应设防雷装置；

④电源线、信号线与避雷线的平行净距离≥1 m，交叉净距离≥0.3 m，如图 5-6 所示；

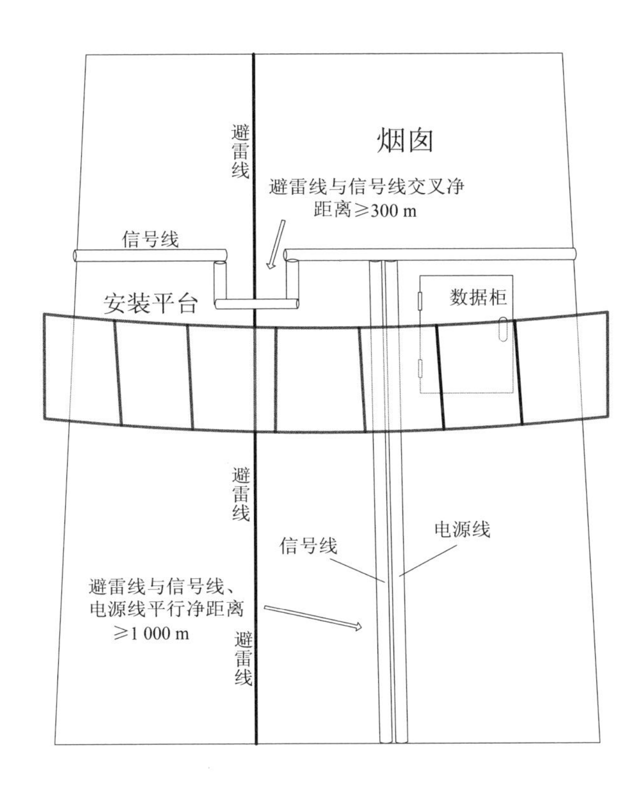

图 5-6　电源线、信号线与避雷线距离示意图

⑤由烟囱或主烟道上数据柜引出的数据信号线要经过避雷器引入监测站房，同时应将避雷器接地端同站房保护地线可靠连接；

⑥信号线为屏蔽电缆线，屏蔽层应有良好绝缘，不可与机架、柜体发生摩擦、打火，屏蔽层两端及中间均需做接地连接，如图 5-7 所示。

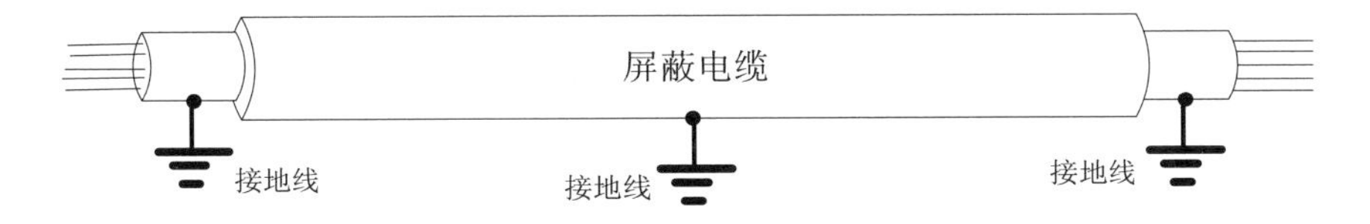

图 5-7　信号线接地示意图

5.4 排污口标志牌的规范化设置

5.4.1 标志牌设置的基本要求

排污单位应在排污口及监测点位设置标志牌，标志牌分为提示性标志牌和警告性标志牌两种。提示性标志牌用于向人们提供某种环境信息，警告性标志牌用于提醒人们注意污染物排放可能会造成危害。

一般性污染物排放口及监测点位应设置提示性标志牌。排放剧毒、致癌物及对人体有严重危害物质的排放口及监测点位应设置警告性标志牌，警告标志图案应设置在警告性标志牌的下方。

标志牌应设置在距污染物排放口及监测点位较近且醒目处，并能长久保留。

排污单位可根据监测点位情况，设置立式或平面固定式标志牌。

5.4.2 标志牌技术规格

5.4.2.1 环保图形标志

1）环保图形标志必须符合原国家环境保护局和原国家技术监督局发布的中华人民共和国国家标准《环境保护图形标志——排放口（源）》（GB 15562.1—1995）。

2）图形颜色及装置颜色：

①提示标志：底和立柱为绿色，图案、边框、支架和文字为白色；

②警告标志：底和立柱为黄色，图案、边框、支架和文字为黑色。

3）辅助标志内容：

①排放口标志名称；

②单位名称；

③排放口编号；

④污染物种类；

⑤××环境保护局监制；

⑥排放口经纬度坐标、排放去向、执行的污染物排放标准、标志牌设置依据的技术标准等。

4）辅助标志字型：黑体字。

5）标志牌尺寸：

①平面固定式标志牌外形尺寸：提示标志牌为 480 mm×300 mm；警告标志牌为边长 420 mm；

②立式固定式标志牌外形尺寸：提示标志牌为 420 mm×420 mm；警告标志牌为边长 560 mm；高度为标志牌最上端距地面 2 m，地下 0.3 m。

5.4.2.2　其他要求

1）标志牌材料

①标志牌采用 1.5～2 mm 冷轧钢板；

②立柱采用 38×4 无缝钢管；

③表面采用搪瓷或者反光贴膜。

2）标志牌的表面处理

①搪瓷处理或贴膜处理；

②标志牌的端面及立柱要经过防腐处理。

3）标志牌的外观质量要求

①标志牌、立柱无明显变形；

②标志牌表面无气泡，膜或搪瓷无脱落；

③图案清晰，色泽一致，不得有明显缺损；

④标志牌的表面不应有开裂、脱落及其他破损。

5.5 排污口规范化的日常管理与档案记录

排污单位应将排污口规范化管理纳入企业生产运行的管理体系中，制定相应的管理办法和规章制度，选派专职人员对排污口及监测点位进行日常管理和维护，并保存相关管理记录。

排污单位应建立排污口及监测点位档案。档案内容除包括排污口及监测点位的位置、编号、污染物种类、排放去向、排放规律、执行的排放标准等基本信息外，还应包括相关日常管理的记录，如标志牌的内容是否清晰完整，监测平台、各类梯架、监测孔、自动监测设施等是否能够正常使用，废水排放口是否损坏、排气筒有无漏风、破损现象等方面的检查记录，以及相应的维护、维修记录。

排污口及监测点位一经确认，排污单位不得随意变动。监测点位位置、排污口排放的污染物发生变化的，或排污口需拆除、增加、调整、改造或更新的，应按相关要求及时向环境保护主管部门报备，并及时设立新的标志牌或更换标志牌相应内容。

第 6 章　废水手工监测技术要点

废水手工监测是一个全面性、系统性的工作。为了规范手工监测活动的开展，我国发布了一系列监测技术规范和方法标准。总体来说，废水手工监测要按照相关的技术规范和方法标准开展。为了便于理解和应用，本章立足现有的技术规范和标准，结合日常工作经验，分别对流量监测、现场手工监测、实验室分析 3 个方面归纳总结了常见的方法和操作要求，以及方法使用过程中的重点注意事项。对于一些目前实际应用很少的方法，本书中未进行列举，若排污单位根据实际情况，确实需要采用这类方法的，应严格按照方法的适用条件和要求开展相关监测活动。

6.1　流量

在工业应用领域，流量测量主要用电磁流量计、巴氏槽、孔板流量计、涡街流量计等，其中孔板流量计和涡街流量计广泛应用于石油、化工、冶金、电力、供热、供水等领域，其作用是测量和调控管道加药、供水、供热的流量。对于工业废水的流量监测，目前技术最成熟、应用最广泛、使用最便捷的是巴歇尔槽（巴氏槽）和电磁流量计。此外在科研领域，还有容积法、浓度法、皮托管测速计法、文丘里测速计法等，主要用于流体力学的建模与研究。

企业自行监测废水流量，推荐首选自动测流方法，精度高、操作简单、运维方便。手工测流方法为备选，在不满足自动测流条件或自动测流设施损坏时，可以作为临时补救措施。

以下两种测流方法为手工测流法，相对于自动测流法而言，手工测流法操作复杂、准确度低，仅建议在自动测流设施断电或损坏时临时救急使用，不建议用作长期自行监测手段。

6.1.1 河道明渠流速仪

适用条件：该方法适用于明渠排水流量的测量，排污截面底部需硬质平滑，截面形状为规则的几何形，排污口处有不小于 3 m 的平直过流水段，且水位高度不小于 0.1 m。在巴氏槽自动测流断电或损坏时，可用此法临时测量排水流量，河道明渠流速仪示例见图 6-1。

方法原理：通过流速仪，测量过水断面不同位置的流速，计算平均流速，再乘以断面面积即得测量时刻的瞬时流量。

操作方式：购买超声波、旋杯式、旋桨式流量监测仪，按照操作说明书在满足上述适用条件的排污渠中测量各点流速，再用直尺测量过水断面面积。流量=所测平均流速×所测面积。不同流速仪操作有所不同，以说明书为准。

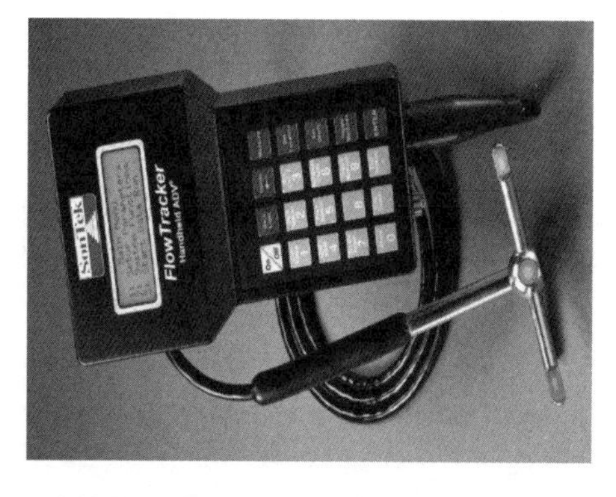

便携式超声波流速仪实景（示例 1）

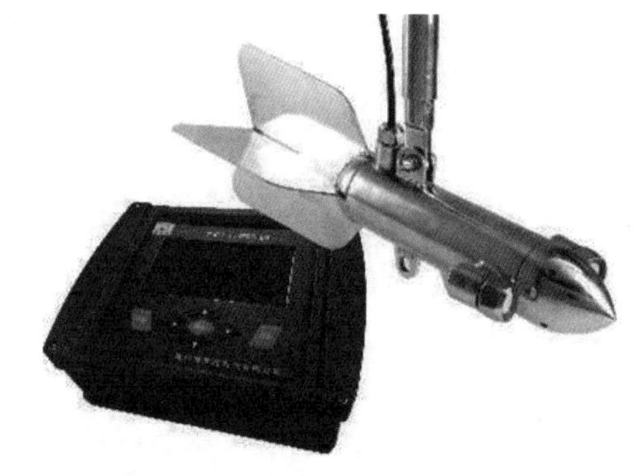

便携式超声波流速仪实景（示例 2）

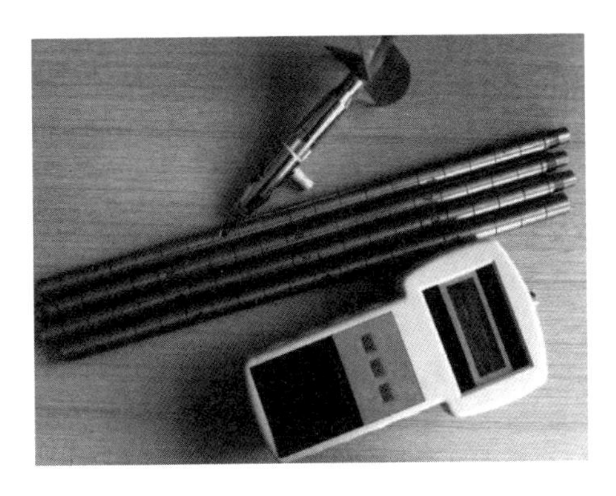

便携式旋桨流速仪实景（示例 1）

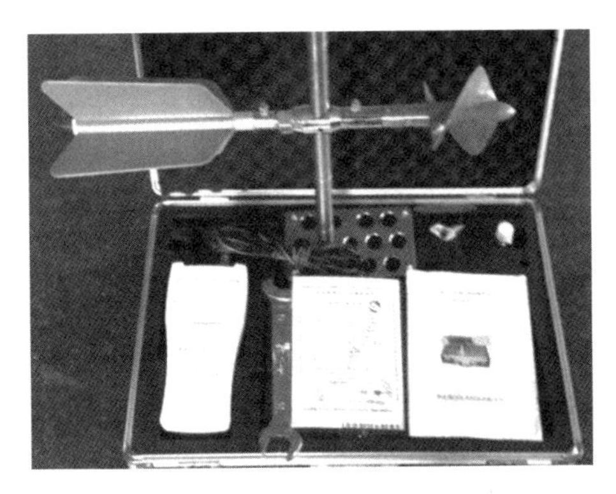

便携式旋桨流速仪实景（示例 2）

便携式旋杯流速仪实景（示例 1）

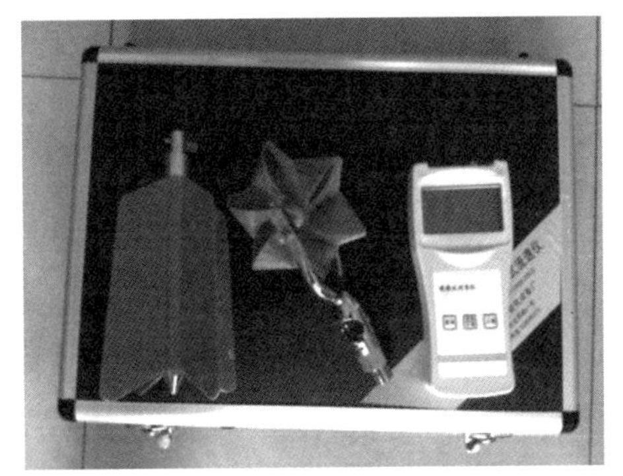

便携式旋杯流速仪实景（示例 2）

图 6-1　河道明渠流速仪示例

6.1.2　便携式超声波管道测流仪

适用条件：便携式超声波管道测流仪的使用条件与电磁式自动测流仪一致，适用于顺直管道的满流测量。管壁为能传导超声波的实密介质，如铸铁、碳钢、不锈钢、玻璃钢、PVC 等。测点应避开弯头、阀门等，确保流态稳定，无气泡和涡流。测点应避开大功率变频器和强磁场设备，以免产生干扰。在电磁流量计断电或损坏时，可用此法临时测量排水流量，便携式超声波管道测流仪示例见图 6-2。

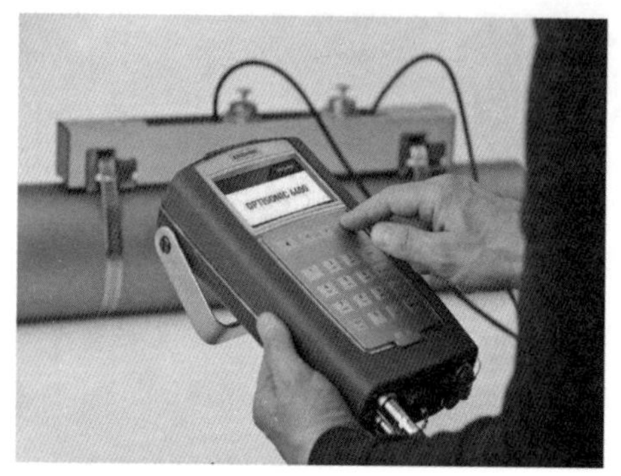

图 6-2 便携式超声波管道测流仪示例

方法原理：沿着管道的流向，将 2 个传感器分别贴合于管道，错开一定距离，通过 2 个传感器的时差测量流速，再乘以管道截面积，可得出流量，便携式超声波管道测流原理示意图见图 6-3。

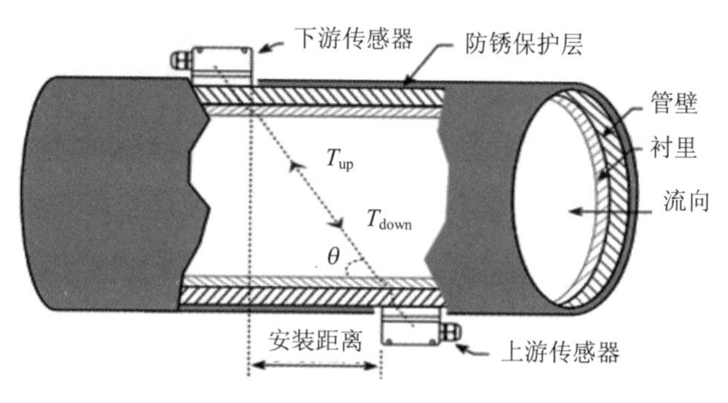

$$V=\frac{MD}{\sin 2\theta}\times\frac{\Delta T}{T_{up}\cdot T_{down}}$$

式中：θ——声束与液体流动方向的夹角；
M——声束在液体的直线传播次数；
D——管道内径；
T_{up}——声束在正方向上的传播时间；
T_{down}——声束在逆方向上的传播时间；
ΔT——$T_{up}-T_{down}$时差。

$$F=900\times\pi\times D^2\times V$$

式中：F——瞬时流量，m^3/h；
D——管道的内径，m；
V——流速，m/s。

图 6-3 便携式超声波管道测流原理示意

操作方式：按照说明书，将传感器安装于管道上，启动主机根据操作步骤测量（不同厂家的安装方式和操作步骤略有不同，以说明书为准）。

6.2　现场采样与测试

6.2.1　采样点位

第一类污染物采样点位一律设在车间或车间处理设施的排放口或专门处理此类污染物设施的排口。第一类污染物包括：总汞、烷基汞、总镉、总铬、六价铬、总砷、总铅、总镍、苯并[*a*]芘、总铍、总银、总α放射性、总β放射性。

第二类污染物采样点位一律设在排污单位的外排口。

进入集中式污水处理厂和进入城市污水管网的污水采样点位应根据地方环境保护行政主管部门的要求确定。污水处理设施效率监测采样点的布设具体要求如下：

1）对整体污水处理设施效率监测时，在各种进入污水处理设施污水的入口和污水设施的总排口设置采样点；

2）对各污水处理单元效率监测时，在各种进入处理设施单元污水的入口和设施单元的排口设置采样点。

实际采样位置应位于污水排放管道中间位置，当水深大于 1 m 时，应在表层下 1/4 深度处采样；水深小于或等于 1 m 时，在水深的 1/2 处采样。

6.2.2　采样方法

污水的监测项目根据行业类型有不同的要求，排污单位根据本行业自行监测技术指南要求设置。

采样方法主要分为瞬时采样和连续采样。

在分时间单元采集瞬时样品时，测定 pH、COD、BOD_5、溶解氧、硫化物、油类、有机物、余氯、粪大肠菌群、悬浮物、放射性等项目的样品不能混合，只能单独采样。

根据监测项目选择不同的采样器，包括聚乙烯塑料桶、不锈钢采水器、有机玻璃水质采样器、泵式采水器、油类采样器、自动采样装置及用采样容器直接灌装（如粪大肠菌群等微生物指标）。当水深很浅，以上采样器均不适用时，可考虑使用不锈钢或塑料水瓢采集水样，采样人员距水面较远时可使用长柄瓢。废水排口有较大落差的，可使用上方开口的容器，如吊桶、提桶等采集水样，见图 6-4。

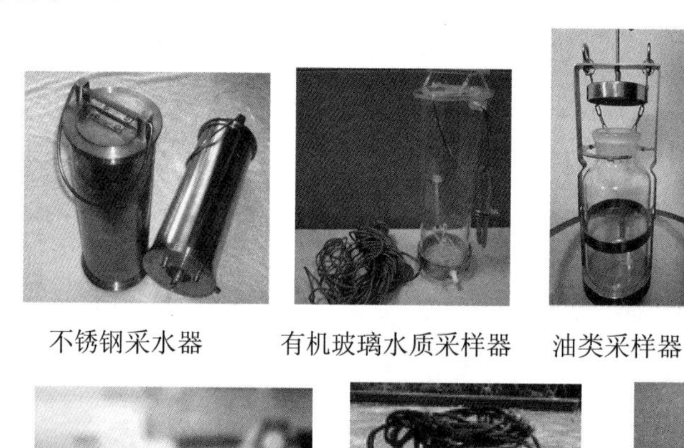

不锈钢采水器　有机玻璃水质采样器　油类采样器　塑料水瓢

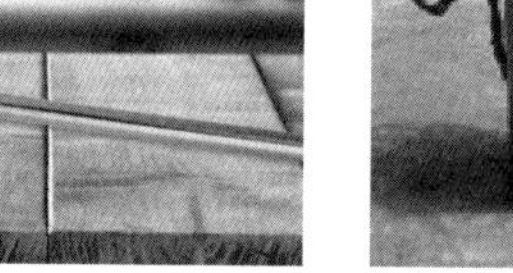
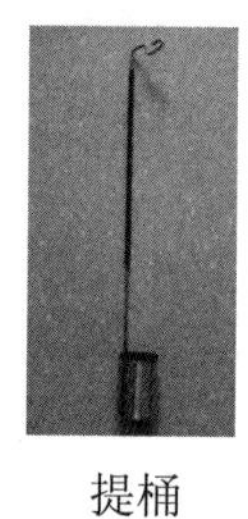

长柄瓢　吊桶　提桶　水质自动采样装置

图 6-4　常见废水采样器

有条件的排污单位可配备水质自动采样装置进行时间比例采样和流量比例采样，以满足连续采样加密监测的需求。当污水排放量较稳定时可采用时间比例采样，否则必须采用流量比例采样。所用自动采样器必须符合国家环保总局颁布的《水质自动采样器技术要求及检测方法》（HJ/T 372—2007）的要求，定期校验，并将定期校验结果报送相应的环境保护行政主管部门。油类、pH、溶解氧、硫化物、粪大肠菌群等指标不宜用自动采样装置进行采样。

样品采集时还应针对具体的监测项目注意以下事项：

1）采样时不可搅动水底的沉积物。

2）确保采样准时，点位准确，操作安全。

3）采样结束前，应核对采样计划、记录与水样，如有错误或遗漏，应立即补采或重采。

4）如采样现场水体很不均匀，无法采到有代表性的样品，则应详细记录不均匀的情况和实际采样情况，供使用该数据者参考。

5）测定油类的水样，应使用油类采样器在水面至 300 mm 采集柱状水样。

6）测溶解氧、生化需氧量和有机污染物等项目时，水样必须注满容器，上部不留空间并有水封口。

7）如果水样中含沉降性固体（如泥沙等），则应分离除去。即将所采水样摇匀后倒入沉降桶（如 1～2 L 量筒），静置 30 min，将不含沉降性固体但含有悬浮性固体的水样移入盛样容器并加入保存剂。测定水温、pH、溶解氧、电导率、悬浮物和油类的水样除外。

用样品容器直接采样时，必须用水样冲洗 3 次之后再进行采样。采油类的容器不能冲洗。

8）采样时应注意除去水面的杂物、垃圾等漂浮物。

9）用于测定悬浮物、BOD_5、硫化物、油类、余氯的水样，必须单独定容采样并全部用于测定。

10）采样时应认真填写“污水采样记录表”，表中应有以下内容：污染源名称、监测项目、采样点位、采样时间、样品编号、污水性质、污水流量、采样人姓名及其他有关事项。具体格式可由各排污单位制定，可参考表 6-1。

11）凡需现场监测的项目，应进行现场监测。

表 6-1 污水采样记录表

监测项目	样品编号	采样时间	采样口位置(需标明车间或出厂口)	样品类别	样品表观	采样口流量/（m^3/s）	采样人

6.2.3 样品保存与运输

6.2.3.1 容器

当前市面上常见的采样容器按材质主要为硬质玻璃瓶和聚乙烯瓶。在表 6-2 中分别用 G、P 表示，硬质玻璃瓶则有透明和棕色两种，如图 6-5 所示。硬质玻璃瓶适用于 COD、高锰酸盐指数、石油类、有机化合物等监测项目的样品采集，棕色玻璃瓶能够降低光敏作用，适用于硫化物、叶绿素 a、浮游植物等监测项目的样品采集。聚乙烯瓶则适用于水中金属元素、氰化物等监测项目的样品采集。在采样之前，采样容器应经过相应的清洗和处理，采样之后要对容器进行适当的封存，企业可根据监测项目自行选择采样容器并按照合适的方法进行清洗和处理。

图 6-5 采样容器（透明硬质玻璃瓶、棕色硬质玻璃瓶和聚乙烯瓶）

（1）容器选择的一般原则

1）最大限度防止容器及瓶塞对样品的污染，一般的玻璃在贮存水样时可溶出钠、钙、镁、硅、硼等元素，在测定这些项目时应避免使用玻璃容器，以防止新的污染。一些有色瓶塞含有大量的重金属。

2）容器壁应易于清洗、处理，以减少如重金属或放射性核类的微量元素对容器的表面污染。

3）容器或容器塞的化学和生物性质应该是惰性的，以防止容器与样品组分发生反应。如测氟时，水样不能贮于玻璃瓶中，防止玻璃与氟化物发生反应。

4）防止容器吸收或吸附待测组分，引起待测组分浓度的变化。微量金属易于受这些因素的影响，其他如清洁剂、杀虫剂、磷酸盐同样也受到影响。

5）深色玻璃能降低光敏作用。

（2）容器的准备

1）所有的准备都应确保不发生正负干扰。

2）尽可能使用专用容器。如不能使用专用容器，最好准备一套容器进行特定污染物的测定，以减少交叉污染。同时应注意防止以前采集过高浓度分析物的容器因洗涤不彻底而污染随后采集的低浓度污染物的样品。

3）对于新容器，一般应先用洗涤剂清洗，再用纯水彻底清洗。但是，用于清洁的清洁剂和溶剂可能引起干扰，所用的洗涤剂类型和选用的容器材质要随待测组分来确定。测定硅、硼和表面活性剂，不能使用洗涤剂；测磷酸盐不能使用含磷洗涤剂；测硫酸盐或铬则不能用铬酸—硫酸洗液。测重金属的玻璃容器及聚乙烯容器通常用盐酸或硝酸（c=1 mol/L）洗净并浸泡 1～2 天后用蒸馏水或去离子水冲洗。

（3）容器的清洗

1）清洁剂清洗塑料或玻璃容器：

①用水和清洗剂的混合稀释溶液清洗容器和容器帽；

②用实验室用水清洗两次；

③控干水并盖好容器帽。

2）溶剂洗涤玻璃容器：

①用水和清洗剂的混合稀释溶液清洗容器和容器帽；

②用自来水彻底清洗；

③用实验室用水清洗两次；

④用丙酮清洗并干燥；

⑤用与分析方法匹配的溶剂清洗并立即盖好容器帽。

3）酸洗玻璃或塑料容器：

①用自来水和清洗剂的混合稀释溶液清洗容器和容器帽；

②用自来水彻底清洗；

③用 10%硝酸溶液清洗；

④控干后，注满 10%硝酸溶液；

⑤密封，贮存至少 24 h；

⑥用实验室用水清洗，并立即盖好容器帽。

4）用于测定农药、除草剂等样品的容器：

因聚四氟乙烯外的塑料容器会对分析结果产生明显的干扰，故一般使用棕色玻璃瓶。按一般规则清洗（用水及洗涤剂—铬酸-硫酸洗液—蒸馏水）后，在烘箱内 180℃下烘干 4 h。冷却后再用纯化过的己烷或石油醚冲洗数次。

5）用于微生物分析的容器：

用于微生物分析的容器及塞子、盖子应经高温灭菌，灭菌温度应确保在此温度下不释放或产生任何能抑制生物活性、灭活或促进生物生长的化学物质。玻璃容器按一般清洗原则洗涤，用硝酸浸泡再用蒸馏水冲洗以除去重金属或铬酸盐残留物。在灭菌前可在容器里加入硫代硫酸钠（$Na_2S_2O_3$）以除去余氯对细菌的抑制作用（以每 125 ml 容器加入 0.1 ml 的 10 mg/L$Na_2S_2O_3$ 计量）。

（4）容器的封存

对需要测定物理—化学分析物的样品，应使水样充满容器至溢流并密封保存，以减少因与空气中氧气、二氧化碳的反应干扰及样品运输途中的振荡干扰。但当样品需要被冷冻保存时，不应溢满封存，以防容器破裂。

6.2.3.2　样品保存

水样采集后应尽快送到实验室分析，样品长时间放置，受生物、化学、物理等因素，某些组分的浓度可能会发生变化。一般可通过冷藏、冷冻、过滤、离心、添加保存剂等方式对样品进行保存。

（1）样品的冷藏、冷冻

在大多数情况下，样品从采集后到运输到实验室期间，在 1～5℃冷藏并暗处保存。−20℃的冷冻温度一般能延长贮存期，但分析挥发性物质、包含细胞，细菌或微藻类的样品不适用冷冻程序。冷冻需要掌握冷冻和融化技术，以使样品在融化时能迅速地、均匀地恢复其原始状态，用干冰快速冷冻是令人满意的方法。一般选用塑料容器，强烈推荐聚氯乙烯或聚乙烯等塑料容器。

（2）过滤和离心

采样时或采样后，用滤器（滤纸、聚四氟乙烯滤器、玻璃滤器）等过滤样品或将样品离心分离都可以除去其中的悬浮物、沉淀、藻类及其他微生物。滤器的选择要注意与分析方法相匹配、用前清洗及避免吸附、吸收损失。各种重金属化合物、有机物容易吸附在滤器表面，滤器中的溶解性化合物如表面活性剂会滤到样品中。一般测有机项目时选用砂芯漏斗和玻璃纤维漏斗，而在测定无机项目时常用 0.45 μm 的滤膜过滤。过滤样品的目的就是区分被分析物的可溶性和不可溶性的比例（如可溶和不可溶金属部分），见图 6-6、图 6-7。

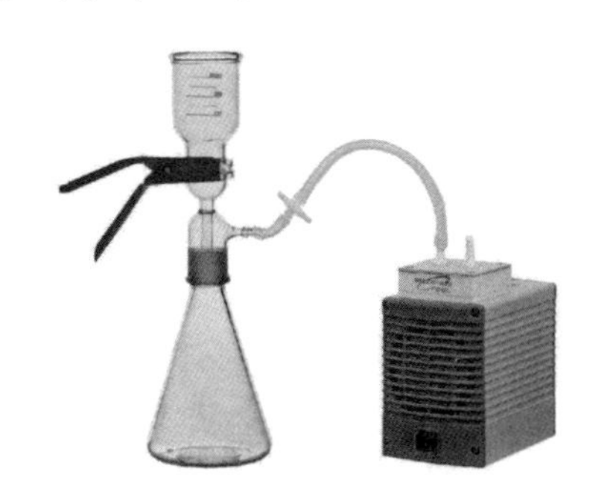
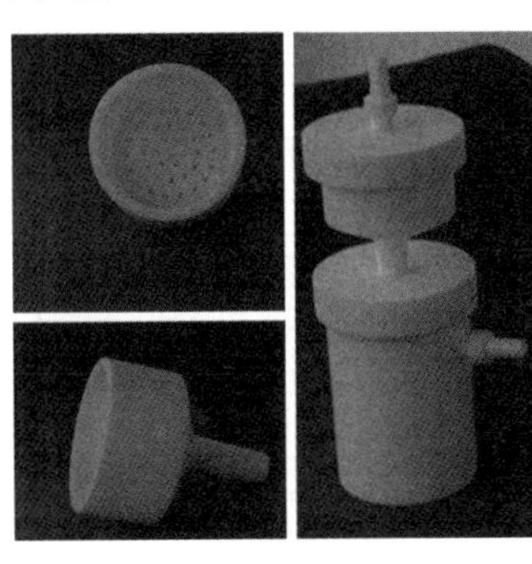

图 6-6　玻璃滤器及聚四氟乙烯滤器

图 6-7 砂芯漏斗和滤膜

（3）添加保存剂

保存剂主要包括酸、碱、抑制剂、氧化剂和还原剂，样品保存剂如酸、碱或其他试剂在采样前应进行空白试验，其纯度和等级必须达到分析的要求。

1)加入酸和碱：控制溶液 pH，测定金属离子的水样常用硝酸酸化至 pH 为 1～2，既可以防止重金属的水解沉淀，又可以防止金属在器壁表面上的吸附，同时在 pH 为 1～2 的酸性介质中还能抑制生物的活动。用此法保存，大多数金属可稳定数周或数月。测定氰化物的水样需加氢氧化钠调至 pH 为 12。测定六价铬的水样应加氢氧化钠调至 pH 为 8，因在酸性介质中，六价铬的氧化电位高，易被还原。保存总铬的水样，则应加硝酸或硫酸调至 pH 为 1～2。

2）加入抑制剂：为了抑制生物作用，可在样品中加入抑制剂。如在测氨氮、硝酸盐氮和 COD 的水样中，加氯化汞或加入三氯甲烷、甲苯作防护剂以抑制生物对亚硝酸盐、硝酸盐、铵盐的氧化还原作用。在测酚水样中用磷酸调溶液的 pH，加入硫酸铜以控制苯酚分解菌的活动。

3）加入氧化剂：水样中痕量汞易被还原，引起汞的挥发性损失，加入硝酸—重铬酸钾溶液可使汞维持在高氧化态，汞的稳定性大为改善。

4）加入还原剂：测定硫化物的水样，加入抗坏血酸对保存有利。含余氯水样，能氧化氰离子，可使酚类、烃类、苯系物氯化生成相应的衍生物，为此在采样时加入适当的硫代硫酸钠予以还原，除去余氯干扰。

加入一些化学试剂可固定水样中的某些待测组分，保存剂可事先加入空瓶中，亦可在采样后立即加入水样中。所加入的保存剂不能干扰待测成分的测定，如有疑义应先做必要的试验。

当加入保存剂的样品，经过稀释后，在分析计算结果时要充分考虑。但如果加入足够浓的保存剂，因加入体积很小，可以忽略其稀释影响。固体保存剂，因会引起局部过热，影响样品，应该避免使用。

所加入的保存剂有可能改变水中组分的化学或物理性质，因此选用保存剂时一定要考虑到对测定项目的影响。如待测项目是溶解态物质，酸化会引起胶体组分和固体的溶解，则必须在过滤后酸化保存。

必须要做保存剂空白试验，特别对微量元素的检测。要充分考虑加入保存剂所引起待测元素数量的变化。例如，酸类会增加砷、铅、汞的含量。因此，样品中加入保存剂后，应保留做空白试验。

（4）生物检测的处理保存

用于化学分析的样品和用于生物分析的样品是不同的。加入到生物检测的样品中的化学品能够固定或保存样品，“固定”是用于描述保存形态结构，而“保存”是用于防止有机质的生物化学或化学退化。生物检测样品的保存应符合下列标准：

1）预先了解防腐剂对预防生物有机物损失的效果；

2）防腐剂至少在保存期间，能够有效地防止有机质的生物退化；

3）在保存期内，防腐剂应保证能充分研究生物分类群。

（5）放射化学分析样品的处理、保存

用于化学分析的样品和用于放射化学分析的样品的安全措施依赖于样品的放射性质。这类样品的保存技术依赖放射类型和放射性核素的半衰期。

对不同的监测项目应选用的容器材质、保存剂及其加入量、保存期、采样体积和容器洗涤方法见表 6-2。

表 6-2 样品保存和容器洗涤

项目	采样容器	保存剂及用量	保存期	采样量/ml	容器洗涤
色度*	G、P		12 h	250	I
pH*	G、P		12 h	250	I
悬浮物**	G、P		14 h	500	I
全盐量**					
溶解性总固体**					
化学需氧量	G	加 H_2SO_4，pH≤2	2 d	500	I
BOD_5**	G		12 h	500	I
总磷	G、P	加 HCl，H_2SO_4，pH≤2	24 h	250	Ⅳ
氨氮	G、P	加 H_2SO_4，pH≤2	24 h	250	I
总氮	G、P	加 H_2SO_4，pH≤2	7 d	250	I
硫化物	G、P	1L 水样加 NaOH 至 pH9，加入 5%抗坏血酸 5 ml，饱和 EDTA3 ml，滴加饱和 $Zn(AC)_2$ 至胶体产生，常温避光	24 h	250	I
酚类**	G、P	用 H_3PO_4 调至 pH=2，用 0.01～0.02g 抗坏血酸除去余氯	24 h	1 000	I
二噁英**	G		尽快	5 000	V
可吸附有机卤素**（AOX）	G	100 ml 水样中加入 5 ml 亚硫酸钠（0.2 mol/L）；加 HNO_3，pH=1.5～2.0	3 d	500	I
Be	G、P	HNO_3，1L 水样中加浓 $HNO_3$10 ml	14 d	250	III
B	P	HNO_3，1L 水样中加浓 $HNO_3$10 ml	14 d	250	I
Na	P	HNO_3，1L 水样中加浓 $HNO_3$10 ml	14 d	250	II
Mg	G、P	HNO_3，1L 水样中加浓 $HNO_3$10 ml	14 d	250	II
K	P	HNO_3，1L 水样中加浓 $HNO_3$10 ml	14 d	250	II
Ca	G、P	HNO_3，1L 水样中加浓 $HNO_3$10 ml	14 d	250	II
Cr（VI）	G、P	NaOH，pH=8～9	14 d	250	III
Mn	G、P	HNO_3，1L 水样中加浓 $HNO_3$10 ml	14 d	250	III
Fe	G、P	HNO_3，1L 水样中加浓 $HNO_3$10 ml	14 d	250	III
Ni	G、P	HNO_3，1L 水样中加浓 $HNO_3$10 ml	14 d	250	III
Cu	P	HNO_3，1L 水样中加浓 $HNO_3$10 ml②	14 d	250	III
Zn	P	HNO_3，1L 水样中加浓 $HNO_3$10 ml②	14 d	250	III
As	G、P	HNO_3，1L 水样中加浓 $HNO_3$10 ml，DDTC 法，HCl 2 ml	14 d	250	I
Se	G、P	HCl，1L 水样中加浓 HCl 2 ml	14 d	250	III

项目	采样容器	保存剂及用量	保存期	采样量/ml	容器洗涤
Ag	G、P	HNO_3，1L 水样中加浓 $HNO_3$2 ml	14 d	250	III
Cd	G、P	HNO_3，1L 水样中加浓 $HNO_3$10 ml②	14 d	250	III
Sb	G、P	HCl，0.2%（氢化物法）	14 d	250	III
Hg	G、P	HCl，1%，如水样为中性，1L 水样中加浓 HCl10 ml	14 d	250	III
Pb	G、P	HNO_3，1%，如水样为中性，1L 水样中加浓 $HNO_3$10 ml②	14 d	250	III

注：（1）*表示应尽量作现场测定，**表示低温（0～4℃）避光保存。

（2）G 为硬质玻璃瓶；P 为聚乙烯瓶。

（3）①为单项样品的最少采样量；

②如用溶出伏安法测定，可改用 1 L 水样中加 19 ml 浓 $HClO_4$。

（4）Ⅰ、Ⅱ、Ⅲ、Ⅳ、Ⅴ表示五种洗涤方法，如下：

Ⅰ：洗涤剂洗一次，自来水洗三次，蒸馏水洗一次；

Ⅱ：洗涤剂洗一次，自来水洗二次，1+3HNO_3荡洗一次，自来水洗三次，蒸馏水洗一次；

Ⅲ：洗涤剂洗一次，自来水洗二次，1+3HNO_3荡洗一次，自来水洗三次，去离子水洗一次；

Ⅳ：铬酸洗液洗一次，自来水洗三次，蒸馏水洗一次；

Ⅴ：用甲醇（或丙酮）及甲苯（或二氯甲烷）充分清洗。

（5）当 AOX 水样中存在难溶解的无机氯化物，生物细胞（如微生物、藻类）等，样品需要先酸化，放置 8 h 再分析。

6.2.3.3　样品运输

水样采集后必须立即送回实验室。若采样地点与实验室距离较远，应根据采样点的地理位置和每个项目分析前最长可保存时间，选用适当的运输方式，在现场工作开始之前，就要安排好水样的运输工作，以防延误。

水样运输前应将容器的外（内）盖盖紧。装箱时应用泡沫塑料等分隔，以防破损。同一采样点的样品应装在同一包装箱内，如需分装在两个或几个箱子中时，则需在每个箱内放入相同的现场采样记录表。运输前应检查现场记录上的所有水样是否全部装箱。要用醒目色彩在包装箱顶部和侧面标上“切勿倒置”的标记。每个水样瓶均需贴上标签，内容有采样点位编号、采样日期和时间、测定项目、保存方法，并写明用何种保存剂。

装有水样的容器必须加以妥善的保存和密封，并装在包装箱内固定，以防在运输途中破损。除了防震、避免日光照射和低温运输外，还要防止新的污染物进入容器和玷污瓶口使水样变质。

在水样运送过程中，应有押运人员，每个水样都要附有一张样品交接单。在转交水样时，转交人和接收人都必须清点和检查水样并在样品交接单上签字，注明日期和时间。样品交接单是水样在运输过程中的文件，应防止差错并妥善保管以备查看。尤其是通过第三者把水样从采样地点转移到实验室分析人员手中时，这张样品交接单就显得更为重要了。

在运输途中如果水样超过了保质期，管理员应对水样进行检查。如果决定仍然进行分析，那么在出报告时，应明确标出采样和分析时间。

6.2.4 留样

有污染物排放异常等特殊情况，要留样分析时，应针对具体项目的分析用量同时采集留样样品，并填写“留样记录表”，表中应涵盖以下内容：污染源名称、监测项目、采样点位、采样时间、样品编号、污水性质、污水流量、采样人姓名、留样时间、留样人姓名、固定剂添加情况、保存时间、保存条件及其他有关事项。

6.2.5 现场监测项目

废水现场监测项目主要涉及温度和 pH 两项。

6.2.5.1 温度

仪器设备：水温计为安装于金属半圆槽壳内的水银温度表，下端连接一个金属贮水杯，使温度表球部悬于杯中，温度表顶端的槽壳带一个圆环，拴以一定长度的绳子。通常测量范围为−6℃～+40℃，分度为 0.2℃，见图 6-8。

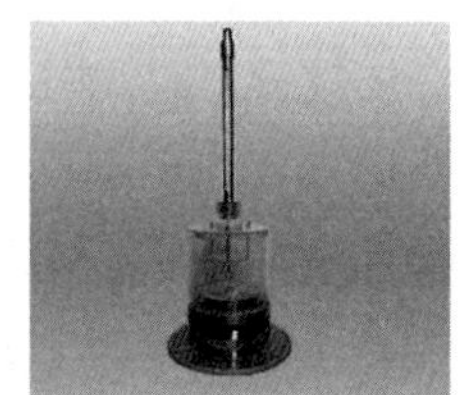

图 6-8 水银温度表

测定步骤：将水温计插入一定深度的水中，放置 5 min 后，迅速提出水面并读取温度值。

注意事项：

1）当气温与水温相差较大时，尤应注意立即读数，避免受气温的影响，必要时重复插入水中，再一次读数；

2）当现场气温高于 35℃或低于−30℃时，水温计在水中的停留时间要适当延长，以达到温度平衡；

3）在冬季的东北地区读数应在 3s 内完成，否则水温计表面形成一层薄冰，影响读数的准确性。

6.2.5.2　pH

仪器设备：便携式 pH 计（图 6-9）、50 ml 烧杯（聚乙烯或聚四氟乙烯烧杯）、标准缓冲液、蒸馏水。

注意事项：

1）严格遵守操作手册，以免损伤电极；

2）测定时，复合电极（含球泡部分）应全部浸入溶液；

3）电极受污染时，可用低于 1 mol/L 稀盐酸溶解无机盐垢，用稀洗涤剂（弱碱性）除去有机油脂类物质，稀乙醇、丙酮、乙醚除去树脂高分子物质，用酸性酶溶液（如食母生片）除去蛋白质血球沉淀物，用稀漂白液、过氧化氢除去颜料类物质等。注意电极的出厂日期及使用期限，存放或使用时间过长的电极性能将变劣。

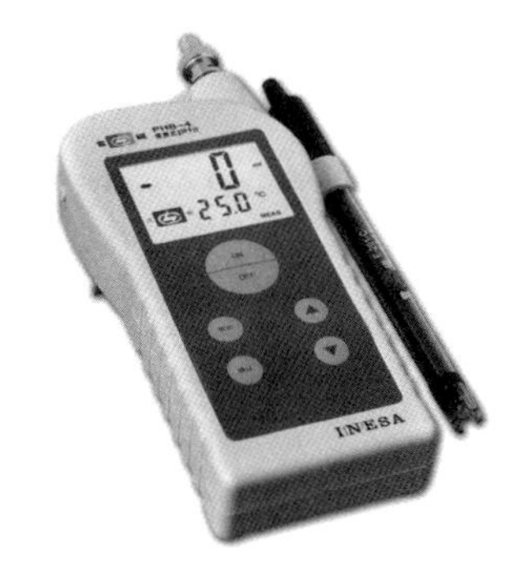

图 6-9　便携式 pH 计

6.3 实验室分析要点介绍

6.3.1 概述

根据造纸行业涉及的废水监测指标，实验室常见分析方法、所需设备见表6-3。企业开展自行监测时，所采用的方法和使用的设备不限于表6-3中所列内容，若有其他适用的方法，也可以使用，但需按照《排污单位自行监测技术指南 总则》及相关要求开展方法的验证。

表6-3 监测项目、标准方法及所需设备

监测项目	标准方法	所需设备
pH	水质 pH的测定 玻璃电极法（GB 6920—1986）	酸度计或离子浓度计；玻璃电极与甘汞电极
	便携式pH计法《水和废水监测分析方法》（第四版）国家环保总局（2002）3.1.6.2	便携式pH计，50 ml 烧杯
色度	水质 色度的测定（GB 11903—1989）	具塞比色管，50 ml。规格一致，光学透明玻璃底部无阴影；pH计，精度±0.1pH单位
悬浮物	水质 悬浮物的测定 重量法（GB 11901—1989）	常用实验室仪器、称量瓶、烘箱、干燥器、万分之一天平、全玻璃微孔滤膜过滤器、CN-CA滤膜、孔径0.45 μm、直径60 mm、吸滤瓶、真空泵、无齿扁咀镊子
化学需氧量	水质 化学需氧量的测定 重铬酸盐法（HJ 828—2017）	回流装置：磨口250 ml锥形瓶的全玻璃回流装置；加热装置；分析天平：感量为0.000 1 g；酸式滴定管：25 ml或50 ml；一般实验室常用仪器和设备
	水质 化学需氧量的测定 快速消解分光光度法（HJ/T 399—2007）	消解管、加热器、光度计、消解管支架、离心机、手动移液器（枪）：最小分度体积不大于0.01 ml；A级吸量管、容量瓶、量筒；搅拌器
	高氯废水 化学需氧量的测定 氯气校正法（HJ/T 70—2001）	常用实验室仪器；回流吸收装置；加热装置；氮气流量计；25 ml或50 ml酸式滴定管
	高氯废水 化学需氧量的测定 碘化钾碱性高锰酸钾法（HJ/T 132—2003）	沸水浴装置；250 ml碘量瓶；25 ml棕色酸式滴定管；定时钟；G-3玻璃砂芯漏斗

监测项目	标准方法	所需设备
五日生化需氧量（BOD_5）	水质　五日生化需氧量（BOD_5）的测定　稀释与接种法（HJ 505—2009）	符合国家A级标准的玻璃量器；滤膜：孔径为1.6 μm；溶解氧瓶：带水封装置，容积250～300 ml；稀释容器：1 000～2 000 ml的量筒或容量瓶；虹吸管；溶解氧测定仪；冷藏箱；冰箱：有冷冻和冷藏功能；带风扇的恒温培养箱；曝气装置
氨氮	水质　氨氮的测定　蒸馏-中和滴定法（HJ 537—2009）	氨氮蒸馏装置（500 ml凯式烧瓶、氮球、直形冷凝管和导管）；50 ml酸式滴定管
	水质　氨氮的测定　纳氏试剂分光光度法（HJ 535—2009）	可见分光光度计：具20 mm比色皿；氨氮蒸馏装置（500 ml凯式烧瓶、氮球、直形冷凝管和导管）亦可使用500 ml蒸馏烧瓶
	水质　氨氮的测定　水杨酸分光光度法（HJ 536—2009）	可见分光光度计：10～30 mm比色皿；滴瓶；氨氮蒸馏装置（500 ml凯式烧瓶、氮球、直形冷凝管和导管），亦可使用蒸馏烧瓶；实验室常用玻璃器皿
	水质　氨氮的测定　连续流动-水杨酸分光光度法（HJ 665—2013）	连续流动分析仪；带流量计的蒸馏装置（选配）；天平（精度为0.000 1 g）；pH计（精度为±0.02）；离心机（最大转速4 000 r/min）；一般实验室常用仪器和设备
	水质　氨氮的测定　流动注射-水杨酸分光光度法（HJ 666—2013）	流动注射分析仪；天平（精度为0.000 1 g）；离心机（最大转速4 000 r/min）；预蒸馏装置；超声波机；一般实验室常用仪器和设备
总氮	水质　总氮的测定　碱性过硫酸钾消解紫外分光光度法（HJ 636—2012）	紫外分光光度计（具10 mm石英比色皿）；高压蒸汽灭菌锅；25 ml具塞磨口玻璃比色管；一般实验室常用仪器和设备
	水质　总氮的测定　连续流动-盐酸萘乙二胺分光光度法（HJ 667—2013）	连续流动分析仪；天平（精度为0.000 1 g）；pH计（精度为0.02）；一般实验室常用仪器和设备
	水质　总氮的测定　流动注射-盐酸萘乙二胺分光光度法（HJ 668—2013）	流动注射分析仪；天平（精度为0.000 1 g）；pH计（精度为0.02）；超声波机；一般实验室常用仪器和设备
总磷	水质　总磷的测定　钼酸铵分光光度法（GB 11893—1989）	医用手提式蒸气消毒器或一般压力锅；50 ml具塞（磨口）刻度管；分光光度计
	水质　总磷的测定　流动注射-钼酸铵分光光度法（HJ 671—2013）	流动注射分析仪；天平（精度为0.000 1 g）；超声波机；一般实验室常用仪器和设备可见分光光度计：配有光程为30 mm的比色皿；电热板；具塞比色管；分液漏斗；磨口锥形瓶；防爆沸玻璃珠

监测项目	标准方法	所需设备
总磷	水质 单质磷的测定磷钼蓝分光光度法（HJ 593—2010）	
可吸附有机卤素（AOX）	水质 可吸附有机卤素（AOX）的测定 微库仑法（GB/T 15959—1995）	常用实验室仪器；可吸附有机卤素测定仪和吹脱器；柱吸附装置；振荡吸附装置
	水质 可吸附有机卤素（AOX）的测定 离子色谱法（HJ/T 83—2001）	离子色谱仪；燃烧装置；氧化净化装置；吸附装置；过滤装置；气泡式吸收管；多孔玻板吸收瓶；气泡式洗气瓶；平顶针头
二噁英	水质 二噁英类的测定 同位素稀释高分辨气相色谱法（HJ 77.1—2008）	固相萃取装置、索氏提取装置、浓缩装置（旋转蒸发装置、氮吹仪或K-D浓缩等装置、填充柱（内径 8～15 mm，长 200～300 mm 玻璃填充柱管）、布氏漏斗、高分辨气相色谱；此方法需要特殊的实验环境，对温度、湿度、电压、防尘和实验室防护等有相当严苛的要求
硫化物	水质 硫化物的测定 亚甲基蓝分光光度法（GB/T16489—1996）	酸化—吹气—吸收装置；氮气流量计；分光光度计；250 ml 碘量瓶；容量瓶；100 ml 具塞比色管
	水质 硫化物的测定 碘量法（HJ/T60—2000）	酸化—吹气—吸收装置；恒温水浴；150 ml 或 250 ml 碘量瓶；25 ml 或 50 ml 棕色滴定管
挥发酚	水质 挥发酚的测定 4-氨基安替比林分光光度法（HJ 503—2009）	分光光度计（配光程为 20 mm 比色皿）；一般实验室常用仪器
	水质 挥发酚的测定 流动注射-4-氨基安替比林分光光度法（HJ 825—2017）	流动注射仪；分析天平：精度 0.000 1 g；一般实验室常用仪器
	水质 挥发酚的测定 溴化容量法（HJ 502—2009）	A 级标准的玻璃量器；天平：精度 0.000 1 g；一般实验室常用仪器
全盐量	水质 全盐量的测定 重量法（HJ/T 51—1999）	有机微孔滤膜 0.45 μm、微孔滤膜过滤器、真空泵、瓷蒸发皿、干燥器、水浴或蒸气浴、电热恒温干燥箱、分析天平（感量 0.1 mg）
溶解性总固体	水质 溶解性总固体的测定 生活饮用水标准检验方法（GB/T 5750.4—2006）	分析天平（感量 0.1 mg）、水浴锅、电恒温干燥箱、瓷蒸发皿（100 ml）、干燥器、中速定量滤纸或滤膜（0.45 μm）及相应滤器

6.3.2　各监测项目要点介绍

6.3.2.1　pH

《水质 pH 的测定 玻璃电极法》(GB 6920—1986)，适用于饮用水、地面水及工业废水 pH 的测定。水的颜色、浊度、胶体物质、氧化剂、还原剂及较高含盐量均不干扰测定；但在 pH 小于 1 的强酸性溶液中，会有所谓酸误差，可按酸度测定；在 pH 大于 10 的碱性溶液中，因有大量钠离子存在，产生误差，使读数偏低，通常称为钠差。消除钠差的方法除了使用特制的低钠差电极外，还可以选用与被测溶液的 pH 相近似的标准缓冲溶液对仪器进行校正。温度影响电极的电位和水的电离平衡须注意调节仪器的补偿装置与溶液的温度一致，并使被测样品与校正仪器用的标准缓冲溶液温度误差在±1℃之内。

使用该方法时的注意事项如下：

1）玻璃电极在使用前先放入蒸馏水中浸泡 24 h 以上。

2）测定 pH 时，玻璃电极的球泡应全部浸入溶液中，并使其稍高于甘汞电极的陶瓷芯端，以免搅拌时碰坏。

3）必须注意玻璃电极的内电极与球泡之间、甘汞电极的内电极和陶瓷芯之间不得有气泡，以防断路。

4）甘汞电极的饱和氯化钾溶液的液面必须高出汞体，在室温下应有少许氯化钾晶体存在，以保证氯化钾溶液的饱和，但需注意氯化钾晶体不可过多，以防止堵塞与被测溶液的通路。

5）测定 pH 时，为减少空气和水样中二氧化碳的溶入或挥发，在测水样之前，不应提前打开水样瓶。

6）玻璃电极表面受到污染时，需进行处理。如果系附着无机盐结垢，可用温稀盐酸溶解；对钙镁等难溶性结垢，可用 EDTA 二钠溶液溶解；沾有油污时，可用丙酮清洗。电极按上述方法处理后，应在蒸馏水中浸泡一昼夜再使用。注意忌用无水乙醇、脱水性洗涤剂处理电极。

6.3.2.2 色度

《水质 色度的测定》(GB 11903—1989)，稀释倍数法适用于污染较严重的地面水和工业废水。

使用该方法时的注意事项如下：

(1) 垂直向下观察液柱，比较样品和光学纯水。

(2) pH 对颜色有较大影响，在测定颜色时应同时测定 pH。

6.3.2.3 悬浮物

《水质 悬浮物的测定 重量法》(GB 11901—1989)，适用于地面水、地下水，也适用于生活污水和工业废水中悬浮物测定。

注意事项：滤膜上截留过多的悬浮物可能夹带过多的水分，除延长干燥时间外，还可能造成过滤困难，遇此种情况时，可酌情少取试样。滤膜上的悬浮物过少，则会增大称量误差，影响测定精度，必要时可增大试样体积，一般以 5～100 mg 悬浮物量作为量取试样体积的实用范围。

6.3.2.4 化学需氧量

(1)《水质 化学需氧量的测定 重铬酸盐法》(HJ 828—2017)

该标准适用于地表水、生活污水和工业废水中化学需氧量的测定。该标准不适用于含氯化物浓度大于 1 000 mg/L（稀释后）的水中化学需氧量的测定。当取样体积为 10.0 ml 时，本方法的检出限为 4 mg/L，测定下限为 16 mg/L。未经稀释的水样测定上限为 700 mg/L，超过此限时须稀释后测定。

使用该方法时的注意事项如下：

1) 在酸性重铬酸钾条件下，芳烃和吡啶难以被氧化，其氧化率较低。在硫酸银催化作用下，直链脂肪酸族化合物可有效地被氧化。

2）无机还原性物质如亚硝酸盐、硫化物和二价铁盐等将使测定结果增大，其需氧量也是 COD_{Cr} 的一部分。

3）对于污染严重的水样，可选取所需体积的 1/10 的水样放入硬质玻璃管，加入 1/10 的试剂，摇匀后加热沸腾数分钟，观察溶液是否变成蓝绿色。若呈蓝绿色，应再适当少取水样，直至溶液不变蓝绿色为止，从而可以确定待测水样的稀释倍数。

4）消解时应使溶液缓慢沸腾，不宜爆沸。如出现爆沸，说明溶液中出现局部过热，会导致测定结果有误。爆沸的原因可能是加热过于激烈，或是防爆沸玻璃珠的效果不好。

5）试亚铁灵指示剂的加入量虽然不影响临界点，但应该尽量一致。当溶液的颜色先变蓝绿色再变到红褐色即达到终点，几分钟后可能还会重现蓝绿色。

（2）《水质 化学需氧量的测定 快速消解分光光度法》（HJ/T 399—2007）

该标准适用于地表水、地下水、生活污水和工业废水中化学需氧量（COD）的测定。该标准对未经稀释的水样，其 COD 测定下限为 15 mg/L，测定上限为 1 000 mg/L，待测水样氯离子浓度不应大于 1 000 mg/L。对于化学需氧量（COD）大于 1 000 mg/L 或氯离子含量大于 1 000 mg/L 的水样，可适当稀释后进行测定。

（3）《高氯废水 化学需氧量的测定 氯气校正法》（HJ/T 70—2001）

本方法适用于氯离子含量小于 20 000 mg/L 的高氯废水中化学需氧量（COD）的测定。本方法检出限为 30 mg/L。

（4）高氯废水碘化钾碱性高锰酸钾法（HJ/T 132—2003）

本方法适用于油气田和炼化企业氯离子含量高达几万至十几万毫克每升高氯废水化学需氧量（COD）的测定。本方法的最低检出限 0.20 mg/L，测定上限为 62.5 mg/L。

使用该方法的注意事项如下：

1）当水样中含有悬浮物质时，摇匀后分取。

2）水浴加热完毕后，溶液仍应保持淡红色，如变浅或全部褪去，说明高锰酸钾的用量不够。此时，应将水样再稀释后测定。

3）若水样中含铁，在加入 1+5 硫酸酸化前，加 30%氟化钾溶液去除。若水样中不含铁，可不加 30%氟化钾溶液。

4）亚硝酸盐只有在酸性条件下才被氧化，在加入 1+5 硫酸前，先加入 4%叠氮化钠溶液将其分解。若样品中不存在亚硝酸盐，可不加叠氮化钠溶液。

5）以淀粉作指示剂时，应先用硫代硫酸钠溶液滴定至溶液呈浅黄色后，再加入淀粉溶液，继续用硫代硫酸钠溶液滴定至蓝色恰好消失，即为终点。淀粉指示剂不得过早加入。滴定近终点时，应轻轻摇动。

6）淀粉指示剂应用新鲜配置的，若放置过久，则与 I_2 形成的络合物不呈蓝色而呈紫色或红色，这种红紫色络合物在用硫代硫酸钠滴定时褪色慢，终点不敏锐，有时甚至看不见显色效果。

6.3.2.5 五日生化需氧量

《水质 五日生化需氧量（BOD_5）的测定 稀释与接种法》（HJ 505—2009），适用于地表水、工业废水和生活污水中五日生化需氧量（BOD_5）的测定。方法的检出限为 0.5 mg/L，方法的测定下限为 2 mg/L，非稀释法和非稀释接种法的测定上限为 6 mg/L，稀释与稀释接种法的测定上限为 6 000 mg/L。

注意事项：若样品中的有机物含量较多，BOD_5 的质量浓度大于 6 mg/L，样品需适当稀释后测定；对不含或含微生物少的工业废水，如酸性废水、碱性废水、高温废水、冷冻保存的废水或经过氯化处理等的废水，在测定 BOD_5 时应进行接种，以引进能分解废水中有机物的微生物。当废水中存在难以被一般生活污水中的微生物以正常的速度降解的有机物或含有剧毒物质时，应将驯化后的微生物引入水样中进行接种。

6.3.2.6 氨氮

（1）《水质 氨氮的测定 蒸馏-中和滴定法》（HJ 537—2009）

该标准适用于生活污水和工业废水中氨氮的测定。当试样体积为 250 ml 时，方法的检出限为 0.05 mg/L（均以 N 计）。

注意事项：在蒸馏刚开始时氨气蒸出速度较快，加热不能过快，否则造成水样爆沸、馏出液温度升高、氨吸收不完全，馏出液速率应保持在 10 ml/min 左右。如果水样中存在余氯，应再加入几粒结晶硫代硫酸钠（$Na_2S_2O_3$ 或 $Na_2S_2O_3 \cdot 5H_2O$）去除。

（2）《水质 氨氮的测定 纳氏试剂分光光度法》（HJ 535—2009）

该标准适用于地表水、地下水、生活污水和工业废水中氨氮的测定。当试样体积为 50 ml 时，使用 20 mm 比色皿时，本方法的检出限为 0.025 mg/L，测定下限为 0.10 mg/L，测定上限为 2.0 mg/L（均以 N 计）。

使用该方法的注意事项如下：

1）根据待测样品的浓度也可选用 10 mm 比色皿。

2）经蒸馏或在酸性条件下煮沸方法预处理的水样，须在一定量氢氧化钠溶液，调节水样至中性，用水稀释至标线，再按与校准曲线相同的步骤测量吸光度。

（3）《水质 氨氮的测定 水杨酸分光光度法》（HJ 536—2009）

该标准适用于地下水、地表水、生活污水和工业废水中氨氮的测定，但与蒸馏-中和滴定法及纳氏试剂分光光度法比较，更适用于清洁水样。当取样体积为 8.0 ml，使用 10 mm 比色皿时，检出限为 0.01 mg/L，测定下限为 0.04 mg/L，测定上限为 1.0 mg/L（均以 N 计）。当取样体积为 8.0 ml，使用 30 mm 比色皿时，检出限为 0.004 mg/L，测定下限为 0.016 mg/L，测定上限为 0.25 mg/L（均以 N 计）。

（4）《水质 氨氮的测定 连续流动-水杨酸分光光度法》（HJ 665—2013）

该标准适用于地表水、地下水、生活污水和工业废水中氨氮的测定，但与蒸馏-中和滴定法及纳氏试剂分光光度法比较，更适用于清洁水样。当采用直接比色模块，检测池光程为 30 mm 时，本方法的检出限为 0.01 mg/L（以 N 计），测定范围为 0.04～1.00 mg/L；当采用在线蒸馏模块，检测池光程为 10 mm 时，本方法的检出限为 0.04 mg/L（以 N 计），测定范围为 0.16～10.0 mg/L。

使用该方法的注意事项如下：

1）试剂和环境温度影响分析结果，冰箱贮存的试剂需放置到室温后再分析，分析过程中室温波动不超过±5℃。

2）为减小基线噪声，试剂应保持澄清，必要时试剂应过滤；分析完毕后，应及时将流动检测池中的滤光片取下放入干燥器中，防尘防湿。

3）注意流路的清洁，每天分析完毕后所有流路需用纯水清洗 30 min。每周用清洗溶液冲洗 30 min，再用纯水冲洗 15 min。

4）当同批分析的样品浓度波动大时，可在样品与样品之间插入空白当试样分析，以减小高浓度样品对低浓度样品的影响。

5）不同型号的流动分析仪可参考本标准选择合适的仪器条件。

（5）《水质 氨氮的测定 流动注射-水杨酸分光光度法》（HJ 666—2013）

该标准适用于地表水、地下水、生活污水和工业废水中氨氮的测定。当检测光程为 10 mm 时，本方法的检出限为 0.01 mg/L（以 N 计），测定范围为 0.04～5.00 mg/L。

使用该方法的注意事项如下：

1）试剂和环境温度影响分析结果，冰箱贮存的试剂应放置至室温（20±5℃）后再使用，分析过程中室温波动不能超过±2℃。

2）为减小基线噪声，试剂应保持澄清，必要时试剂应过滤；因次氯酸钠溶液（有效氯含量 5.25%）的不稳定性，须注意试剂的保存和使用期，如果校准曲线斜率较正常值下降 30%（有效氯含量降至 2.62%），须更换新试剂。封闭的化学反应系统若有气泡会干扰测定，因此，除标准溶液外的所有溶液须除气，可采用氦气除气 1 min 或超声除气 30 min。

3）每天分析完毕后，用纯水对分析管路进行清洗，并及时将流动检测池中的滤光片取下放入干燥器中，防尘防湿。

4）分析过程中发现检测峰峰型异常，一般情况下平峰为超量程，双峰为基体干扰，不出峰为泵管堵塞或试剂失效。

5）不同型号的流动分析仪可参考本标准选择合适的仪器条件。

6.3.2.7　总氮

（1）《水质　总氮的测定　碱性过硫酸钾消解紫外分光光度法》（HJ 636—2012）

该标准适用于地表水、地下水、工业废水和生活污水中总氮的测定。当样品量为 10 ml 时，本方法的检出限为 0.05 mg/L，测定范围为 0.20～7.00 mg/L。

使用该方法的注意事项如下：

1）某些含氮有机物在本标准规定的测定条件下不能完全转化为硝酸盐。

2）测定应在无氨的实验室环境中进行，避免环境交叉污染对测定结果产生影响。

3）实验所用的器皿和高压蒸汽灭菌器等均应无氮污染。实验中所用的玻璃器皿应用盐酸溶液或硫酸溶液浸泡，用自来水冲洗后再用无氨水冲洗数次，洗净后立即使用。高压蒸汽灭菌器应每周清洗。

4）在碱性过硫酸钾溶液配制过程中，温度过高会导致过硫酸钾分解失效，因此要控制水浴温度在 60℃以下，而且应待氢氧化钠溶液温度冷却至室温后，再将其与过硫酸钾溶液混合、定容。

5）使用高压蒸汽灭菌器时，应定期检定压力表，并检查橡胶密封圈密封情况，避免因漏气而减压。

（2）《水质　总氮的测定　连续流动-盐酸萘乙二胺分光光度法》（HJ 667—2013）

该标准适用于地表水、地下水、生活污水和工业废水中总氮的测定。当检测光程为 30 mm 时，本方法的检出限为 0.04 mg/L（以 N 计），测定范围为 0.16～10 mg/L。

使用该方法的注意事项如下：

1）主要试剂过硫酸钾的含氮量会影响分析结果。当试剂基线较水基线高 20%，校准曲线低浓度点（0.20 mg/L）相对误差大于 20%时，需对过硫酸钾进行提纯。测定总氮时必须用无氨水配制各种试剂，所使用的各种酸类及酸溶液必须及时加盖，防止氨气进入。

2）为减小基线噪声，试剂应保持澄清，必要时试剂应过滤。试剂和环境温度会影响分析结果，冰箱贮存的试剂需放置到室温后再使用，分析过程中室温波动不能超过±5℃。过硫酸钾消解溶液和四硼酸钠缓冲溶液低温下易结晶，为防止溶质析出堵塞管路，建议这两种试剂不放冰箱。

3）注意保护镉柱和滤光片。系统清洗完毕应及时切断镉柱，以免空气进入；分析完毕后，应及时将流动检测池中的滤光片取下放入干燥器中，防尘防湿。

4）注意流路的清洁，每天分析完毕后所有流路需用水清洗 30 min。每周用清洗溶液清洗管路 30 min，再用水清洗 30 min。用清洗溶液清洗系统时，应先将镉柱流路切断（离线），再进行清洗。

5）应保持透析膜湿润，为防止透析膜破裂，可在清洗分析管路系统时，于每升清洗水中加 1 滴 Brij35。

6）当同批分析的样品浓度波动大时，可在样品与样品之间插入空白当试样分析，以减小高浓度样品对低浓度样品的影响。

7）不同型号的流动分析仪可参考本标准选择合适的仪器条件。

（3）《水质 总氮的测定 流动注射-盐酸萘乙二胺分光光度法》（HJ 668—2013）

该标准适用于地表水、地下水、生活污水和工业废水中总氮的测定。当检测光程为 10 mm 时，本方法的检出限为 0.03 mg/L（以 N 计），测定范围为 0.12～10 mg/L。

使用该方法的注意事项如下：

1）因流动注射分析仪流路管径较细，不适用于测定含悬浮物颗粒物较多或颗粒粒径大于 250 μm 的样品。

2）试剂和环境温度影响分析结果，冰箱内贮存的试剂应放置至室温（20±5℃）后再使用，分析过程中室温最好保持 20℃以上，以防止消解溶液溶质析出堵塞管路，且温度波动不能超过±2℃。

3）配制消解溶液和四硼酸钠缓冲溶液时，加热助溶温度必须控制在 60℃以下。

4）为减小基线噪声，试剂应保持澄清，必要时应过滤。封闭的化学反应系统若有气泡会干扰测定，因此，除标准溶液外的所有溶液须除气，可采用氦气除气 1 min 或超声除气 30 min。

5）试剂质量会影响空白值，当空白值超出检出限，校准曲线低浓度点

（0.15 mg/L）检测值大于 10%控制限时，需对过硫酸钾进行提纯。

6）每次分析完毕后，须用纯水对分析管路进行清洗，并及时将流动检测池中的滤光片取下放入干燥器中，防尘防湿。

7）不同型号的流动分析仪可参考本标准选择合适的仪器条件。

6.3.2.8　总磷

（1）《水质 总磷的测定 钼酸铵分光光度法》（GB 11893—1989）

该标准适用于地面水、污水和工业废水。取 25 ml 试料，本标准的最低检出浓度为 0.01 mg/L，测定上限为 0.6 mg/L。

该方法的注意事项如下：

1）用硝酸—高氯酸消解需要在通风橱中进行。高氯酸和有机物的混合物经加热易发生危险，需将试样先用硝酸消解，然后再加入高氯酸消解。

2）绝不可以把消解的试样蒸干。

3）如消解后有残渣时，用滤纸过滤于具塞比色管中。

4）水样中的有机物用过硫酸钾氧化不能完全破坏时，可用硝酸—高氯酸消解。

5）试样中含有浊度或色度时，需配制一个空白试样（消解后用水稀释至标线），然后向试料中加入 3 ml 浊度-色度补偿液，但不加抗坏血酸溶液和钼酸盐溶液，然后从试料的吸光度中扣除空白试料的吸光度。

6）砷大于 2 mg/L 干扰测定，用硫代硫酸钠去除。硫化物大于 2 mg/L 干扰测定，通氮气去除。铬大于 50 mg/L 干扰测定，用亚硫酸钠去除。

7）如显色时室温低于 13℃，可在 20～30℃水浴上显色 15 min 即可。

（2）《水质 总磷的测定 流动注射-钼酸铵分光光度法》（HJ 671—2013）

该标准适用于地表水、地下水、生活污水和工业废水中总磷的测定。当检测池光程为 10 mm 时，本方法的检出限为 0.005 mg/L（以 P 计），测定范围为 0.020～1.00 mg/L。

注意事项：

1）因流动注射分析仪流路管径较细，不适用于测定含悬浮物颗粒物较多或颗粒粒径大于 250 μm 的样品。

2）试剂和环境温度影响分析结果，冰箱贮存的试剂应放置至室温（20±5℃）后再使用，分析过程中室温波动不能超过±2℃。

3）为减小基线噪声，试剂应保持澄清，必要时应过滤。封闭的化学反应系统若有气泡会干扰测定，因此，除标准溶液外的所有溶液须除气，可采用氦气除气 1 min 或超声除气 30 min。

4）每次分析完毕后，用纯水对分析管路进行清洗，并及时将流动检测池中的滤光片取下放入干燥器中，防尘防湿。

5）预处理盒加热器在加热温度接近 80℃时，应保证加热器的管路中有液体流动。

6）不同型号的流动分析仪可参考本标准选择合适的仪器条件。

6.3.2.9 可吸附有机卤素（AOX）的测定

1）《水质 可吸附有机卤素（AOX）的测定 微库仑法》（GB/T 15959—1995）

该标准适用于地表水、地下水、工业废水和生活污水中可吸附有机卤素（AOX）的测定，测定范围 10～400 μg/L，如超过测定上限，可适当稀释后测定。

2）《水质 可吸附有机卤素（AOX）的测定 离子色谱法》（HJ/T 83—2001）

该标准适用于水和污水中可吸附有机卤素（AOX）的测定。

6.3.2.10 二噁英

《水质 二噁英类的测定 同位素稀释高分辨气相色谱法》（HJ 77.1—2008）

该标准适用于原水、废水、饮用水与工业生产用水中二噁英类污染物的测定。

注意事项：提取内标的回收率，必须始终对提取内标的回收率进行确认；标准溶液应在密封的玻璃容器中避光冷藏保存，以避免由于溶剂挥发引起的浓度变化。建议在每次使用前后称量并记录标准溶液的重量；实验室应避免废物外排对周边环境造成污染。

该方法为痕量分析方法，标准物质及仪器设备昂贵，且涉及的试剂及化合物具有相当的健康风险，高分辨气相色谱对环境湿度、温度、电压、防尘等实验室条件有相当苛刻的要求，样品量少的企业建议委托专业实验室承担分析工作。

6.3.2.11 硫化物

（1）《水质 硫化物的测定 亚甲基蓝分光光度法》（GB/T 16489—1996）

该标准适用于地面水、地下水、生活污水和工业废水中硫化物的测定。试料体积为 100 ml、使用光程为 10 mm 的比色皿时，方法的检出限为 0.005 mg/L，测定上限为 0.700 mg/L。对硫化物含量较高的水样，可适当减少取样量或将样品稀释后测定。

注意事项：硫离子很容易被氧化，硫化氢易从水样中溢出，在采样时应防止曝气，并加适量的氢氧化钠溶液和乙酸锌-乙酸钠溶液，使水样呈碱性并形成硫化锌沉淀。水样应充满瓶，瓶塞下不留空气。

（2）《水质 硫化物的测定 碘量法》（HJ/T 60—2000）

该标准适用于测定水和废水中的硫化物。试样体积 200 ml，用 0.01 mol/L 硫代硫酸钠溶液滴定时，本方法适用于含硫化物在 0.40 mg/L 以上的水和废水测定。

6.3.2.12 挥发酚的测定

（1）《水质 挥发酚的测定 4-氨基安替比林分光光度法》（HJ 503—2009）

该标准适用于地表水、地下水、饮用水、工业废水和生活污水中挥发酚的 4-氨基安替比林分光光度法。工业废水和生活污水宜用直接分光光度法测定，检出限为 0.01 mg/L，测定下限为 0.04 mg/L，测定上限为 2.50 mg/L。对于质量浓度高于标准测定上限的样品，可适当稀释后进行测定。

（2）《水质 挥发酚的测定 流动注射-4-氨基安替比林分光光度法》（HJ 825—2017）

该标准适用于地表水、地下水、生活污水和工业废水中挥发酚的测定。

（3）《水质 挥发酚的测定 溴化容量法》（HJ 502—2009）

该标准适用于含高浓度挥发酚工业废水中挥发酚的测定。测定下限为 0.4 mg/L，测定上限为 45.0 mg/L。对于质量浓度高于标准测定上限的样品，可适当稀释后进行测定。

注意事项：

1）采集后的样品应及时加磷酸酸化至 pH 约 4.0，并加适量硫酸铜，使样品中硫酸铜质量浓度约为 1g/L，以抑制微生物对酚类的生物氧化作用。

2）每次试验前后，应清洗整个蒸馏设备。

3）不得用橡胶塞、橡胶管连接蒸馏瓶及冷凝器，以防止对测定产生干扰。

6.3.2.13 全盐量

《水质 全盐量的测定 重量法》（HJ/T 51—1999），该标准适用于农田灌溉水质、地下水和城市污水中全盐量的测定。

注意事项：若水中全盐量大于 2 000 mg/L，可酌情减少取样体积，用水稀释至 100 ml；水样过滤时，应弃去初滤液 10～15 ml；用过氧化氢除去有机物，应反复处理至残渣变白或颜色稳定不变为止。

6.3.2.14 溶解性总固体

《水质 溶解性总固体的测定 生活饮用水标准检验方法》（GB/T 5750.4—2006），该标准适用于生活饮用水及水源水中溶解性总固体的测定。

注意事项：105℃烘干温度不能彻底除去高矿化水样中的盐类所含结晶水，采用 180℃的烘干温度，结果较为准确；当水样的溶解性总固体含有多量氯化钙、硝酸钙、氯化镁、硝酸镁时，由于这些化合物具有强烈的吸湿性使称量不能恒定质量，可以在水样中加入适量碳酸钠溶液而得到改进；水浴液面不要接触皿底。

第 7 章　废水自动监测建设及运维技术要点

近年来，为加强地区排污的监控力度和满足排污许可的要求，全国各级环保部门大力推进废水自动监测系统的建设。废水自动监测系统也称为水污染源在线监测系统，通常是由水污染源在线监测设备和水污染源在线监测站房组成。随着全国废水自动监测系统的逐年攀升，做好系统的建设、验收及运行维护管理工作成为影响数据质量关键环节。本章基于《水污染源在线监测系统安装技术规范（试行）》（HJ/T 353—2007）、《水污染源在线监测系统验收技术规范（试行）》（HJ/T 354—2007）、《水污染源在线监测系统运行与考核技术规范（试行）》（HJ/T 355—2007）、《水污染源在线监测系统数据有效性判别技术规范（试行）》（HJ/T 356—2007）标准，对废水自动监测系统的建设、验收、运行维护应注意的技术要点进行了梳理。

7.1　自动监测设备

水污染自动监测设备通常由采样设备、废水在线监测仪器、数据采集设备、数据传输设备、通信设备和终端接收设备等组成。

采样设备通常是指采样管路、采样泵以及自动采样器。采样管路应根据废水水质选择适宜的采样管材质，防止腐蚀和堵塞，不应使用软管。采样泵应根据水样流量、废水水质、水质自动采样器的水头损失及水位差合理选择采样泵。固定采样管道与采样头或潜水泵之间应装有活接头，便于维护。

废水在线监测仪器是指在现场用于监控、监测污染物排放的化学需氧量（COD_{Cr}）在线自动监测仪、pH 水质自动分析仪、氨氮水质自动分析仪、总磷水质自动分析仪、流量计、数据采集设备和数据传输设备等仪器、仪表。

化学需氧量（COD_{Cr}）在线自动监测仪的测定方法多采用重铬酸钾法测定，对于高氯废水也可考虑采用总有机碳（TOC）、紫外（UV）法测定 COD，但必须与重铬酸钾法做对照实验，作出相关系数，换算成重铬酸钾法监测数据输出。

pH 水质自动分析仪采用玻璃电极法测定。

氨氮水质自动分析仪的测定方法有纳氏试剂光度法、氨气敏电极法、水杨酸—次氯酸盐比色法等方法测定。

总磷水质自动分析仪的测定方法多采用钼锑抗分光光度法测定。

总氮水质自动分析仪的测定方法多采用连续流动-盐酸萘乙二胺分光光度法和碱性过硫酸钾消解紫外分光光度法。

流量计通常包括明渠流量计和管道流量计。采用超声波明渠流量计测定流量，应按技术规范要求修建堰槽；管道流量计可选择电磁流量计或超声流量计，宜优先选择电磁流量计。

数据采集设备主要是对各种监测设备测量的数据进行采集、存储及处理，并将有关的数据存储和输出。

数据传输设备对采集的各种监测数据传输至环境保护主管部门，目前，数据的传输有多种方式，包括 GPRS 方式、GSM 短消息方式、局域网方式等。

排污单位在安装自动监测设备时，应当根据国家对每个监测设备的具体技术要求进行选型安装。选型安装在线监测仪器时，应根据污染物浓度和排放标准，选择检测范围与之匹配的在线监测仪器，监测仪器满足国家对应仪器的技术要求。如《环境保护产品技术要求 化学需氧量（COD_{Cr}）水质在线自动监测仪》（HJ/T 377—2007）、《氨氮水质自动分析仪技术要求》（HJ/T 101—2003）、《总氮水质自动分析仪技术要求》（HJ/T 102—2003）、《总磷水质自动分析仪技术要求》（HJ/T

103 —2003）等。选型安装数据传输设备时，应按照《污染物在线监控（监测）系统数据传输标准》（HJ/T 212—2017）和《污染源在线自动监控（监测）数据采集传输仪技术要求》（HJ 477—2009）规范要求设置，不得添加其他可能干扰监测数据存储、处理、传输的软件或设备。

在污染源自动监测设备建设、联网和管理过程中，如果当地管理部门有相关规定的，应同时参考地方的规定要求。如上海市环保局于 2017 年发布了《上海市固定污染源自动监测建设、联网、运维和管理有关规定》。

7.2　现场安装要求

废水自动监测系统现场安装主要涉及现场监测站房建设、排放口规范化整治、采样点位选取等内容，其中监测站房的建筑设计应作为在线监控的专室专用，远离腐蚀性气体的地点，并满足所处位置的气候、生态、地质、安全等要求；排放口应满足环境保护部门规定的排放口规范化设置要求；采样点位应避开有腐蚀性气体、较强的电磁干扰和振动的地方，应易于到达，且保证采样管路不超过 50 m，同时应有足够的工作空间和安全措施，便于采样和维护操作。具体要求详见第 5 章 5.2.4。

7.3　调试检测

废水污染源自动监测设备现场安装完成后，需对进行调试、试运行及联网检测，以验证设备是否能够符合连续稳定运行的技术要求。

7.3.1　调试

调试是指在设备运行初期进行校准、校验的检查，并按照标准规范要求编制调试报告。具体要求如下：

1）在现场完成水污染源在线监测仪器的安装、初试之后，对在线仪器进行调试运行，调试连续运行时间不少于 72 h。

2）每天进行零点校准和量程校准检查，当累计漂移超过规定指标时，应对仪器进行调整。

3）因排放源故障或在线监测系统故障造成调试中断，在排放源或在线监测系统恢复正常后，重新开始调试，调试运行时间不少于 72 h。

4）编制水污染源在线监测仪器调试期间零点漂移和量程漂移测试报告，调试报告应盖章存档。

零点漂移：采用零点校正液连续测量 24h。利用该段时间内的初期零值（最初的 3 次测定值的均值），计算最大变化幅度。

量程漂移：采用量程校正液，于零点漂移前后分别测定 3 次，计算平均值。由减去零点漂移成分后的变化幅度，求出相对于量程的值的百分比。

7.3.2 试运行

设备调试完成后，进入试运行阶段，编制相关测试报告。具体要求如下：

1）试运行期间水污染源在线监测仪器应正常运行 60 天。

2）可设定任一时间（时间间隔为 24 h），由水污染源在线系统自动调节零点和校准量程值。

3）因排放源故障或在线监测系统故障造成试运行中断，在排放源或在线监测系统恢复正常后，重新开始试运行。

4）如果使用总有机碳（TOC）水质自动分析仪、紫外（UV）吸收水质自动在线监测仪，试运行期间应完成总有机碳（TOC）水质自动分析仪、紫外（UV）吸收水质自动在线监测仪与 COD_{Cr} 转换系数的校准。

5）编制水污染在线监测仪器零点漂移、量程漂移、重复性的测试报告，以及 COD_{Cr} 转换系数的校准报告。

6）水污染源在线监测仪器的零点漂移、量程漂移、重复性和平均无故障连续运行时间等性能指标与试验方法应满足《水污染源在线监测系统安装技术规范（试行）》（HJ/T 353—2007）中表 2 的要求。

7.3.3　联网技术要求

设备完成调试、试运行之后，正式进入联网测试阶段。设备联网就是将数据采集传输仪与水污染源在线监测仪器进行连接，将在线监测仪器输出的监测数据通过数据采集传输仪上传至生态环境部门自动监测平台。按照《污染物在线监控（监测）系统数据传输标准》技术要求与环境保护主管部门联网，数据采集传输仪要求至少稳定运行一个月，且向上位机发送数据准确、及时。

7.4　验收要求

自动监测设备完成安装、调试及试运行并与环保部门联网后，同时符合下列要求后，建设方组织仪器供应商、管理部门等相关方实施技术验收工作，并编制在线验收报告。验收主要内容应包括在线监测仪器的技术指标验收和联网验收。验收前自动监测设备应满足以下条件：

1）水污染源在线监测系统已进行了调试与试运行，并提供调试与试运行报告。

2）水污染源在线监测仪器进行了零点漂移、量程漂移、重现性检测，满足《水污染源在线监测系统验收技术规范》表 1 中的性能要求并提供检测报告。

重现性包括零点重现性和量程重现性。

零点重现性：测量 6 次零点校正液，各次指示值的平均值作为零点的平均值，求出 6 次零点测定值的相对标准偏差。

量程重现性：测量 6 测量程校正液，各次指示值的平均值作为量程的平均值，求出 6 次量程测定值的相对标准偏差。

3）如果使用总有机碳（TOC）水质自动分析仪或紫外（UV）吸收水质自动在线监测仪，应完成总有机碳（TOC）水质自动分析仪或紫外（UV）吸收水质自

动在线监测仪与 COD_{Cr} 转换系数的校准，提供校准报告。

4）提供水污染源在线监测系统的选型、工程设计、施工、安装调试及性能等相关技术资料。

5）水污染源在线监测系统所采用基础通信网络和基础通信协议应符合《污染物在线自动监控（监测）系统数据传输标准》（HJ 212—2017）的相关要求，对通信规范的各项内容作出响应，并提供相关的自检报告。

6）数据采集传输仪已稳定运行一个月，向上位机发送数据准确、及时。

7.4.1 技术指标验收

7.4.1.1 验收要求

1）水污染源在线监测仪器技术指标验收包括对化学需氧量（COD_{Cr}）在线自动监测仪、总有机碳（TOC）水质自动分析仪、紫外（UV）吸收水质自动在线监测仪、pH 水质自动分析仪、氨氮水质自动分析仪和总磷水质自动分析仪、超声波明渠污水流量计、水质自动采样器等技术指标验收。

2）验收期间不允许对水污染源在线监测仪器进行零点和量程校准、维护、检修和调节。

3）所有的水污染源在线监测仪器均应进行验收监测。

7.4.1.2 验收内容

1）水污染源在线监测仪器技术验收应包括实际废水比对试验、质控样考核。水污染源在线监测仪器实际水样比对试验验收指标要求见《水污染源在线监测系统验收技术规范（试行）》表 2。

2）超声波明渠污水流量计的检测验收方法、指标和要求，参照《环境保护产品技术要求 超声波明渠污水流量计》中第 5 章“检验项目与试验方法”执行。

3）水质自动采样器能按技术说明书上的要求工作。采样量重复性，采用测量

6 次采样的体积方式，单次采样量与平均值之差不大于±5 ml 或平均容积的±5%。

7.4.2　联网验收

联网验收由数据采集传输仪验收、现场数据比对验收和联网稳定性验收三部分组成。

7.4.2.1　数据采集传输仪验收

1）数据采集传输仪应具备模拟量、数字量、标准串行口（RS485/RS232）接口、继电器输出接口等，可以通过 RS485 或 RS232 接口，向上位机发送数据，以便实时监控污水排放状况。

2）数据采集传输仪接口应具有扩展功能、模块化结构设计，可根据使用要求，增加输入、输出通道的数量，以满足用户的各项监控功能要求。

3）数据采集传输仪应能实时显示水污染源在线监测仪器和辅助设备的工作状态和报警信息，可以用图、表方式，实时显示污染物排放状况和环境参数。

4）数据采集传输仪可存储 12 个月及以上的原始数据，记录水质测定数据和各类仪器运行状态数据，自动生成运行状况报告、水质测定数据报告、掉电记录报告、操作记录报告和仪器校准报告。

5）在水污染源在线监测系统现场验收过程中，人为模拟现场断电、断水和断气等故障，在恢复供电等外部条件后，水污染源在线监测系统应能正常自启动和远程控制启动。在数据采集传输仪中保存故障前完整分析的分析结果，并在故障过程中不被丢失。数据采集传输仪完整记录所有故障信息。

7.4.2.2　现场数据比对验收

数据采集传输仪向上位机发送数据已稳定运行一个月后，抽取一周数据进行抽样比对，对比上位机接收到的数据和数采仪存储的数据完全一致，同时，水污染源在线监测仪器测量值、与数据采集传输仪存储数据和上位机接收到的实时数据应保持一致。

7.4.2.3 联网稳定性验收

在连续一个月内，子系统能稳定运行，不出现除通信稳定性、通信协议正确性、数据传输正确性以外的其他联网问题。

7.5 运行管理要求

污染源自动监测设备通过验收后，自动监测设备即被认定为已处于正常运行状态，设备运行维护单位应按照相关技术规范的要求做好日常运行管理工作。

7.5.1 总体要求

水污染源在线监测设备运维单位应根据相关技术规范及仪器使用说明书进行运行管理工作，并制定完善的水污染源自动监测设备运行维护管理制度，确定系统运行操作人员和管理维护人员的工作职责。运维人员应按照国家相关规定，经培训合格，持证上岗，并熟练掌握水污染源在线监测设备的原理、使用和维护方法。

设备验收完成后应对设备相关参数进行备案，备案参数应与设备参数保持一致，如需修改相关参数，应提交情况说明，重新进行备案。

7.5.2 运维单位

运维单位应在服务省市无不良运行维护记录，未出现过故意干扰在线监测仪器，在线监测数据弄虚作假的案例，运行维护人员应持有在线监测仪器运行维护上岗证书且在有效期内。运维单位应严格按照技术规范开展日常运行维护工作，建立完善的运行维护管理制度及档案资料备查，提供驻地运行维护服务，设备出现故障 6 h 内到达现场及时处理，能与在线监测仪器建设单位保持良好沟通，确保最短时间内修复故障。运维单位相关人员信息和资质证书应粘贴至监测站房。

7.5.3　管理制度

运维单位应建立水污染源自动监测设备运行维护管理制度，主要包括设备操作、使用和维护保养制度；运行、巡检和定期校准、校验制度；标准物质和易耗品的定期更换以及废药剂的收集处置制度；设备故障及应急处理制度；自动监测数据分析记录、统计制度等一系列管理制度。

7.5.4　日常巡检

运维单位应按照相关技术规范及仪器使用说明书建立日常巡检制度，开展日常巡检工作并做好记录。日常巡检内容主要包括每日远程检查、每周 1～2 次的现场日常维护，设备出现故障时应第一时间处理解决；除日常维护工作外，应按照相关要求和设备说明书完成月度、季度、半年、年度维护内容。每日数据传输情况、定期的设备检查及保养情况应记录并归档。每次进行备件或材料更换时，更换的备件或材料的品名、规格、数量等应记录并归档。如更换有证标准物质或标准样品，还需记录新标准物质或标准样品的来源、有效期和浓度等信息。对日常巡检或维护保养中发现的故障或问题，系统管理维护人员应及时处理并记录。

7.5.5　定期校验

运维单位应按照相关技术规范及仪器使用说明书建立定期校验制度，自动监测设备的定期校验包括实际水样与标准方法比对、质控样试验和日常校验。相关校准、校验记录应及时归档。

7.6 质量保证要求

7.6.1 总体要求

水污染源自动监测设备日常运行质量保证是保障设备正常稳定运行、持续提供有质量保证监测数据的必要手段。操作维护人员每日远程检查检测设备运行状态，发现异常，应立即前往；操作维护人员每周1～2次对设备进行现场维护，包括试剂添加、设备状态检查、采水系统维护、供电系统检查等；操作维护人员每月一次对现场设备进行保养，包括对设备的进样回路、测量部件和设备外壳进行清洗；操作维护人员定期开展校验，每月至少进行一次实际水样比对试验和质控样试验，每季进行重复性、零点漂移和量程漂移试验。当设备出现故障时应在24 h内修复，如无法修复需要停机的，应报当地生态环境部门备案。设备在一年中的运转率应达到90%以上，以保证监测数据的数量要求。

设备运转率=实际运行天数/企业排放天数×100%

7.6.2 日常巡检

7.6.2.1 运行和日常维护

1）每日上午、下午远程检查仪器运行状态，检查数据传输系统是否正常，如发现数据有持续异常情况，应立即前往站点进行检查。

2）每48 h自动进行总有机碳（TOC）、氨氮、化学需氧量（COD_{Cr}）等水质在线自动监测仪的零点校正。

3）每周1～2次对监测系统进行现场维护，现场维护内容包括：

检查各台自动分析仪及辅助设备的运行状态和主要技术参数，判断运行是否正常。

检查自来水供应、泵取水情况，检查内部管路是否通畅，仪器自动清洗装置是否运行正常，检查各自动分析仪的进样水管和排水管是否清洁，必要时进行清洗；定期清洗水泵和过滤网。

检查站房内电路系统、通信系统是否正常。

对于用电极法测量的仪器，检查标准溶液和电极填充液，进行电极探头的清洗。

若部分站点使用气体钢瓶，应检查载气气路系统是否密封，气压是否满足使用要求。

检查各仪器标准溶液和试剂是否在有效使用期内，按相关要求定期更换标准溶液和分析试剂，更换试剂后应对仪器进行校准，校准曲线应符合仪器要求（原因：试剂配制可能有误差）。

观察数据采集传输仪运行情况，并检查连接处有无损坏，对数据进行抽样检查，对比自动分析仪、数据采集传输仪及上位机接收到的数据是否一致。

每周用国家认可的质控样（或按照规定方法配制的标准溶液）对自动分析仪进行一次标样核查（测定仪器使用的量程液）。

4）每月现场维护内容包括：

总有机碳（TOC）水质自动分析仪：检查 TOC-COD_{Cr} 转换系数是否适用，必要时进行修正。对 TOC 水质自动分析仪载气气路的密封性、泵、管、加热炉温度等进行一次检查，检查试剂余量（必要时添加或更换），检查卤素洗涤器、冷凝器水封容器、增湿器，必要时加蒸馏水。

化学需氧量（COD_{Cr}）水质在线自动监测仪：检查内部试管是否污染，必要时进行清洗。

氨氮水质自动分析仪：气敏电极表面是否清洁，仪器管路进行保养、清洁。

流量计：检查超声波流量计高度是否发生变化。

每月的现场维护内容还包括对在线监测仪器进行一次保养，对水泵和取水管路、配水和进水系统、仪器分析系统进行维护。对数据存储/控制系统工作状态进行一次检查，对自动分析仪进行一次日常校验。检查监测仪器接地情况，检查监测用房防雷措施。

5）每 3 个月至少对总有机碳（TOC）水质自动分析仪试样计量阀等进行一次清洗。检查化学需氧量（COD_{Cr}）水质在线自动监测仪水样导管、排水导管、活塞和密封圈，必要时进行更换，检查氨氮水质自动分析仪气敏电极膜，必要时进行更换。

6）根据实际情况更换化学需氧量（COD_{Cr}）水质在线自动监测仪水样导管、排水导管、活塞和密封圈，每年至少更换一次总有机碳（TOC）水质自动分析仪注射器活塞、燃烧管、CO_2 吸收器。

7）其他预防性维护

保持机房、实验室、监测用房（监控箱）的清洁，保持设备的清洁，避免仪器振动，保证监测用房内的温度、湿度满足仪器正常运行的需求。

保持各仪器管路通畅，出水正常，无漏液。

对电源控制器、空调等辅助设备要进行经常性检查。

此处未提及的维护内容，按相关仪器说明书的要求进行仪器维护保养、易耗品的定期更换工作。

7.6.2.2 维护记录

操作人员在对系统进行日常维护时，应作好巡检记录，巡检记录应包含该系统运行状况、系统辅助设备运行状况、系统校准工作等必检项目和记录，以及仪器使用说明书中规定的其他检查项目和校准、维护保养、维修记录。

7.6.3 定期校验

自动监测设备的校验包括实际水样与标准方法比对、质控样试验和日常校验。

7.6.3.1　与标准方法比对

除流量外，运行维护人员每月应对每个站点所有自动分析仪至少进行1次自动监测方法与实验室标准方法的比对试验，试验结果应满足HJ/T 355—2007表1规定的要求。

（1）化学需氧量（COD_{Cr}）水质在线自动监测仪

以化学需氧量（COD_{Cr}）水质在线自动监测方法与实验室标准方法《水质 化学需氧量的测定 重铬酸盐法》进行现场 COD_{Cr} 实际水样比对试验，比对过程中应尽可能保证比对样品均匀一致。比对试验总数应不少于3对，其中2对实际水样比对试验相对误差 A 应满足HJ/T 355—2007表1规定的要求。实际水样比对试验相对误差 A 公式如下：

$$A = \frac{X_n - B_n}{B_n} \times 100\%$$

式中：A —— 实际水样比对试验相对误差；

X_n —— 第 n 次测量值；

B_n —— 实验室标准方法的测定值；

n —— 比对次数。

（2）总有机碳（TOC）水质自动分析仪

若将TOC水质自动分析仪的监测值转换为 COD_{Cr} 时，用 COD_{Cr} 的实验室标准方法《水质 化学需氧量的测定 重铬酸盐法》进行实际水样比对试验。对于排放高氯废水（氯离子浓度在 1 000～20 000 mg/L）的水污染源，实验室化学需氧量分析方法采用《高氯废水 化学需氧量的测定 氯气校正法》。比对过程中应尽可能保证比对样品均匀一致。比对试验总数应不少于3对，其中2对实际水样比对试验相对误差 A 应满足《水污染源在线监测系统运行与考核技术规范（试行）》表1规定的要求。实际水样比对试验相对误差 A 公式如下：

$$A=\frac{X_n-B_n}{B_n}\times 100\%$$

式中：A —— 实际水样比对试验相对误差；

X_n —— 第 n 次测量值；

B_n —— 实验室标准方法的测定值；

n —— 比对次数。

（3）紫外（UV）吸收水质自动在线监测仪

若将紫外(UV)吸收水质自动在线监测仪的监测值转换为 COD_{Cr} 时，用 COD_{Cr} 的实验室标准方法《水质 化学需氧量的测定 重铬酸盐法》进行实际水样比对试验。对于排放高氯废水（氯离子浓度在 1 000～20 000 mg/L）的水污染源，实验室化学需氧量分析方法采用《高氯废水 化学需氧量的测定 氯气校正法》。比对过程中应尽可能保证比对样品均匀一致。比对试验总数应不少于 3 对，其中 2 对实际水样比对试验相对误差 A 应满足《水污染源在线监测系统运行与考核技术规范（试行）》表 1 规定的要求。实际水样比对试验相对误差 A 公式如下：

$$A=\frac{X_n-B_n}{B_n}\times 100\%$$

式中：A —— 实际水样比对试验相对误差；

X_n —— 第 n 次测量值；

B_n —— 实验室标准方法的测定值；

n —— 比对次数。

（4）氨氮水质自动分析仪

分别以氨氮水质自动分析方法与实验室标准方法《水质 氨氮的测定 纳氏试剂分光光度法》或《水质 氨氮的测定 水杨酸分光光度法》进行实际水样比对试验，比对过程中应尽可能保证比对样品均匀一致。比对试验总数应不少于 3 对，其中 2 对实际水样比对试验相对误差 A 应满足《水污染源在线监测系统运行与考核技术规范（试行）》表 1 规定的要求。实际水样比对试验相对误差 A 公式如下：

$$A = \frac{X_n - B_n}{B_n} \times 100\%$$

式中：A —— 实际水样比对试验相对误差；

X_n —— 第 n 次测量值；

B_n —— 实验室标准方法的测定值；

n —— 比对次数。

（5）总磷水质自动分析仪

以总磷水质自动分析方法与实验室标准方法《水质　总磷的测定 钼酸铵分光光度法》进行实际水样比对试验，比对过程中应尽可能保证比对样品均匀一致。比对试验总数应不少于 3 对，其中 2 对实际水样比对试验相对误差 A 应满足《水污染源在线监测系统运行与考核技术规范（试行）》表 1 规定的要求。实际水样比对试验相对误差 A 公式如下：

$$A = \frac{X_n - B_n}{B_n} \times 100\%$$

式中：A —— 实际水样比对试验相对误差；

X_n —— 第 n 次测量值；

B_n —— 实验室标准方法的测定值；

n —— 比对次数。

（6）pH 水质自动分析仪

pH 水质自动分析方法与标准方法《水质 pH 的测定 玻璃电极法》分别测定实际水样的 pH，实际水样比对试验绝对误差控制在±0.5pH。

（7）温度

进行现场水温比对试验，以在线监测方法与标准方法《水质 水温的测定 温度计或颠倒温度计测定法》（GB 13195—1991）分别测定温度，变化幅度控制在±0.5℃。

7.6.3.2 质控样试验

运行维护人员每月应对每个站点所有自动分析仪至少进行 1 次质控样试验，采用国家认可的两种浓度的质控样进行试验，一种为接近实际废水浓度的质控样品，另一种为超过相应排放标准浓度的质控样品，每种样品至少测定 2 次，质控样测定的相对误差不大于标准值的±10%。

7.6.3.3 日常校验

每月除进行实际水样比对试验和质控样试验外，每季还应进行现场校验，现场校验可采用自动校准或手工校准。现场校验内容还包括重复性试验、零点漂移和量程漂移试验。

当仪器发生严重故障，经维修后在正常使用和运行之前亦应对仪器进行一次校验；校验的结果应满足相应的技术要求；在测试期间保持设备相对稳定，做好测试记录和调整、校验、维护记录。

目前，国家正在组织修订水污染源在线监测系统相关技术规范，在技术规范正式发布前，国家对以质控样代替氨氮、总磷实际水样进行比对监测和评价给出了指导性意见，内容如下：

1）氨氮水质自动分析仪比对监测时，当实际水样实验室手工监测浓度小于 1 mg/L，可采用浓度为 0.5 mg/L 的质控样替代实际水样进行试验，比对误差须满足±0.1 mg/L 的范围；

2）总磷水质自动分析仪比对监测时，当实际水样实验室手工监测浓度小于 0.4 mg/L，可采用浓度为 0.2 mg/L 的质控样替代实际水样进行试验，比对误差须满足±0.04 mg/L 的范围。

其他校验的结果应满足《水污染源在线监测系统运行与考核技术规范（试行）》的要求。如表 7-1 所示。

表 7-1　自动监测仪性能指标要求

<table>
<tr><th colspan="2">仪器名称</th><th>零点漂移</th><th>量程漂移</th><th>重复性漂移</th><th>实际水样比对实验相对误差</th></tr>
<tr><td colspan="2" rowspan="4">化学需氧量（COD_{Cr}）水质在线自动监测仪</td><td rowspan="4">±5 mg/L</td><td rowspan="4">±10%</td><td rowspan="4">±10%</td><td>±10%
以接近于实际水样的低浓度质控样替代实际水样进行试验（COD_{Cr}＜30 mg/L）</td></tr>
<tr><td>±30%（30 mg/L≤COD_{Cr}＜60 mg/L）</td></tr>
<tr><td>±20%
（60 mg/L≤COD_{Cr}＜100 mg/L）</td></tr>
<tr><td>±15%（COD_{Cr}≥100 mg/L）</td></tr>
<tr><td colspan="2">总有机碳（TOC）水质自动分析仪</td><td>±5%</td><td>±5%</td><td>±5%</td><td>按 COD_{Cr} 实际水样比对试验相对误差要求考核</td></tr>
<tr><td colspan="2">紫外（UV）吸收水质自动在线监测仪</td><td>±2%</td><td>±4%</td><td>±4%</td><td>按 COD_{Cr} 实际水样比对试验相对误差要求考核</td></tr>
<tr><td rowspan="2">氨氮水质自动分析仪</td><td>电极法</td><td>±5%</td><td>±5%</td><td>±5%</td><td>±15%</td></tr>
<tr><td>光度法</td><td>±10%</td><td>±10%</td><td>±10%</td><td>±15%</td></tr>
<tr><td colspan="2">总磷水质自动分析仪</td><td>±5%</td><td>±10%</td><td>±10%</td><td>±15%</td></tr>
<tr><td colspan="2">pH 水质自动分析仪</td><td>—</td><td>±.0.1 pH</td><td>±.0.1 pH</td><td>±.0.5 pH</td></tr>
<tr><td colspan="2">水温</td><td>—</td><td>—</td><td>—</td><td>±.0.5℃</td></tr>
</table>

7.6.4　仪器检修

污染源自动监测设备发生故障后，应该严格按照相关技术规范及管理要求进行设备检修，具体情况如下：

1）在线监测设备需要停用、拆除或者更换的，应当事先报经生态环境有关部门批准。

2）运行单位发现故障或接到故障通知，应在 6 h 内赶到现场进行处理。

3）对于一些容易诊断的故障，如电磁阀控制失灵、膜裂损、气路堵塞、数据仪死机等，可携带工具或者备件到现场进行针对性维修，此类故障维修时间不应超过 8 h，对不易诊断和维修的仪器故障，若 72 h 内无法排除，应安装备用仪器或采用有资质的第三方检测公司进行人工采样监测数据。

4）仪器经过维修后，在正常使用和运行之前应确保维修内容全部完成，性能通过检测程序，按国家有关技术规定对仪器进行校准检查。若监测仪器进行了更换，在正常使用和运行之前应对仪器进行一次校验和比对实验，校验和比对试验方法详见《水污染源在线监测系统运行与考核技术规范（试行）》第4章、第5章内容。

5）若数据存储/控制仪发生故障，应在12 h内修复或更换，并保证已采集的数据不丢失。

6）第三方运行的机构，应备有足够的备品备件及备用仪器，对其使用情况进行定期清点，并根据实际需要进行增购，以不断调整和补充各种备品备件及备用仪器的存储数量。

7）在线监测设备因故障不能正常采集、传输数据时，应及时向生态环境有关部门报告，必要时采用人工方法进行监测，人工监测的周期不低于每两周一次，监测技术要求参照《地表水和污水监测技术规范》执行。

7.6.5 缺失数据、异常数据的标记和处理

根据《水污染源在线监测系统数据有效性判别技术规范（试行）》处理。

7.6.5.1 缺失数据的处理

（1）缺失水质自动分析仪监测值

缺失COD_{Cr}、NH_3-N、TP监测值以缺失时间段上推至与缺失时间段相同长度的前一段时间段监测值的算术平均值替代。

缺失pH，以缺失时间段上推至与缺失时间段相同长度的前一段时间段pH中位值替代。

如前一阶段有数据缺失，再依次往前推。

（2）缺失流量值

缺失瞬时流量值以缺失时间段上推至与缺失时间段相同长度的前一段时间段

瞬时流量值的算术平均值替代，累计流量值以推算出的算术平均值乘以缺失时间段内的排水时间获得。如前一段时间有数据缺失，再依次往前类推。

缺失时间段的排水量也可通过企业在缺失时间段的用水量乘以排水系数获得。

（3）缺失自动分析仪监测值和流量值

同时缺失水质自动分析仪监测值和流量值时，分别以上述两种方法处理。

7.6.5.2　数据逻辑性分析

1）未通过设备验收的自动监测数据无效，不得作为环境管理和监督执法的依据。

2）当流量为零时，所得的监测值为无效数据，应予以剔除。

3）监测值为负值无任何物理意义，可视为无效数据，予以剔除。

4）在自动监测仪校零、校标和质控样试验期间的数据作无效数据处理，不参加统计，但对该时段数据作标记，作为监测仪器检查和校准的依据予以保留。

5）自动分析仪、数据采集传输仪及上位机接收到的数据误差大于 1%时，上位机接收到的数据为无效数据。

6）监测值如出现急剧升高、急剧下降或连续不变时，该数据进行统计时不能随意剔除，需要通过现场检查、质控等手段来识别，再做处理。

7）具备自动校准功能的自动监测仪在校零和校标期间，发现仪器零点漂移或量程飘移超出规定范围，应从上次零点漂移和量程漂移合格到本次零点漂移和量程漂移不合格期间的监测数据作为无效数据处理，按本章 7.7.5.1 处理。

8）从上次比对试验或校验合格到此次比对试验或校验不合格期间的在线监测数据作为无效数据，按本章 7.7.5.1 处理。

9）有效日均值

有效日均值是对应于以每日为一个监测周期内获得的某个污染物（COD_{Cr}、NH_3-N、TP）的多个有效监测数据的平均值。在同时监测污水排放流量的情况下，有效日均值是以流量为权的某个污染物的有效监测数据的加权平均值；在未监测污水排放流量的情况下，有效日均值是某个污染物的有效监测数据的算术平均值。

有效日均值的加权平均值计算公式如下：

$$日均值=\frac{\sum_{i=1}^{n} C_i Q_i}{\sum_{i=1}^{n} Q_i}$$

式中：C_i —— 某污染物的有效监测数据，mg/L；

Q_i —— C_i 和 C_{i+1} 两次有效监测数据中间时段的累积流量，m^3。

第 8 章　废气手工监测技术要点

与废水手工监测类似，废气手工监测也是一个全面性、系统性的工作。我国同样有一系列监测技术规范和方法标准用于指导和规范废气手工监测。本章立足现有的技术规范和标准，结合日常工作经验，分别针对有组织废气、无组织废气归纳总结了常见的方法和操作要求，以及方法使用过程中的注意事项。对于一些虽然适用，但不够便捷，目前实际应用很少的方法，本书中未进行列举，若排污单位根据实际情况确实需要采用这类方法的，应严格按照方法的适用条件和要求开展相关监测活动。

8.1　有组织废气监测

8.1.1　监测方式

有组织废气监测主要是针对排污单位通过排气筒排放的污染物排放浓度、排放速率、排气参数等开展的监测，主要的监测方式有现场测试和现场采样+实验室分析两种。

现场测试：指采用便携式仪器在污染源现场直接采集气态样品，通过预处理后进行即时分析，现场得到污染物的相关排放信息。目前，采用现场测试的主要指标包括 SO_2、NO_x、CO、H_2S、排气参数（温度、氧含量、含湿量、流速）等，测试方法主要包括定电位电解法、非分散红外法、皮托管法、热电偶法、干湿球法等。

现场采样+实验室分析，是指采用特定仪器采集一定量的污染源废气并妥善保存带回实验室进行分析。目前我国多数污染物指标仍采用这种监测方式，主要的采样方式包括直接采样法（气袋、注射器、真空瓶等）和富集（浓缩）采样法（活性炭吸附、滤筒、滤膜捕集、吸收液吸收等），主要的分析方法包括重量法、色谱法、质谱法、分光光度法等。

8.1.2 现场采样

8.1.2.1 现场采样方式

（1）现场直接采样

包括注射器采样、气袋采样、采样管采样和真空瓶（管）采样。现场采样时，应按照《固定污染源排气中颗粒物测定与气态污染物采样方法》规定配备相应的采样系统采样。

1）注射器采样

常用 100 ml 注射器采集样品。采样时，先用现场气体抽洗 2～3 次，然后抽取 100 ml，密封进气口，带回实验室分析。样品存放时间不宜长，一般当天分析完。

气相色谱分析法常采用此法取样。取样后，应将注射器进气口朝下，垂直放置，以使注射器内压略大于外压，避光保存。

2）气袋采样

应选不吸附、不渗漏，也不与样气中污染组分发生化学反应的气袋，如聚四氟乙烯袋、聚乙烯袋、聚氯乙烯袋和聚酯袋等，还有用金属薄膜作衬里（如衬银、衬铝）的气袋。

采样时，先用待测废气冲洗 2～3 次，再充满样气，夹封进气口，带回实验室尽快分析。

3）采样管采样

采样时，打开两端旋塞，用抽气泵接在采样管的一端，迅速抽进比采样管容积大 6～10 倍的待测气体，使采样管中原有气体被完全置换出，关上旋塞，采样管体积即为采气体积。

4）真空瓶采样

真空瓶是一种具有活塞的耐压玻璃瓶。采样前，先用抽真空装置把真空瓶内气体抽走，抽气减压到绝对压力为 1.33 kPa，。采样时，打开旋塞采样，采完关闭旋塞，则采样体积即为真空瓶体积。

（2）富集（浓缩）采样法

主要包括溶液吸收法、填充柱阻留法和滤料阻留法等。

1）溶液吸收法

原理：采样时，用抽气装置将待测废气以一定流量抽入装有吸收液的吸收瓶采集一段时间。采样结束后，送实验室进行测定。

常用吸收液有：酸碱溶液、有机溶剂等。

吸收液选用应遵循的原则：

①反应快，溶解度大；

②稳定时间长；

③吸收后利于分析；

④毒性小，价格低，易于回收。

2）填充柱阻留法

原理：填充柱是用一根长 6～10 cm、内径 3～5 mm 的玻璃管或塑料管，内装颗粒状填充剂制成。采样时，让气样以一定流速通过填充柱，待测组分因吸附、溶解或化学反应等作用被阻留在填充剂上，达到浓缩采样的目的。采样后，通过解吸或溶剂洗脱，使被测组分从填充剂上释放出来进行测定。

填充剂主要类型：

①吸附型：活性炭、硅胶、分子筛、高分子多孔微球等；

②分配型：涂高沸点有机溶剂的惰性多孔颗粒物；

③反应型：惰性多孔颗粒物、纤维状物表面能与被测组分发生化学反应；

④滤料阻留法。

原理：该方法是将过滤材料（滤筒、滤膜等）放在采样装置内，用抽气装置抽气则废气中的待测物质被阻留在过滤材料上，根据相应分析方法测定出待测物质的含量。

常用过滤材料：玻璃纤维滤筒、石英滤筒、刚玉滤筒、玻璃纤维滤膜、过氯乙烯滤膜、聚苯乙烯滤膜、微孔滤膜、核孔滤膜等。

8.1.2.2 现场采样技术要点

有组织废气排放监测时，采样点位布设、采样频次、时间、监测分析方法以及质量保证等均应符合《固定污染源排气中颗粒物测定与气态污染物采样方法》和《固定源废气监测技术规范》的规定。

（1）采样位置和采样点

1）采样位置应避开对测试人员操作有危险的场所。

2)采样位置应优先选择在垂直管段,应避开烟道弯头和断面急剧变化的部位。采样位置应设置在距弯头、阀门、变径管下游方向不小于 6 倍直径，和距上述部件上游方向不小于 3 倍直径处。采样断面的气流速度最好在 5 m/s 以上。采样孔内径应不小于 80 mm，宜选用 90～120 mm 内径的采样孔。

3）测试现场空间位置有限，很难满足上述要求时，可选择比较适宜的管段采样，但采样断面与弯头等的距离至少是烟道直径的 1.5 倍，并应适当增加测点的数量和采样频次。

4）对于气态污染物，由于混合比较均匀，其采样位置可不受上述规定限制，但应避开涡流区。

5）采样平台应有足够的工作面积使工作人员安全、方便地操作。监测平台长度应≥2 m，宽度≥2 m 或不小于采样枪长度外延 1 m，周围设置 1.2 m 以上的安全护栏，有牢固并符合要求的安全措施；当采样平台设置在离地面高度≥2 m 的位置时，应有通往平台的斜梯（或 Z 字梯、旋梯），宽度应≥0.9 m；当采样平台设置在离地面高度≥20 m 的位置时，应有通往平台的升降梯。

6）颗粒物和废气流量测量时，根据采样位置尺寸进行多点分布采样测量；排气参数（温度、含湿量、氧含量）和气态污染物一般情况在管道中心位置测定。

（2）排气参数的测定

1）温度的测定：常用测定方法为热电偶法或电阻温度计法。一般情况下可在靠近烟道中心的一点测定，封闭测孔，待温度计读数稳定后读取数据。

2）含湿量的测定：常用测定方法为干湿球法。在靠近烟道中心的一点测定，封闭测孔，使气体在一定的速度下流经干、湿球温度计，根据干、湿球温度计的读数和测点处排气的压力，计算出排气的水分含量。

3）氧含量的测定：常用测定方法为电化学法或氧化锆氧分仪法。在靠近烟道中心的一点测定，封闭测孔，待氧含量读数稳定后读取数据。

4）流速、流量的测定：常用测定方法为皮托管法。根据测得的某点处的动压、静压及温度、断面截面积等参数计算出排气流速和流量。

（3）采样频次和采样时间

采样频次和采样时间确定的主要依据为：相关标准和规范的规定和要求；实施监测的目的和要求；被测污染源污染物排放特点、排放方式及排放规律，生产设施和治理设施的运行状况；被测污染源污染物排放浓度的高低和所采用的监测分析方法的检出限。

具体要求如下：

1）相关标准中对采样频次和采样时间有规定的，按相关标准的规定执行。

2）相关标准中没有明确规定的，排气筒中废气的采样以连续 1 h 的采样获取平均值，或在 1 h 内，以等时间间隔采集 3～4 个样品，并计算平均值。

3）特殊情况下，若某排气筒的排放为间断性排放，排放时间小于 1 h，应在排放时段内实行连续采样，或在排放时段内等间隔采集 2～4 个样品，并计算平均值；若某排气筒的排放为间断性排放，排放时间大于 1 h，则应在排放时段内按 2）的要求采样。

（4）监测分析方法选择

监测分析方法选择时，应遵循以下原则：

1）监测分析方法的选用应充分考虑相关排放标准的规定、被测污染源排放特点、污染物排放浓度的高低、所采用监测分析方法的检出限和干扰等因素。

2）相关排放标准中有监测分析方法的规定时，应采用标准中规定的方法。

3）对相关排放标准未规定监测分析方法的污染物项目，应选用国家环境保护标准、环境保护行业标准规定的方法。

4）在某些项目的监测中，尚无方法标准的，可采用国际标准化组织（ISO）或其他国家的等效方法标准，但应经过验证合格，其检出限、准确度和精密度应能达到质控要求。

（5）质量保证要求

1）属于国家强制检定目录内的工作计量器具，必须按期送计量部门检定，检定合格，取得检定证书后方可用于监测工作。

2）排气温度、氧含量、含湿量、流速测定、烟气、烟尘测定等仪器应根据要求定期校准，对一些仪器使用的电化学传感器应根据使用情况及时更换。

3）采样系统采样前应进行气密性检查，防止系统漏气。检查采样嘴、皮托管等是否变形或损坏。

4）滤筒、滤料等外观无裂纹、空隙或破损，无挂毛或碎屑，能耐受一定的高温和机械强度。采样管、连接管、滤筒、滤料等不被腐蚀、不与待测组分发生化学反应。

5）样品采集后注意样品的保存要求，尽快送实验室分析。

8.1.3 监测指标测试

各监测指标除遵循本章 8.1.1 监测方式和 8.1.2 现场采样的相关要求外，还应遵循各自的具体要求。

8.1.3.1　SO_2 的监测

（1）常用方法

SO_2 是有组织废气排放的主要常规污染物之一，目前主要的监测方法有定电位电解法和非分散红外吸收法两种现场测试方法，标准监测方法详见表 8-1。

表 8-1　常用 SO_2 监测标准方法

序号	标准方法	原理及特点
1	《固定污染源废气　二氧化硫的测定　定电位电解法》（HJ 57—2017）	（1）废气被抽入主要由电解槽、电解液和电极组成的传感器中，SO_2 通过渗透膜扩散到电极表面，发生氧化反应，产生的极限电流大小与 SO_2 浓度成正比。 （2）需要配备除湿性能好的预处理器，以去除水分对监测的影响。 （3）测定时，易受 CO 干扰
2	《固定污染源废气　二氧化硫的测定　非分散红外吸收法》（HJ 629—2011）	（1）SO_2 气体在 6.82～9 μm 红外光谱波长具有选择性吸收。一束恒定波长为 7.3 μm 的红外光通过 SO_2 气体时，其光通量的衰减与 SO_2 的浓度符合朗伯—比尔定律定量。 （2）需要配备除湿性能好的预处理器，以排出水分对监测的影响

（2）注意事项

1）水分对 SO_2 测定影响较大。废气中的高含水量和水蒸气会对测定结果造成负干扰，还会对仪器检测器/检测室造成损坏和污染，因此监测时，特别是在废气含湿量较高的情况下，应使用除湿性能较好的预处理设备，及时排空除湿装置的冷凝水，防止影响测定结果。

2）对于定电位电解法而言，CO 对 SO_2 监测会存在一定程度的干扰。监测仪器应具有 CO 测试功能，当 CO 浓度高于 50 μmol/mol 时，应根据《固定污染源废气　二氧化硫的测定　定电位电解法》中的附录 A 进行 CO 干扰试验，确定仪器的适用范围，根据 CO、SO_2 浓度是否超出了干扰试验允许的范围，从而对 SO_2

数据是否有效进行判定。

3）监测结果一般应在校准量程的 20%～100%之间，特别是应注意不能超过校准量程，因此监测活动正式开展前，应根据历史监测资料，预判 SO_2 可能的浓度范围，从而选择合适的标准气体进行校准，确定校准量程。

4）开展监测活动全过程中，仪器不得关机。

5）定电位电解法仪器测定 SO_2 的传感器更换后，应重新开展干扰试验。对于未开展 CO 干扰试验的定电位电解法仪器，有组织废气监测过程中，CO 浓度高于 50 μmol/mol 时同步测得的 SO_2 数据，应作为无效数据予以剔除。

8.1.3.2 NO_x 的监测

（1）常见方法

有组织废气中的 NO_x 包括了以 NO 和 NO_2 两种形式存在的氮的氧化物，因此对有组织废气中 NO_x 监测的实际上是通过对 NO 和 NO_2 的监测实现的。

表 8-2 中给出了有组织废气中 NO_x 监测标准方法的原理及特点。

表 8-2 常用 NO_x 监测标准方法

序号	标准方法	原理及特点
1	《固定污染源废气 氮氧化物的测定 定电位电解法》（HJ 693—2014）	（1）废气被抽入主要由电解槽、电解液和电极组成的传感器中，NO 或 NO_2 通过渗透膜扩散到电极表面，发生氧化还原反应，产生的极限电流大小与 NO 或 NO_2 浓度成正比。 （2）两个不同的传感器分别测定 NO（结果以 NO_2 计）和 NO_2，两者测定之和为 NO_x（以 NO_2 计）
2	《固定污染源废气 氮氧化物的测定 非分散红外吸收法》（HJ 692—2014）	（1）利用 NO 对红外光谱区，特别是 5.3 μm 波长光的选择性吸收，由朗伯—比尔定律定量 NO 和废气中 NO_2 通过转换器还原为 NO 后的浓度。 （2）一般先将废气通入转换器，将废气中的 NO_2 还原为 NO，再将废气通入非分散红外吸收法仪器进行监测，此时，由 NO_2 转化而来的 NO，将和废气中原有的 NO 一起经过分析测试，测得结果为总的 NO_x（以 NO_2 计）

从表 8-2 中可以看出，常用的有组织废气中 NO_x 监测方法主要包括定电位电解法、非分散红外吸收法两种现场测试方法，这两种方法实现 NO_x 测定的过程方式是有所不同的，但最终监测结果均以 NO_2 计。

（2）注意事项

1）测定结果一般应在校准量程的 20%～100%之间，特别是应注意不能超过校准量程。

2）开展监测活动全过程中，仪器不得关机。

3）非分散红外吸收法测定氮氧化物时，应注意至少每半年做一次 NO_2 的转化效率的测定，转化效率不能低于 85%，否则应更换还原剂；监测活动中，进入转换器 NO_2 浓度不要大于 200 μmol/mol。

8.1.3.3 颗粒物的监测

（1）常见方法

颗粒物的监测一般使用重量法，采用现场采样+实验室分析的监测方式，利用等速采样原理，抽取一定量的含颗粒物的废气，根据所捕集到的颗粒物质量和同时抽取的废气体积，计算出废气中颗粒物的浓度。

目前颗粒物监测方法标准主要有：《固定污染源排气中颗粒物测定与气态污染物采样方法》《固定污染源废气　低浓度颗粒物的测定　重量法》（HJ 836—2017）。根据原环境保护部的相关规定，在测定有组织废气中颗粒物浓度时，应遵循表 8-3 中的规定选择合适的监测方法标准。

表 8-3　常用颗粒物监测标准方法的适用范围

序号	废气中颗粒物浓度范围	适用的标准方法
1	≤20 mg/m³	《固定污染源废气　低浓度颗粒物的测定　重量法》（HJ 836—2017）
2	＞20 mg/m³，且≤50 mg/m³	《固定污染源废气　低浓度颗粒物的测定　重量法》（HJ 836—2017）、《固定污染源排气中颗粒物测定与气态污染物采样方法》（GB/T 16157—1996），均适用

序号	废气中颗粒物浓度范围	适用的标准方法
3	＞50 mg/m^3	《固定污染源排气中颗粒物测定与气态污染物采样方法》（GB/T 16157—1996）

依据《固定污染源排气中颗粒物测定与气态污染物采样方法》进行颗粒物监测时，仅将滤筒作为样品，进行采样前、后的分析称量，依据《固定污染源废气 低浓度颗粒物的测定 重量法》进行低浓度颗粒物监测时，需要将装有滤膜的采样头作为样品，进行采样前、后的整体称量。

（2）注意事项

1）样品采集时，采样嘴应对准气流方向，与气流方向的偏差不得大于 10°；不同于气态污染物，颗粒物在排气筒监测断面（横截面）上的分布是不均匀的，须多点等速采样，各点等时长采样，每个点采样时间不少于 3 min。

2）应选择气流平稳的工况下进行采样。采样前后，排气筒内气流流速变化不应大于 10%，否则应重新测量。

3）每次开展低浓度颗粒物监测时，每批次应采集全程序空白样品。实际监测样品的增重若低于全程序空白样品的增重，则认定该实际监测样品无效，低浓度颗粒物样品采样体积为 1 m^3 时，方法检出限为 1.0 mg/m^3；废气中颗粒物浓度低于方法检出限时，全程序空白样品采样前后重量之差的绝对值不得超过 0.5 mg。

4）采样前后样品称重环境条件应保持一致。低浓度颗粒物样品称重使用的恒温恒湿设备的温度控制在15～30℃任意一点，控温精度±1℃；相对湿度应保持在（50±5）%RH 范围内。

8.1.3.4 汞排放监测

（1）常见方法

废气中汞排放监测时，主要依据《固定污染源废气 汞的测定 冷原子吸收分光光度法（暂行）》（HJ 543—2009）。采用气泡吸收管+烟气采样器进行现场吸收液采集样品，之后送实验室采用冷原子吸收分光光度法进行分析测定。

（2）注意事项

1）由于橡皮管对汞有吸附，采样管与吸收管之间应采用聚乙烯管连接，接口处用聚四氟乙烯生料带密封；

2）当汞浓度较高时，可采用大型冲击式吸收采样瓶。全部玻璃器皿在使用前要用 10%硝酸溶液浸泡过夜或用（1+1）硝酸溶液浸泡 40 min，以除去器壁上吸附的汞。

3）测定样品前必须做试剂空白试验，空白值不超过 0.005 μg 汞。

4）采样结束后，封闭吸收管进出气口，置于样品箱内运输，并注意避光，样品采集后应尽快分析。若不能及时测定，应置于冰箱内 0～4℃保存，5 天内测定。

8.1.3.5　氨排放监测

（1）常用方法

废气中氨排放监测时，主要依据《环境空气和废气 氨的测定 纳氏试剂分光光度法》（HJ 533—2009）。采用气泡吸收管+小流量采样器进行现场吸收液采集样品，之后送实验室采用纳氏试剂分光光度法进行分析测定。

（2）注意事项

1）当烟道气的温度明显高于环境温度时，应对采样管线加热，防止烟气在采样管线中结露。

2）开启采样泵前，确认采样系统的连接正确，采样泵的进气口端通过干燥管（或缓冲管）与采样管的出气口相连，如果接反会导致酸性吸收液倒吸，污染和损坏仪器。万一出现倒吸的情况，应及时将流量计拆下来，用酒精清洗、干燥，并重新安装，经流量校准合格后方可继续使用。

3）为避免采样管中的吸收液被污染，运输和贮存过程中勿将采样管倾斜或倒置，并及时更换采样管的密封接头。

4）采样时，应带采样全程空白吸收管。采样后应尽快分析，以防止吸收空气中的氨。

5）样品中含有三价铁等金属离子、硫化物和有机物时，应注意消除干扰。

8.1.3.6 烟气黑度的监测

（1）常用方法

废气烟气黑度的监测，主要依据《固定污染源排放烟气黑度的测定 林格曼烟气黑度图法》（HJ/T 398—2007）。现场对照林格曼烟气黑度图观测比对。

（2）注意事项

1）观测者与烟囱的距离应足以保证对烟气排放情况清晰的观察。观察者的视线应尽量与烟气飘动的方向垂直，观察排气的仰视角尽可能低，应尽量避免在过于陡峭的角度下观察，观察烟气宜在比较均匀的天空照明下进行。

2）应使用符合规范要求的林格曼烟气黑度图，并注意保持图面的整洁、不被污损或褪色。

3）图片面向观测者，尽可能使图位于观测者至烟囱顶部的连线上，并使图与烟气有相似的天空背景。图距观测者应有足够的距离，以使图上的线条看起来融合在一起，从而使每个方块有均匀的黑度。

4）观察烟气的部位应选择在烟气黑度最大的地方，该部位应没有冷凝水蒸气存在。

8.2 无组织废气监测

8.2.1 监测方式

无组织废气监测是指排污单位对没有经过排气筒无规则排放的废气或者废气虽经排气筒排放但排气筒高度没有达到有组织排放要求的低矮排气筒排放的废气污染物浓度进行监测。

无组织废气排放监测的主要方式为现场采样+实验室分析，与有组织废气的这种方式相同，就是指采用特定仪器采集一定量的无组织废气并妥善保存带回实验室进行分析。主要的采样方式包括现场直接采样法（注射器、气袋、采样管、真空瓶等）和富集（浓缩）采样法（活性炭吸附、滤筒、滤膜捕集、吸收液吸收等），主要的分析方法包括重量法、色谱法、质谱法、分光光度法等。

8.2.2　现场采样

8.2.2.1　现场采样技术要点

无组织废气排放监测的主要参考标准为《大气污染物无组织排放监测技术导则》《大气污染物综合排放标准》和排污单位具体执行的行业标准。

（1）控制无组织排放的基本方式

按照《大气污染物综合排放标准》所作的规定，我国以控制无组织排放所造成的后果来对无组织排放实行监督和限制。采用的基本方式是规定设立监控点（监测点）和规定监控点的污染物浓度限值。在设置监测点时，有的污染物要求除在下风向设置监控点外，还要在上风向设置对照点，监控浓度限值为监控点与参照点的浓度差值。有的污染物要求只在周界外浓度最高点设置监控点。

（2）设置监控点的位置和数目

根据《大气污染物综合排放标准》的规定，二氧化硫、氮氧化物、颗粒物和氟化物的监控点设在无组织排放源下风向 2～50 m 范围内的浓度最高点，相对应的参照点设在排放源上风向 2～50 m 范围内；其余物质的监控点设在单位周界外 10 m 范围内的浓度最高点。按规定监控点最多可设 4 个，参照点只设 1 个。

（3）采样频次的要求

按《大气污染物无组织排放监测技术导则》规定对无组织排放实行监测时，实行连续 1 h 的采样，或者实行在 1 h 内以等时间间隔采集 4 个样品计平均值。在进行实际监测时，为了捕捉到监控点最高浓度的时段，实际安排的采样时间可超过 1 h。

（4）工况的要求

由于大气污染物排放标准对无组织排放实行限制的原则是，在最大负荷下生产和排放，以及在最不利于污染物扩散稀释的条件下，无组织排放监控值不应超过排放标准所规定的限制，因此，监测人员应在不违反上述原则的前提下，选择尽可能高的生产负荷及不利于污染物扩散稀释的条件进行监测。

针对以上基本要求，如果排污单位执行的行业排放标准中对无组织有明确要求的，按照行业标准执行。

8.2.2.2 监测前准备工作

（1）单位基本情况调查

1）主要原、辅材料和主、副产品，相应用量和产量、来源及运输方式等，重点了解用量大和可产生大气污染的材料和产品，列表说明，并予以必要的注释。

2）注意车间和其他主要建筑物的位置和尺寸，有组织和无组织排放口位置及其主要参数，排放污染物的种类和排放速率；单位周界围墙的高度和性质（封闭式或通风式）；单位区域内的主要地形变化等。对单位周界外的主要环境敏感点，包括影响气流运动的建筑物和地形分布；有无排放被测污染物的源存在等进行调查，并标于单位平面布置图中。

3）了解环境保护影响评价、工程建设设计、实际建设的污染治理设施的种类、原理、设计参数、数量以及目前的运行情况等。

（2）无组织排放源基本情况调查

除调查排放污染物的种类和排放速率（估计值）之外，还应重点调查被监测无组织排放源的形状、尺寸、高度及其处于建筑群的具体位置等。

（3）仪器设备准备

按照被测物质的对应标准分析方法中有关无组织排放监测的采样部分所规定仪器设备和试剂做好准备。所用仪器应通过计量监督部门的性能检定合格，并在使用前作必要调试和检查。采样时应注意检查电路系统、气路部分、校正流量计。

（4）监测条件

监测时，被测无组织排放源的排放负荷应处于相对较高，或者处于正常生产和排放状态。主导风向（平均风速）便利于监控点的设置，并可使监控点和被测无组织排放源之间的距离尽可能缩小。通常情况下，选择冬季微风的日期，避开阳光辐射较强烈的中午时段进行监测是比较适宜的。

8.2.3　监测指标测试

各监测指标除遵循本章 8.2.1 监测方式和 8.2.2 现场采样的相关要求外，还应遵循各自的具体要求。

8.2.3.1　恶臭无组织排放监测

恶臭污染物是指一切刺激嗅觉器官引起人们不愉快及损害生活环境的异味气体。

（1）常用方法

无组织废气监测时，臭气浓度监测主要依据的方法标准有《恶臭污染物排放标准》（GB 14554—1993）和《恶臭污染环境监测技术规范》（HJ 905—2017）。臭气浓度的分析方法采用《空气质量　恶臭的测定　三点比较式臭袋法》（GB/T 14675—1993）。

（2）监测点位

恶臭的无组织排放采样点一般设置在厂界，在工厂厂界的下风向或有臭气方位的边界线上。在实际监测过程中，可以参照《大气污染物无组织排放监测技术导则》的规定，在厂界（距离臭气无组织排放源较近处）下风向设置，一般设置 3 个点位，根据风向变化情况可适当增加或减少监测点位。当围墙通透性很好时，可紧靠围墙外侧设监控点；当围墙的通透性不好时，也可紧靠围墙设置监控点，但采气口要抬高出围墙 20～30cm；当围墙通透性不好，又不便于把采气口抬高时，为避开围墙造成的涡流区，应将监控点设于距离围墙 1.5～2.0 倍围墙高度的地方，且距地面 1.5 m 的地方。具体设置时，应避免周边环境的影响，包括花丛树木、污水沟渠、垃圾收集点等。

现场监测时，无组织排放源与下风向周界之间，如果存在阻挡气流运动的建筑、树木等物质，监测人员可以根据具体的地形、气象条件研究和分析，发挥创造性，综合确定采样点位，以保证获取污染物最大排放浓度值。

（3）监测指标

《恶臭污染物排放标准》中给出 9 种污染物限值，污染物分别是氨、三甲胺、硫化氢、甲硫醇、甲硫醚、二甲二硫、二硫化碳、苯乙烯和臭气浓度，在开展恶臭无组织监测时，一般监测臭气浓度指标，如技术规范、监测指南或环境管理有特殊要求的，再增加具体特征污染物指标的监测。

（4）分析方法

恶臭无组织采样方法参照《大气污染物无组织排放监测技术导则》。

恶臭污染物的分析方法见表 8-4。

表 8-4　恶臭浓度及恶臭污染物监测方法

序号	控制项目	测定方法
1	氨	《环境空气和废气 氨的测定 纳氏试剂分光光度法》（HJ 533—2009）
		《环境空气 氨的测定 次氯酸钠—水杨酸分光光度法》（HJ 534—2009）
2	三甲胺	《空气质量 三甲胺的测定 气相色谱法》（GB/T 14676—1993）
3	硫化氢	《空气质量 硫化氢、甲硫醇、甲硫醚和二甲二硫的测定 气相色谱法》（GB/T 14678—1993）
4	甲硫醇	《环境空气 挥发性有机物的测定罐采样/气相色谱—质谱法》（HJ 759—2015）
		《空气质量 硫化氢、甲硫醇、甲硫醚和二甲二硫的测定 气相色谱法》（GB/T 14678—1993）
5	甲硫醚	《环境空气 挥发性有机物的测定罐采样/气相色谱—质谱法》（HJ 759—2015）
		《空气质量 硫化氢、甲硫醇、甲硫醚和二甲二硫的测定 气相色谱法》（GB/T 14678—1993）
6	二甲二硫	《空气质量 硫化氢、甲硫醇、甲硫醚和二甲二硫的测定 气相色谱法》（GB/T 14678—1993）

序号	控制项目	测定方法
7	二硫化碳	《环境空气 挥发性有机物的测定罐采样/气相色谱—质谱法》（HJ 759—2015）
		《空气质量 二硫化碳的测定 二乙胺分光光度法》（GB/T 14680—1993）
8	苯乙烯	《环境空气 挥发性有机物的测定罐采样/气相色谱—质谱法》（HJ 759—2015）
		《环境空气 苯系物的测定 固体吸附/热脱附—气相色谱法》（HJ 583—2010 代替 GB/T 14677—1993）
9	臭气浓度	《空气质量 恶臭的测定 三点比较式臭袋法》（GBT 14675—1993）

8.2.3.2 氯化氢无组织排放监测

（1）常用方法

无组织废气监测时，氯化氢浓度监测主要依据《环境空气和废气 氯化氢的测定 离子色谱法》（HJ 549—2016）。

（2）监测点位

对于采用含氯漂白工艺的排污单位，监测时在漂白车间或二氧化氯制备车间外（参照厂界布点原则）布点。根据风向变化情况可适当增加或减少监测点位，以保证获取污染物最大浓度值。

（3）注意事项

1）吸收瓶、连接管及各器皿均应用实验用水反复洗涤并防止被污染，操作中应防止自来水、空气微尘及手上氯化物的干扰。

2）采样时，采样器与滤膜夹、滤膜夹与吸收瓶、吸收瓶之间的连接管均应尽可能短，并检查系统的气密性和可靠性。将滤膜置于滤膜夹内，串联两支各装 10 ml 去离子水作为吸收液的 25 ml 冲击式吸收瓶，与空气采样器连接。以 0.5～1.0 L/min 的采样流量，连续 1 h 采样，或在 1 h 内以等时间间隔采集 3～4 个样品计平均值，如浓度偏低可适当延长采样时间，采样前后流量偏差应≤5%。

3）颗粒态氯化物对测定有干扰，采样时可用聚四氟乙烯滤膜或石英滤膜去除其干扰。氯气对测定有干扰，使用酸性吸收液串联碱性吸收液采样，分别吸收氯化氢和氯气可去除其干扰。每次采集样品应至少带两套全程序空白样品。将同批次装好吸收液的吸收瓶带至采样现场，不与采样器连接，采样结束后带回实验室待测。

4）样品采集后用连接管密封吸收瓶，于 4℃以下冷藏保存，48 h 内完成分析测定。如不能及时分析，应将样品转移至聚乙烯瓶中，于 4℃以下冷藏可保存 7 天。

5）每次分析样品结束后，应用淋洗液清洗仪器管路。实验结束后用实验用水清洗仪器泵及抑制器，以免受到淋洗液腐蚀。如出现仪器分析精度下降，应检查柱效及抑制器工作状态，必要时进行更换，以确保分析数据的准确性。

8.2.3.3 其他污染物无组织排放监测

（1）监控点布设方法

根据《大气污染物综合排放标准》的规定，监控点布设方法有两种：

1）在排放源上、下风向分别设置参照点和监控点的方法：对于 1997 年 1 月 1 日之前设立的污染源，监测 SO_2、NO_x、颗粒物和氟化物污染物无组织排放时，在排放源的上风向设参照点，下风向设监控点，监控点设于排放源下风向的浓度最高点，不受单位周界的限制。

2）在单位周界外设置监控点的方法：对于 1997 年 1 月 1 日之后设立的污染源，监测其污染物无组织排放时，监控点设置在单位周界外污染物浓度最高点处，监控点设置方法参照《大气污染物无组织排放监测技术导则》标准文本中条目 9.1。对于 1997 年 1 月 1 日之前设立的污染源，监测除 SO_2、NO_x、颗粒物和氟化物之外的污染物无组织排放时，也用此方法布设监控点。

设置参照点的原则要求：参照点应不受或尽可能少受被测无组织排放源的影响，参照点要力求避开其近处的其他无组织排放源和有组织排放源的影响，尤其要注意避开那些可能对参照点造成明显影响而同时对监控点无明显影响的排放源；参照点的设置，要以能够代表监控点的污染物本底浓度为原则。具体设置方法参见《大气污染物无组织排放监测技术导则》标准文本中条目 9.2.1。

设置监控点的原则要求：监控点应设置于无组织排放下风向，距排放源 2～50 m 范围内的浓度最高点。设置监控点是不需要回避其他源的影响。具体设置方法参见《大气污染物无组织排放监测技术导则》标准文本中条目 9.2.2。

3）复杂情况下的监控点设置

在特别复杂的情况下，不可能单独运用上述各点的内容来设置监控点，需对情况作仔细分析，综合运用《大气污染物综合排放标准》和《大气污染物无组织排放监测技术导则》的有关条款设置监控点。同时，也不大可能对污染物的运动和分布作确切的描述并得出确切的结论，此时监测人员应尽可能利用现场可利用的条件，如利用无组织排放废气的颜色、嗅味、烟雾分布、地形特点等，甚至采用人造烟源或其他情况，借以分析污染物的运动和可能的浓度最高点，并据此设置监控点。

（2）样品采集

1）有与大气污染物排放标准相配套的国家标准分析方法的污染物项目，应按照配套标准分析方法中适用于无组织排放采样的方法执行；

2）尚缺少配套标准分析方法的污染物项目，应按照环境空气监测方法中的采样要求进行采样；

3）无组织排放监测的采样频次，参见本章 8.2.2.1（3）。

（3）分析方法

1）有与大气污染物排放标准相配套的国家标准分析方法的污染物项目，应按照配套标准分析方法（其中适用于无组织排放部分）执行；

2）个别没有配套标准分析方法的污染物项目，应按照适用于环境空气监测的标准分析方法执行。

（4）计值方法

1）在污染源单位周界外设监控点的监测结果，以最多 4 个监控点中的测定浓度最高点的测值作为无组织排放监控浓度值。注意：浓度最高点的测值应是 1 h

连续采样或由等时间间隔采集的 4 个样品所得的 1 h 平均值；

2）在无组织排放源上、下风向分别设置参照点和监控点的监测结果，以最多 4 个监控点中的浓度最高点测值扣除参照点测值所得之差值，作为无组织排放监控浓度值。注意：监控点和参照点测值是指 1 h 连续采样或由等时间间隔采集的 4 个样品所得的 1 h 平均值。

第 9 章　废气自动监测建设及运维技术要点

随着蓝天保卫战的打响，大气污染防治工作继续向纵深推进，废气自动监测系统因其实时、自动等功能，在环境管理中发挥着越来越大的作用。如何确保废气自动监测数据能够有效应用，这就要求排污单位加强废气自动监测系统的运维和管理，使其能够稳定、良好的运行。本章基于《固定污染源烟气（SO_2、NO_x、颗粒物）排放连续监测技术规范》《固定污染源烟气（SO_2、NO_x、颗粒物）排放连续监测系统技术要求及检测方法》标准，对废气自动监测系统的建设、验收、运行维护应注意的技术要点进行了梳理。

9.1　自动监测系统

废气自动监测系统通常是指烟气排放连续监测系统（Continuous Emission Monitoring System，CEMS），能够对固定污染源排放的颗粒物和（或）气态污染物的排放浓度和排放量进行连续、实时的自动监测。连续监测固定污染源烟气参数所需要的全部设备组成连续监测系统（Continuous Monitoring System，CMS）。

一套完整的 CEMS 主要包括：颗粒物监测单元、气态污染物监测单元、烟气参数监测单元、数据采集与传输单元以及相应的建筑设施等组成。

颗粒物监测单元：主要对排放烟气中的烟尘浓度进行测量。

气态污染物监测单元：主要对排放烟气中 SO_2、NO_x、CO、HCl 等气态形式存在的污染物进行监测。

烟气参数监测单元：主要对排放烟气的温度、压力、湿度、含氧量等参数进行监测，用于污染物排放量的计算以及将污染物的浓度转化成标准干烟气状态和排放标准中规定的过剩空气系数下的浓度。

数据采集与传输单元：主要完成测量数据的采集、存储、统计功能，并按相关标准要求的格式将数据传输到环境监管部门。

对于配有锅炉或危险废物焚烧炉的制药排污单位，废气自动监测时主要包活烟尘、SO_2、NO_x，还有 CO、HCl 等主要污染物的自动监测。在选择 CEMS 时，应选择能测量烟气中烟尘、SO_2、NO_x，还有 CO、HCl 浓度，同时还要测量烟气参数（温度、压力、流速或流量、湿度、含氧量等），能够计算出烟气中污染物的排放速率和排放量，显示（可支持打印）和记录各种数据和参数，形成相关图表，并通过数据、图文等方式传输至管理部门等功能。

对于氮氧化物监测单元，NO_2 可以直接测量，也可通过转化炉转化为 NO 后一并测量，但不允许只监测烟气中的 NO，NO_2 转换为 NO 的效率不小于 95%。

排污单位在进行自动监控系统安装选型时，应当根据国家对每个监测设备的具体技术要求进行选型安装。选型安装在线监测仪器时，应根据污染物浓度和排放标准，选择检测范围与之匹配的在线监测仪器，监测仪器满足国家对应仪器的技术要求。如 SO_2、NO_x、颗粒物应符合《固定污染源烟气（SO_2、NO_x、颗粒物）排放连续监测技术规范》和《固定污染源烟气（SO_2、NO_x、颗粒物）排放连续监测系统技术要求及检测方法》等相关规范要求。选型安装数据传输设备时，应按照《污染物在线监控（监测）系统数据传输标准》和《污染源在线自动监控（监测）数据采集传输仪技术要求》规范要求设置，不得添加其他可能干扰监测数据存储、处理、传输的软件或设备。

在污染源自动监测设备建设、联网和管理过程中，如果当地管理部门有相关规定的，应同时参考地方的规定要求。如上海市环保局于 2017 年发布了《上海市固定污染源自动监测建设、联网、运维和管理有关规定》。

9.2 现场安装要求

CEMS 的现场安装主要涉及现场监测站房、废气排放口、自动监控点位设置及监测断面等内容。现场监测站房必须能满足仪器设备功能需求且专室专用，保障供电、给排水、温湿度控制、网络传输等必需的运行条件，配备安装必要的电源、通讯网络、温湿度控制、视频监视和安全防护设施；排放口应设置符合 GB 15562.1 要求的环境保护图形标志牌。排放口的设置应按照生态环境部和地方生态环境主管部门的相关要求，进行规范化设置；自动监控点位的选取应尽可能选取固定污染源烟气排放状况有代表性的点位。具体要求见第 5 章的 5.3 节的相关部分内容。

9.3 调试检测

CEMS 在现场安装运行以后，在接受验收前，应对其进行技术性能指标和联网情况的调试检测。

9.3.1 技术指标调试检测

CEMS 在进行调试检测工作时，需认真记录调试过程中出现的自动监测数据，同时编制调试报告并加盖公章存档。具体要求如下：

在现场完成 CEMS 安装、初调之后，CEMS 连续运行时间不少于 168 h。连续运行 168 h 后可开展调试检测，调试检测周期为 72 h。需要注意的是，调试检测期间不允许出现计划外的检修和调节仪器，一旦因不可预期的故障（如 CEMS 故障、固定污染源故障或断电等）造成调试中断，排污单位应在恢复正常后重新开始为期 72 h 的调试检测。

调试检测的技术指标包括：

1）颗粒物 CEMS：零点漂移、量程漂移、线性相关系数、置信区间、允许区间。

2）气态污染物 CEMS 和氧气 CMS：零点漂移、量程漂移、示值误差、系统响应时间、准确度。

3）流速 CMS：速度场系数、速度场系数精密度。

4）温度 CMS：准确度。

5）湿度 CMS：准确度。

9.3.2 联网调试检测

完成 CEMS 设备安装、调试后，15 天内按照《污染物在线监控（监测）系统数据传输标准》技术要求，将在线监测仪器输出的监测数据通过数据采集传输仪上传至生态环境部门自动监测平台，数据采集传输仪要求至少稳定运行一个月，且向上位机发送数据准确、及时。

9.4 验收要求

同废水自动监测设备一样，CEMS 在完成安装、调试检测并与环保部门联网后，同时符合下列要求后，建设方组织仪器供应商、管理部门等相关方实施技术验收工作，并编制在线验收报告。验收主要内容应包括在线监测仪器的技术指标验收和联网验收。验收前废气自动监测系统应满足如下条件：

1）CEMS 的安装位置及手工采样位置应符合本章 9.2.2 节的要求。

2）数据采集和传输以及通信协议均应符合《污染物在线监控（监测）系统数据传输标准》的要求，并提供一个月内数据采集和传输自检报告，报告应对数据传输标准的各项内容做出响应。

3）根据本章 9.3.1 节的要求进行 72 h 的调试检测，并提供调试检测合格报告及调试检测结果数据。

4）调试检测后至少稳定运行 7 天。

9.4.1　技术指标验收

9.4.1.1　验收要求

CEMS 技术指标验收包括颗粒物 CEMS、气态污染物 CEMS、烟气参数 CMS 技术指标。符合下列要求后，即可进行技术指标验收。

1）现场验收期间，生产设备应正常且稳定运行，可通过调节固定污染源烟气净化设备达到某一排放状况，该状况在测试期间应保持稳定。

2）日常运行中更换 CEMS 分析仪表或变动 CEMS 取样点位时，应进行再次验收。

3）现场验收时必须采用有证标准物质或标准样品，较低浓度的标准气体可以使用高浓度的标准气体采用等比例稀释方法获得，等比例稀释装置的精密度在 1% 以内。标准气体要求贮存在铝或不锈钢瓶中，不确定度不超过±2%。

4）对于光学法颗粒物 CEMS，校准时须对实际测量光路进行全光路校准，确保发射光先经过出射镜片，再经过实际测量光路，到校准镜片后，再经过入射镜片到达接受单元，不得只对激光发射器和接收器进行校准。对于抽取式气态污染物 CEMS，当对全系统进行零点校准和量程校准、示值误差和系统响应时间的检测时，零气和标准气体应通过预设管线输送至采样探头处，经由样品传输管线回到站房，经过全套预处理设施后进入气体分析仪。

5）验收前检查直接抽取式气态污染物采样伴热管的设置，从探头到分析仪的整条采样管线的铺设应采用桥架或穿管等方式，保证整条管线具有良好的支撑。管线倾斜度≥5°，防止管线内积水，在每隔 4～5 m 处装线卡箍。使用的伴热管线应具备稳定、均匀加热和保温的功能，其设置加热温度≥120℃，且应高于烟气露点温度 10℃以上，实际温度值应能够在机柜或系统软件中显示查询。冷干法 CEMS 冷凝器的设置和实际控制温度应保持在 2～6℃。

9.4.1.2 验收内容

颗粒物CEMS技术指标验收包括颗粒物的零点漂移、量程漂移和准确度验收。气态污染物CEMS和氧气CMS技术指标验收包括零点漂移、量程漂移、示值误差、系统响应时间和准确度验收。

现场验收时，先做示值误差和系统响应时间的验收测试，不符合技术要求的，可不再继续开展其余项目验收。

通入零气和标气时，均应通过CEMS系统，不得直接通入气体分析仪。

示值误差、系统响应时间、零点漂移和量程漂移验收技术需满足表9-1要求。

表9-1 示值误差、系统响应时间、零点漂移和量程漂移验收技术要求

检测项目			技术要求
气态污染物CEMS	SO_2	示值误差	当满量程≥100 μmol/mol（286 mg/m^3）时，示值误差不超过±5%（相对于标准气体标称值）； 当满量程<100 μmol/mol（286 mg/m^3）时，示值误差不超过±2.5%（相对于仪表满量程值）
		系统响应时间	≤200s
		零点漂移、量程漂移	不超过±2.5%
	NO_x	示值误差	当满量程≥200 μmol/mol（410 mg/m^3）时，示值误差不超过±5%（相对于标准气体标称值）； 当满量程<200 μmol/mol（410 mg/m^3）时，示值误差不超过±2.5%（相对于仪表满量程值）
		系统响应时间	≤200s
		零点漂移、量程漂移	不超过±2.5%
氧气CMS	O_2	示值误差	±5%（相对于标准气体标称值）
		系统响应时间	≤200s
		零点漂移、量程漂移	不超过±2.5%
颗粒物CEMS	颗粒物	零点漂移、量程漂移	不超过±2.0%

注：氮氧化物以NO_2计。

准确度验收技术需满足表 9-2 要求。

表 9-2　准确度验收技术要求

检测项目			技术要求
气态污染物 CEMS	SO_2	准确度	排放浓度≥250 μmol/mol（715 mg/m^3）时，相对准确度≤15%
			50 μmol/mol（143 mg/m^3）≤排放浓度＜250 μmol/mol（715 mg/m^3）时，绝对误差不超过±20 μmol/mol（57 mg/m^3）
			20 μmol/mol（57 mg/m^3）≤排放浓度＜50 μmol/mol（143 mg/m^3）时，相对误差不超过±30%
			排放浓度＜20 μmol/mol（57 mg/m^3）时，绝对误差不超过±6 μmol/mol（17 mg/m^3）
	NO_x	准确度	排放浓度≥250 μmol/mol（513 mg/m^3）时，相对准确度≤15%
			50 μmol/mol（103 mg/m^3）≤排放浓度＜250 μmol/mol（513 mg/m^3）时，绝对误差不超过±20 μmol/mol（41 mg/m^3）
			20 μmol/mol（41 mg/m^3）≤排放浓度＜50 μmol/mol（103 mg/m^3）时，相对误差不超过±30%
			排放浓度＜20 μmol/mol（41 mg/m^3）时，绝对误差不超过±6 μmol/mol（12 mg/m^3）
	其他气态污染物	准确度	相对准确度≤15%
氧气 CMS	O_2	准确度	＞5.0%时，相对准确度≤15%
			≤5.0%时，绝对误差不超过±1.0%
颗粒物 CEMS	颗粒物	准确度	排放浓度＞200 mg/m^3 时，相对误差不超过±15%
			100 mg/m^3＜排放浓度≤200 mg/m^3 时，相对误差不超过±20%
			50 mg/m^3＜排放浓度≤100 mg/m^3 时，相对误差不超过±25%
			20 mg/m^3＜排放浓度≤50 mg/m^3 时，相对误差不超过±30%
			10 mg/m^3＜排放浓度≤20 mg/m^3 时，绝对误差不超过±6 mg/m^3
			排放浓度≤10 mg/m^3，绝对误差不超过±5 mg/m^3
流速 CMS	流速	准确度	流速>10 m/s 时，相对误差不超过±10%
			流速≤10 m/s 时，相对误差不超过±12%
温度 CMS	温度	准确度	绝对误差不超过±3℃
湿度 CMS	湿度	准确度	烟气湿度>5.0%时，相对误差不超过±25%
			烟气湿度≤5.0%时，绝对误差不超过±1.5%

注：NO_x 以 NO_2 计，以上各参数区间划分以参比方法测量结果为准。

9.4.2 联网验收

联网验收由通信及数据传输验收、现场数据比对验收和联网稳定性验收 3 部分组成。

9.4.2.1 通信及数据传输验收

按照《污染物在线监控（监测）系统数据传输标准》的规定检查通信协议的正确性。数据采集和处理子系统与监控中心之间的通信应稳定，不出现经常性的通信连接中断、报文丢失、报文不完整等通信问题。为保证监测数据在公共数据网上传输的安全性，所采用的数据采集和处理子系统应进行加密传输。监测数据在向监控系统传输的过程中，应由数据采集和处理子系统直接传输。

9.4.2.2 现场数据比对验收

数据采集和处理子系统稳定运行 1 个星期后，对数据进行抽样检查，对比上位机接收到的数据和现场机存储的数据是否一致，精确至 1 位小数。

9.4.2.3 联网稳定性验收

在连续 1 个月内，子系统能稳定运行，不出现除通信稳定性、通信协议正确性、数据传输正确性以外的其他联网问题。

9.4.2.4 联网验收技术指标要求

指标要求见表 9-3。

表 9-3 联网验收技术指标要求

验收检测项目	考核指标
通信稳定性	（1）现场机在线率为 95%以上。 （2）正常情况下，掉线后，应在 5 min 之内重新上线。 （3）单台数据采集传输仪每日掉线次数在 3 次以内。

验收检测项目	考核指标
通信稳定性	(4) 报文传输稳定性在 99%以上，当出现报文错误或丢失时，启动纠错逻辑，要求数据采集传输仪重新发送报文
数据传输安全性	(1)对所传输的数据应按照 HJ 212 中规定的加密方法进行加密处理传输，保证数据传输的安全性。 (2) 服务器端对请求连接的客户端进行身份验证
通信协议正确性	现场机和上位机的通信协议应符合 HJ 212 的规定，正确率 100%
数据传输正确性	系统稳定运行 1 个星期后，对 1 个星期的数据进行检查，对比接收的数据和现场的数据一致，精确至 1 位小数，抽查数据正确率 100%
联网稳定性	系统稳定运行 1 个月，不出现除通信稳定性、通信协议正确性、数据传输正确性以外的其他联网问题

9.5　运行管理要求

废气自动监测系统通过验收后，CEMS 设备即被认定为已处于正常运行状态，设备运行维护单位应按照相关技术规范的要求做好日常运行管理工作。

9.5.1　总体要求

CEMS 运维单位应根据 CEMS 使用说明书和本章节要求编制仪器运行管理规程，确定系统运行操作人员和管理维护人员的工作职责。运维人员应当熟练掌握烟气排放连续监测仪器设备的原理、使用和维护方法。CEMS 日常运行管理应包括日常巡检、日常维护保养和 CEMS 的校准和检验。

9.5.2　管理制度

运维单位应建立 CEMS 运行维护管理制度，主要包括设备操作、使用和维护保养制度；运行、巡检和定期校准、校验制度；标准物质和易耗品的定期更换制度；设备故障及应急处理制度；自动监测数据分析记录、统计制度等一系列管理制度。

9.5.3　日常巡检

CEMS 运维单位应根据本章节要求和仪器使用说明中的相关要求制定巡检规

程，并严格按照规程开展日常巡检工作并做好记录。日常巡检记录应包括检查项目、检查日期、被检项目的运行状态等内容，每次巡检应记录并归档。CEMS 日常巡检时间间隔不超过 7 天。

日常巡检可参照《固定污染源烟气（SO_2、NO_x、颗粒物）排放连续监测技术规范》附录 G 中的表 G.1～表 G.3 表格形式记录。

9.5.4 日常维护保养

运维单位应根据 CEMS 说明书的要求对 CEMS 系统保养内容、保养周期或耗材更换周期等做出明确规定，每次保养情况应记录并归档。每次进行备件或材料更换时，更换的备件或材料的品名、规格、数量等应记录并归档。如更换有证标准物质或标准样品，还需记录新标准物质或标准样品的来源、有效期和浓度等信息。对日常巡检或维护保养中发现的故障或问题，运维人员应及时处理并记录。

CEMS 日常运行管理参照《固定污染源烟气（SO_2、NO_x、颗粒物）排放连续监测技术规范》附录 G 中的格式记录。

9.5.5 校准和检验

运维单位应根据 9.6 节规定的方法和质量保证规定的周期制定 CEMS 系统的日常校准和校验操作规程。校准和校验记录应及时归档。

9.6 质量保证要求

9.6.1 总体要求

CEMS 日常运行质量保证是保障 CEMS 正常稳定运行、持续提供有质量保证监测数据的必要手段。当 CEMS 不能满足技术指标而失控时，应及时采取纠正措施，并应缩短下一次校准、维护和校验的间隔时间。

9.6.2　定期校准

CEMS 运行过程中的定期校准是质量保证中的一项重要工作，定期校准应做到：

1）具有自动校准功能的颗粒物 CEMS 和气态污染物 CEMS 每 24 h 至少自动校准一次仪器零点和量程，同时测试并记录零点漂移和量程漂移。

2）无自动校准功能的颗粒物 CEMS 每 15 天至少校准一次仪器的零点和量程，同时测试并记录零点漂移和量程漂移。

3）无自动校准功能的直接测量法气态污染物 CEMS 每 15 天至少校准一次仪器的零点和量程，同时测试并记录零点漂移和量程漂移。

4）无自动校准功能的抽取式气态污染物 CEMS 每 7 天至少校准一次仪器零点和量程，同时测试并记录零点漂移和量程漂移。

5）抽取式气态污染物 CEMS 每 3 个月至少进行一次全系统的校准，要求零气和标准气体从监测站房发出，经采样探头末端与样品气体通过的路径（应包括采样管路、过滤器、洗涤器、调节器、分析仪表等）一致，进行零点和量程漂移、示值误差和系统响应时间的检测。

6）具有自动校准功能的流速 CMS 每 24 h 至少进行一次零点校准，无自动校准功能的流速 CMS 每 30 天至少进行一次零点校准。

7）校准技术指标应满足表 9-4 要求。定期校准记录按《固定污染源烟气（SO_2、NO_x、颗粒物）排放连续监测技术规范》附录 G 中的表 G.4 表格形式记录。

表 9-4　CEMS 定期校准校验技术指标要求及数据失控时段的判别

<table>
<tr><th>项目</th><th>CEMS 类型</th><th>校准功能</th><th>校准周期</th><th>技术指标</th><th>技术指标要求</th><th>失控指标</th><th>最少样品数/对</th></tr>
<tr><td rowspan="4">定期校准</td><td rowspan="4">颗粒物 CEMS</td><td rowspan="2">自动</td><td rowspan="2">24h</td><td>零点漂移</td><td>不超过±2.0%</td><td>超过±8.0%</td><td rowspan="4">—</td></tr>
<tr><td>量程漂移</td><td>不超过±2.0%</td><td>超过±8.0%</td></tr>
<tr><td rowspan="2">手动</td><td rowspan="2">15d</td><td>零点漂移</td><td>不超过±2.0%</td><td>超过±8.0%</td></tr>
<tr><td>量程漂移</td><td>不超过±2.0%</td><td>超过±8.0%</td></tr>
</table>

项目	CEMS 类型		校准功能	校准周期	技术指标	技术指标要求	失控指标	最少样品数/对
定期校准	气态污染物 CEMS	抽取测量或直接测量	自动	24h	零点漂移	不超过±2.5%	超过±5.0%	
					量程漂移	不超过±2.5%	超过±10.0%	
		抽取测量	手动	7d	零点漂移	不超过±2.5%	超过±5.0%	
					量程漂移	不超过±2.5%	超过±10.0%	
		直接测量	手动	15d	零点漂移	不超过±2.5%	超过±5.0%	
					量程漂移	不超过±2.5%	超过±10.0%	
	流速 CMS		自动	24h	零点漂移或绝对误差	零点漂移不超过±3.0%或绝对误差不超过±0.9 m/s	零点漂移超过±8.0%且绝对误差超过±1.8 m/s	—
			手动	30d	零点漂移或绝对误差	零点漂移不超过±3.0%或绝对误差不超过±0.9 m/s	零点漂移超过±8.0%且绝对误差超过±1.8 m/s	—
	颗粒物 CEMS		3 个月或 6 个月		准确度	满足本标准 9.3.8	超过本标准 9.3.8 规定范围	5
	气态污染物 CEMS							9
	流速 CMS							5

9.6.3 定期维护

CEMS 运行过程中的定期维护是日常巡检的一项重要工作，维护频次按照《固定污染源烟气（SO_2、NO_x、颗粒物）排放连续监测技术规范》中附表 G.1～表 G.3 说明的进行，定期维护应做到：

1）污染源停运到开始生产前应及时到现场清洁光学镜面。

2）定期清洗隔离烟气与光学探头的玻璃视窗，检查仪器光路的准直情况；定期对清吹空气保护装置进行维护，检查空气压缩机或鼓风机、软管、过滤器等部件。

3）定期检查气态污染物 CEMS 的过滤器、采样探头和管路的结灰和冷凝水情况、气体冷却部件、转换器、泵膜老化状态。

4）定期检查流速探头的积灰和腐蚀情况、反吹泵和管路的工作状态。

5）定期维护记录按《固定污染源烟气（SO_2、NO_x、颗粒物）排放连续监测技术规范》附录 G 中的表 G.1～表 G.3 表格形式记录。

9.6.4　定期校验

CEMS 投入使用后，燃料、除尘效率的变化、水分的影响、安装点的振动等都会对测量结果的准确性产生影响。定期校验应做到：

1）有自动校准功能的测试单元每 6 个月至少做一次校验，没有自动校准功能的测试单元每 3 个月至少做一次校验；校验用参比方法和 CEMS 同时段数据进行比对，按《固定污染源烟气（SO_2、NO_x、颗粒物）排放连续监测技术规范》进行。

2）校验结果应符合表 9-4 要求，不符合时，则应扩展为对颗粒物 CEMS 的相关系数的校正或/和评估气态污染物 CEMS 的准确度或/和流速 CMS 的速度场系数（或相关性）的校正，直到 CEMS 达到表 9-2 要求，方法见 HJ 75—2017 附录 A。

3）定期校验记录按《固定污染源烟气（SO_2、NO_x、颗粒物）排放连续监测技术规范》附录 G 中的表 G.5 表格形式记录。

9.6.5　常见故障分析及排除

当 CEMS 发生故障时，系统管理维护人员应及时处理并记录。设备维修记录见《固定污染源烟气（SO_2、NO_x、颗粒物）排放连续监测技术规范》附录 G 中的表 G.6。维修处理过程中，要注意以下几点：

1）CEMS 需要停用、拆除或者更换的，应当事先报经主管部门批准。

2）运维单位发现故障或接到故障通知，应在 4 h 内赶到现场进行处理。

3）对于一些容易诊断的故障，如电磁阀控制失灵、膜裂损、气路堵塞、数据采集仪死机等，可携带工具或者备件到现场进行针对性维修，此类故障维修时间不应超过 8 h。

4）仪器经过维修后，在正常使用和运行之前应确保维修内容全部完成，性能通过检测程序，按本章 9.6.2 节对仪器进行校准检查。若监测仪器进行了更换，在正常使用和运行之前应对系统进行重新调试和验收。

5）若数据存储/控制仪发生故障，应在 12 h 内修复或更换，并保证已采集的数据不丢失。

6）监测设备因故障不能正常采集、传输数据时，应及时向主管部门报告，缺失数据按本章 9.7.2 节之（2）进行处理。

9.6.6 定期校准校验技术指标要求及数据失控时段的判别与修约

1）CEMS 在定期校准、校验期间的技术指标要求及数据失控时段的判别标准见表 9-4。

2）当发现任一参数不满足技术指标要求时，应及时按照本规范及仪器说明书等的相关要求，采取校准、调试乃至更换设备重新验收等纠正措施直至满足技术指标要求为止。当发现任一参数数据失控时，应记录失控时段（从发现失控数据起到满足技术指标要求后止的时间段）及失控参数，并进行数据修约。

9.7 数据审核和处理

9.7.1 数据审核

固定污染源生产状况下，经验收合格的 CEMS 正常运行时段为 CEMS 数据有效时间段。CEMS 非正常运行时段（如 CEMS 故障期间、维修期间、超过本章 9.6.2 节规定的期限未校准时段、失控时段以及有计划的维护保养、校准等时段）均为 CEMS 数据无效时间段。

污染源计划停运时长在一个季度以内的，不得停运 CEMS，日常巡检和维护要求仍按照本章 9.5 节和 9.6 节规定执行；计划停运超过一个季度的，可停运 CEMS，但应报当地环保部门备案。污染源启运前，应提前启运 CEMS 系统，并进行校准，在污染源启运后的两周内进行校验，满足表 9-4 技术指标要求的，视为启运期间自动监测数据有效。

9.7.2　数据无效时间段数据处理

1）CEMS 故障期间、维修时段数据按照本章 9.7.2 节之（2）处理，超期未校准、失控时段数据按照本章 9.7.2 节之（3）处理，有计划（质量保证/质量控制）的维护保养、校准等时段数据按照本章 9.7.2 节之（4）处理。

2）CEMS 因发生故障需停机进行维修时，其维修期间的数据替代按本章 9.7.2 节之（4）处理；亦可以用参比方法监测的数据替代，频次不低于一天一次，直至 CEMS 技术指标调试到符合表 9-1 和表 9-2 时为止。如使用参比方法监测的数据替代，则监测过程应按照《固定污染源排气中颗粒物与气态污染物采样方法》和《固定源废气监测技术规范》要求进行，替代数据包括污染物浓度、烟气参数和污染物排放量。

3）CEMS 系统数据失控时段污染物排放量按照表 9-5 进行修约，污染物浓度和烟气参数不修约。CEMS 系统超期未校准的时段视为数据失控时段，污染物排放量按照表 9-5 进行修约，污染物浓度和烟气参数不修约。

表 9-5　失控时段的数据处理方法

季度有效数据捕集率α	连续失控小时数 N/h	修约参数	选取值
$\alpha \geqslant 90\%$	$N \leqslant 24$	SO_2、NO_x、颗粒物的排放量	上次校准前 180 个有效小时排放量最大值
	$N > 24$		上次校准前 720 个有效小时排放量最大值
$75\% \leqslant \alpha < 90\%$	—		上次校准前 2 160 个有效小时排放量最大值

4）CEMS 系统有计划（质量保证/质量控制）的维护保养、校准及其他异常导致的数据无效时段，该时段污染物排放量按照表 9-6 处理，污染物浓度和烟气参数不修约。

表 9-6　维护期间和其他异常导致的数据无效时段的处理方法

<table>
<tr><th>季度有效数据捕集率α</th><th>连续无效小时数 N/h</th><th>修约参数</th><th>选取值</th></tr>
<tr><td rowspan="2">α≥90%</td><td>N≤24</td><td rowspan="3">SO_2、NO_x、颗粒物的排放量</td><td>失效前 180 个有效小时排放量最大值</td></tr>
<tr><td>N>24</td><td>失效前 720 个有效小时排放量最大值</td></tr>
<tr><td>75%≤α<90%</td><td>—</td><td>失效前 2 160 个有效小时排放量最大值</td></tr>
</table>

9.7.3　数据记录与报表

9.7.3.1　记录

按《固定污染源烟气（SO_2、NO_x、颗粒物）排放连续监测技术规范》附录 D 的表格形式记录监测结果。

9.7.3.2　报表

按《固定污染源烟气（SO_2、NO_x、颗粒物）排放连续监测技术规范》附录 D（表 D.9、表 D.10、表 D.11、表 D.12）的表格形式定期将 CEMS 监测数据上报，报表中应给出最大值、最小值、平均值、排放累计量以及参与统计的样本数。

第 10 章　厂界环境噪声及周边环境影响监测

厂界环境噪声和周边环境质量监测应按照相关的标准和规范开展。对于厂界噪声而言，重点是监测点位的布设，应能够反映厂内噪声源对厂外，尤其是对厂外居民等敏感点的影响。对于周边环境质量监测，主要考虑对地表水环境的影响，确保监测点的代表性和监测采样的规范性是地表水环境影响监测的重要考虑因素。本章围绕着厂界环境噪声和地表水、近岸海域海水监测的关键点进行介绍和说明。

10.1　厂界环境噪声监测

10.1.1　环境噪声的含义

《噪声污染防治法》第二条规定：本法所称环境噪声污染，是指所产生的环境噪声超过国家规定的环境噪声排放标准，并干扰他人正常生活、工作和学习的现象。所以在测量厂界环境噪声时应重点关注：一是噪声排放是否超过标准规定的排放限值；二是是否干扰他人正常生活、工作和学习。

10.1.2　厂界环境噪声布点原则

《工业企业环境噪声排放标准》中规定厂界环境噪声监测点的选择应根据工业

企业声源、周围噪声敏感建筑物的布局以及毗邻的区域类别，在工业企业厂界布设多个点位，包括距噪声敏感建筑物较近的以及受被测声源影响大的位置。《排污单位自行监测技术指南 总则》则更具体地指出了厂界环境噪声监测点位设置应遵循的原则：①根据厂内主要噪声源距厂界位置布点；②根据厂界周围敏感目标布点；③“厂中厂”是否需要监测根据内部和外围排污单位协商确定；④面临海洋、大江、大河的厂界原则上不布点；⑤厂界紧邻交通干线不布点；⑥厂界紧邻另一排污单位的，在临近另一排污单位侧是否布点由排污单位协商确定。

厂界一侧长度在 100 m 以下，原则上可布设 1 个监测点位；300 m 以下的可布设点位 2～3 个；300 m 以上的可布设点位 4～6 个。通常所说的厂界，是指由法律文书（如土地使用证、土地所有证、租赁合同等）中所确定的业主所拥有的使用权（或所有权）的场所或建筑边界，各种产生噪声的固定设备的厂界为其实际占地边界。

设置测量点时，一般情况下，应选在工业企业厂界外 1 m，高度 1.2 m 以上；当厂界有围墙且周围有受影响的噪声敏感建筑物时，测点应选在厂界外 1 m、高于围墙 0.5 m 以上的位置；当厂界无法测量到声源的实际排放状况时（如声源位于高空、厂界设有声屏障等），应在厂界外高于围墙 0.5 m 处设置测点，同时在受影响的噪声敏感建筑物的户外 1 m 处另设测点，建筑物高于 3 层时，可考虑分层布点；当厂界与噪声敏感建物距离小于 1 m 时，厂界环境噪声应在噪声敏感建筑物室内测量，室内测量点位设在距任何反射面至少 0.5 m 以上，距地面 1.2 m 高度处，在受噪声影响方向的窗户开启状态下测量；固定设备结构传声至噪声敏感建筑物室内，在噪声敏感建筑物室内测量时，测点应距任何反射面至少 0.5 m 以上，距地面 1.2 m、距外窗 1 m 以上，窗户关闭状态下测量，具体要求参照《环境噪声监测技术规范 结构传播固定设备室内噪声》（HJ 707—2014）。

10.1.3 环境噪声测量仪器

测量厂界环境噪声使用的测量仪器为积分平均声级计或环境噪声自动监测

仪，其性能应不低于《电声学　声级计　第 1 部分：规范》（GB 3785.1—2010）对 2 型仪器的要求。测量 35 dB 以下的噪声时应使用 1 型声级计，且测量范围应满足所测量噪声的需要。校准所用仪器应符合《电声学　声校准器》（GB/T 15173—2010）对 1 级或 2 级声校准器的要求。当需要进行噪声的频谱分析时，仪器性能应符合《电声学　倍频程和分数倍频程滤波器》（GB/T 3241—2010）中对滤波器的要求。

测量仪器和校准仪器应定期检定合格，并在有效使用期限内使用；每次测量前、后必须在测量现场进行声学校准，其前、后校准示值偏差不得大于 0.5 dB，否则测量结果无效。测量时传声器加防风罩。测量仪器时间计权特性设为“F”档，采样时间间隔不大于 1s。

10.1.4　环境噪声监测注意事项

测量应在无雨雪、无雷电天气且风速为 5 m/s 以下时进行。不得不在特殊气象条件下测量时，应采取必要措施保证测量准确性，同时注明当时所采取的措施及气象情况，测量应在被测声源正常工作时间进行，同时注明当时的工况。

环境噪声测量应分别在昼间、夜间两个时段进行测量。夜间有频发、偶发噪声影响时同时测量最大声级。被测声源是稳态噪声，采用 1 min 的等效声级。被测声源是非稳态噪声，测量被测声源有代表性时段的等效声级，必要时应测量被测声源整个正常工作时段的等效声级。噪声超标时，必须测量背景值，背景噪声的测量及修正按照《环境噪声监测技术规范　噪声测量值修正》（HJ 706—2014）进行。

10.1.5　监测结果评价

各个测点的测量结果应单独评价。同一测点每天的测量结果按昼间、夜间进行评价。最大声级直接评价。当厂界与噪声敏感建物距离小于 1 m，厂界环境噪声在噪声敏感建筑物室内测量时，应将相应的噪声标准限制减 10 dB 作为评价依据。

10.2 地表水监测

本节仅针对监测断面设置和现场采样进行介绍，样品保存、运输以及实验室分析部分参考第 6 章内容。

10.2.1 监测断面设置

排污单位厂界周边的地表水环境质量影响监测点位参照排污单位环境影响评价文件及其批复和其他环境管理要求设置。

如环境影响评价文件及其批复和其他文件中均未作出要求，排污单位需要开展周边环境质量影响监测的，环境质量影响监测点位设置的原则和方法参照《环境影响评价技术导则　总纲》《环境影响评价技术导则　地表水环境》《地表水和污水监测技术规范》等执行。

《环境影响评价技术导则　地表水环境》规定环境影响评价中，应提出地表水环境质量监测计划，包括监测断面或点位位置（经纬度）、监测因子、监测频次、监测数据采集与处理、分析方法等。地表水环境质量监测断面或点位设置需与水环境现状监测、水环境影响预测的断面或点位相协调，并应强化其代表性、合理性。

（1）河流监测断面设置

根据《环境影响评价技术导则　地表水环境》对补充调查监测布点的规定，应布设对照断面、控制断面。对照断面宜布置在排放口上游 500 m 以内。控制断面应根据受纳水域水环境质量控制管理要求设置。控制断面可结合水环境功能区或水功能区、水环境控制单元区划情况，直接采用国家及地方确定的水质控制断面。评价范围内不同水质类别区、水环境功能区或水功能区、水环境敏感区及需要进行水质预测的水域，应布设水质监测断面。评价范围以外的调查或预测范围，可以根据预测工作需要增设相应的水质监测断面。水质取样断面上取样垂线的布设按照《地表水和污水监测技术规范》的规定执行。

（2）湖库监测点位设置

根据《环境影响评价技术导则　地表水环境》，水质取样垂线的设置可采用以排放口为中心，沿放射线布设或网格布设的方法，按照下列原则及方法设置：一级评价在评价范围内布设的水质取样垂线数宜不少于 20 条；二级评价在评价范围内布设的水质取样线宜不少于 16 条。评价范围内不同水质类别区、水环境功能区或水功能区、水环境敏感区、排放口和需要进行水质预测的水域，应布设取样垂线。水质取样垂线上取样点的布设按照《地表水和污水监测技术规范》的规定执行。

10.2.2　水样采集

10.2.2.1　基本要求

（1）河流

在对开阔河流进行采样时，应包括下列几个基本点：用水地点的采样；污水流入河流后，对充分混合的地点及流入前的地点采样；直流合流后，对充分混合的地点及混合前的主流与支流地点的采样；主流分流后地点的选择；根据其他需要设定的采样地点。各采样点原则上应在河流横向及垂向的不同位置采集样品。采样时间一般选择在采样前至少连续两天晴天，水质较稳定的时间。

（2）水库和湖泊

对水库和湖泊进行采样时，由于采样地点和温度的分层现象可引起水质很大的差异，在调查水质状况时，应考虑到成层期与循环期的水质明显不同。了解循环期水质，可布设和采集表层水样；了解成层期水质，应按照深度布设及分层采样。

10.2.2.2　水样采集要点内容

1）采样器材：采样器材主要有采样器和水样容器。采样器包括聚乙烯塑料桶、单层采水瓶、直立式采水器、自动采样器。水样容器包括聚乙烯瓶（桶）、硬质玻璃瓶和聚四氟乙烯瓶。聚乙烯瓶一般用于大多数无机物的样品，硬质玻璃瓶用于有机物和生物样品，玻璃或聚四氟乙烯瓶用于微量有机污染物（挥发性有机物）样品。

2）采样量：在地表水质监测中通常采集瞬时水样。采样量参照规范要求，即考虑重复测定和质量控制的需要的量，并留有余地。

3）采样方法：在可以直接汲水的场合，可用适当的容器采样，如在桥上等地方用系着绳子的水桶投入水中汲水，要注意不能混入漂浮于水面上的物质；在采集一定深度的水时，可用直立式或有机玻璃采水器。

4）水样保存：在水样采入或装入容器中后，应按规范要求加入保存剂。

5）油类采样：采样前先破坏可能存在的油膜，用直立式采水器把玻璃容器安装在采水器的支架中，将其放到 300 mm 深度，边采水边向上提升，在到达水面时剩余适当空间（避开油膜）。

10.2.2.3 注意事项

《地表水环境质量标准》（GB 3838—2002）中规定的项目标准值，要求水样采集后自然沉降 30 min，取上层非沉降部分按规定方法进行分析。对于某些湖库河道等地表水体一般不存在可沉降物的情况，建议在采样比对验证无显著影响后，可省略自然沉降步骤。规定补充说明：由于地表水水质包括水相、颗粒相、生物相和沉积相，且水质的这四种相态在我国地表水体之间差别较大，如黄河的泥沙等，造成监测分析结果和数据的可比性差异很大，因此规定所有地表水水样均采集后自然沉降 30 min，取上清液按规定方法进行分析，以尽可能地消除监测分析结果的差异。

水样采集过程中应注意以下方面：

1）采样时不可搅动水底的沉积物。

2）采样时应保证采样点的位置准确，必要时用定位仪（GPS）定位。

3）认真填写采样记录表。

4）采样结束前，核对采样方案、记录和水样是否正确，否则补采。

5）测定油类水样时，应在水面至 300 mm 范围内采集柱状水样并单独采集，全部用于测定，采样瓶不得用采集水样冲洗。

6）测定溶解氧、生化需氧量和有机污染物等项目时，水样必须注满容器，不留空间，并有水封口。

7）如果水样中含沉降性固体，如泥沙（黄河）等，应分离除去，分离方法为：将所采水样摇匀后倒入筒形玻璃容器，静置 30 min，将不含沉降性固体但含有悬浮性固体的水样移入盛样容器，并加入保存剂。测定总悬浮物和油类除外。

8）测定湖库水的化学耗氧量、高锰酸盐指数、叶绿素 a、总氮、总磷时的水样时，应静置 30 min 后，用吸管一次或几次移取水样，吸管进水尖嘴应插至水样表层 50 mm 以下位置，再加保护剂保存。

9）测定油类、BOD_5、DO、硫化物、余氯、粪大肠菌群、悬浮物、挥发性有机物、放射性等项目要单独采样。

10）降雨与融雪期间地表径流的变化，也是影响水质的因素，在采样时应予以注意并做好采样记录。

10.3　近岸海域海水影响监测

10.3.1　监测点位设置

排污单位厂界周边的海水环境质量影响监测点位参照排污单位环境影响评价文件及其批复和其他环境管理要求设置。

如环境影响评价文件及其批复和其他文件中均未作出要求，排污单位需要开展周边环境质量影响监测的，环境质量影响监测点位设置的原则和方法参照《环境影响评价技术导则 总纲》《环境影响评价技术导则 地表水环境》《近岸海域环境监测规范》《近岸海域环境监测点位布设技术规范》（HJ 730—2014）等执行。

根据《环境影响评价技术导则 地表水环境》，一级评价可布设 5～7 个取样断面，二级评价可布设3～5个取样断面。根据垂向水质分别特点，参照《海洋调查规范》（GB/T 12763—2007）、《近岸海域环境监测规范》《近岸海域环境监测点位布设技术规范》执行。排放口位于感潮河段内的，其上游设置的水质取样断面，应根据时间情况参照河流决定，其下游断面的布设与近岸海域相同。

10.3.2 水样采集基本要求

（1）采样前环境情况检查

每次采样前均应仔细检查装置的性能及采样点周围的状况。

岸上采样：如果水是流动的，采样人员站在岸边，必须面对水流动方向操作。若底部沉积物受到扰动，则不能继续取样。

船上采样：由于船体本身就是一个重要污染源，船上采样要始终采取适当措施防止船上各种污染源可能带来的影响。采痕量金属水样应尽量避免使用铁质或其他金属制成的小船，采用逆风逆流采样，一般应在船头取样，将来自船体的各种玷污控制在一个尽量低的水平上。当船体到达采样点位后，应该根据风向和流向，立即将采样船周围海面划分成船体玷污区、风成玷污区和采样区3个部分，然后在采样区采样。待发动机关闭后，当船体仍在缓慢前进时，将抛浮式采水器从船头部位尽力向前方抛出，或者使用小船离开大船一定距离后采样；采样人员应坚持向风操作，采样器不能直接接触船体任何部位，裸手不能接触采样器排水口，采样器内的水样先放掉一部分后，然后再取样；采样深度的选择是采样的重要部分，通常要特别注意避开微表层采集表层水样，也不要在被悬浮沉积物富集的底层水附近采集底层水样；采样时应避免剧烈搅动水体，如发现底层水浑浊，应停止采样；当水体表面漂浮杂质时，应防止其进入采样器，否则重新采样；采集多层次深水水域的样品，按从浅到深的顺序采集；因采水器容积有限不能一次完成时，可进行多次采样，将各次采集的水样集装在大容器中，分样前应充分摇匀。混匀样品的方法不适于溶解氧、BOD、油类、细菌学指标、硫化物及其他有特殊要求的项目；测溶解氧、BOD、pH等项目的水样，采样时需充满，避免残留空气对测项的干扰；其他测项，装水样至少留出容器体积 10%的空间，以便样品分析前充分摇匀；取样时，应沿样品瓶内壁注入，除溶解氧等特殊要求外放水管不要插入液面下装样；除现场测定项目外，样品采集后应按要求进行现场加保存剂，颠倒数次使保存剂在样品中均匀分散；水样取好后，仔细塞好瓶塞，不能有漏水现象。如将水样转送他处或不能立刻分析时，应用石蜡或水漆封口。对不同水深，采样层次按照《近岸海域环境监测规范》确定。

（2）现场采样注意事项

1）项目负责人或技术负责人同船长协调海上作业与船舶航行的关系，在保证安全的前提下，航行应满足监测作业的需要。

2）按监测方案要求，获取样品和资料。

3）水样分装顺序的基本原则是：不过滤的样品先分装，需过滤的样品后分装；一般按悬浮物和溶解氧（生化需氧量）→pH→营养盐→重金属→COD（其他有机物测定项目）→叶绿素 a→浮游植物（水采样）的顺序进行；如化学需氧量和重金属汞需测试非过滤态，则按悬浮物和溶解氧（生化需氧量）→COD（其他有机物测定项目）→汞→pH→盐度→营养盐→其他重金属→叶绿素 a→浮游植物（水采样）的顺序进行。

4）在规定时间内完成应在海上现场测试的样品，同时做好非现场检测样品的预处理。

5）采样事项：船到达点位前 20 min，停止排污和冲洗甲板，关闭厕所通海管路，直至监测作业结束；严禁用手玷污所采样品，防止样品瓶塞（盖）玷污；观测和采样结束，应立即检查有无遗漏，然后方可通知船方启航；在大雨等特殊气象条件下应停止海上采样工作；遇有赤潮和溢油等情况，应按应急监测规定要求进行跟踪监测。

第 11 章　监测质量保证与质量控制体系

监测质量保证与质量控制是提高监测数据质量的重要保障，是监测过程中重中之重的内容，同时也是涉及监测过程方方面面的内容。本章立足现有经验，对污染源监测应关注的重点内容、质控要点进行梳理，提供了经验性的参考，但不能面面俱到。排污单位或社会化检测机构，在开展污染源监测过程中，可参考本章的内容，结合自身实际情况，制定切实有效的监测质量保证与质量控制方案，提高监测数据质量。

11.1　基本概念

监测质量保证和质量控制是环境监测过程中的 2 个重要概念。《环境监测质量管理技术导则》（HJ 630—2011）中这样定义：质量保证是指为了提供足够的信任表明实体能够满足质量要求，而在质量体系中实施并根据需要证实的全部有计划和有系统的活动。质量控制是指为达到质量要求所采取的作业技术或活动。

采取质量保证的目的是获取他人对质量的信任，是为使他人确信某实体提供的数据、产品或者服务等能满足质量要求而实施的并根据需要进行证实的全部有计划、有系统的活动。质量控制则是通过监视质量形成过程，消除生产数据、产品或者提供服务的所有阶段中可能引起不合格或不满意效果的因素，使其达到质量要求而采用的各种作业技术和活动。

环境监测的质量保证与质量控制，是依靠系统的文件规定来实施的内部的技术和管理手段。它们既是生产出符合国家质量要求的检测数据的技术管理制度和活动，也是一种“证据”，即向任务委托方、环境管理机构和公众等表明该检测数据是在严格的质量管理中完成的，具有足够的管理和技术上的保证手段，数据是准确可信的。

11.2　质量体系

证明数据质量可靠性的技术管理制度与活动可以千差万别，但是也有其共同点。为了实现质量保证和质量控制的目的，往往需要建立一套保证有效运行的质量体系。它应覆盖环境监测活动所涉及的全部场所、所有环节，以使检测机构的质量管理工作程序化、文件化、制度化和规范化。

建立一个良好运行的质量体系，如果是专业的向政府、企事业单位或者个人提供排污情况监测数据的社会化检测机构，按照国家的《检验检测机构资质认定管理办法》（质检总局令　第 163 号）、《检验检测机构资质认定评审准则》和《检验检测机构资质认定评审准则及释义》的要求建立并运行质量体系是必要的。如果检测实验室仅为排污单位内部提供数据，质量管理活动的目的则是为本单位管理层、环境管理机构和公众提供证据，证明数据准确可信，质量手册不是必需的，但是利于检测实验室数据质量得到保证的一些程序性规定和记录是必要的（如实验室具体分析工作的实施流程、数据质量相关的管理流程等的详细规定，具体方法或设备使用的指导性详细说明，数据生产过程和监督数据生产需使用的各种记录表格等）。

建立质量体系不等于需要通过资质认定。质量体系的繁简程度与检测实验室的规模、业务范围、服务对象等密切相关，有时，还需要根据业务委托方的要求修改完善质量体系。质量体系一般包括质量手册、程序文件、作业指导书和记录。有效的质量控制体系应满足以下基本要求：对检测工作的全面规范，且保证全过程留痕。

11.2.1 质量手册

质量手册是检测实验室质量体系运行的纲领性文件，阐明检测实验室的质量目标，描述检测实验室全部检测质量活动的要素，规定检测质量活动相关人员的责任、权限和相互之间的关系，明确质量手册的使用、修改和控制的规定等。质量手册至少应包括批准页、自我声明、授权书、检测实验室概述、检测质量目标、组织机构、检测人员、设施和环境、仪器设备和标准物质以及检测实验室为保证数据质量所做的一系列规定等。

1）批准页：批准页的主要内容是介绍编制质量体系的目的以及质量手册的内容，并由最高管理者批准实施。

2）自我声明：检测实验室关于独立承担法律责任、遵守中华人民共和国计量法和监测技术标准规范等相关法律法规、客观出具数据等的承诺。

3）授权书：检测实验室有多种情形需要授权，包括不仅限于在最高管理者外出期间，授权给其他人员替其行使职权；最高管理者授权人员担任质量负责人、技术负责人等关键岗位；授权给某些人员使用检测实验室的大型贵重仪器等。

4）检测实验室概述：简单介绍检测实验室的地理位置、人员构成、设备配置概况、隶属关系等信息。

5）检测质量目标：检测质量目标即定量描述检测工作所达到的质量。

6）组织结构：明确检测实验室与检测工作相关的外部管理机构的关系，与本单位中其他部门的关系，完成检测任务相关部门之间的工作关系等。这些关系通常以组织结构框图的方式表明。与检测任务相关的各部门的职责应予以明确和细化。例如，对于检测质量管理部，可以规定其具有下列职责：①牵头制订检测质量管理年度计划、监督实施，并编制质量管理年度总结。②负责组织质量管理体系建设、运行管理，包括质量体系文件编制、宣贯、修订、内部审核、管理评审、质量督查、检测报告抽查、实验室和现场监督检查、质量保证和质量控制等工作。

③负责组织人员开展内部持证上岗考核相关工作。④负责组织参加外部机构组织的能力验证、能力考核、比对抽测等各项考核工作。⑤负责组织仪器设备检定/校准工作，包括编制检定/校准计划、组织实施和确认。⑥负责标准物质管理工作，包括建立标准物质清册、管理标准物质样品库、标准样品的验收、入库、建档及期间核查等。

7）检测人员：包括检测岗位划分和检测人员管理两部分内容。

检测岗位划分指检测实验室将检测相关工作分为若干具体的检测工序，并明确各检测工序的职责。例如，对于某检测实验室，应至少有以下岗位：质量负责人，技术负责人，报告签发人、采样岗位、分析岗位、质量监督人，档案管理人等。可以由同一个人兼任不同的岗位，也可以专职从事某一个岗位。但报告编制、审核和签发应为 3 个不同的人员承担，不能由一个人兼任其中的 2 个职责。

检测人员管理部分则规定从事采样、分析等检测相关工作的人员应接受的教育、培训、应掌握的技能，应履行的职责等。以分析岗位为例，说明人员管理如何描述：①分析人员必须经过培训，熟练掌握与本承担分析项目有关的标准监测方法或技术规范及有关法规，且具备对检验检测结果做出评价的判断能力，经内部考核合格后持证上岗。②熟练掌握所用分析仪器设备的基本原理、技术性能，以及仪器校准、调试、维护和常见故障的排除技术。③熟悉并遵守质量手册的规定，严格按监测标准、规范或作业指导书开展监测分析工作，熟悉记录的控制与管理程序，按时完成任务，保证监测数据准确可靠。④认真做好样品分析前的各项准备工作，分析样品的交接工作以及样品分析工作，确保按业务通知单或监测方案要求完成样品分析。⑤分析人员必须确保分析选用的分析方法现行有效，分析依据正确。⑥负责所使用仪器设备日常维护、使用和期间核查，编制/修订其操作规程、维护规程、期间核查规程和自校规程，并在计量检定/校准有效期内使用。负责做好使用、维护和期间核查记录。⑦确保分析质控措施和质控结果符合有关监测标准或技术规范及相关规定要求。⑧当分析仪器设备、分析环境条件或被测样品不符合监测技术标准或技术规范要求时，监测分析人员有权暂停工作，并及时向上级报告。⑨认真做好分析原始记录并签字，要求字迹清楚、内容完整、编号无误。⑩分析人员对分析数据的准确性和真实性负责。⑪校对上级安排的其他检测人员的分析原始记录。

检测实验室应建立人员配备情况一览表，有助于提高人员管理效率，其表格样式如表 11-1 所示。

表 11-1 检测人员一览表（样表）

序号	姓名	性别	出生年月	文化程度	职务/职称	所学专业	从事本技术领域年限/年	所在岗位	持证项目情况	备注
1	张三	男	1988 年 8 月	本科	工程师	分析化学	5	分析岗	水和废水：化学需氧量、氨氮	质量负责人
……										

8）设施和环境：检测实验室的设施和环境条件指检测实验室配备必要的设施硬件，并建立制度保证监测工作环境适应监测工作需求。检测实验室的设施通常包括空调、除湿机、干湿度温度计、通风橱、纯水机、冷藏柜、超声波清洗仪、电子恒温恒湿箱、灭火器等检测辅助设备。需要明确的规定至少有：①防止交叉污染的规定。例如，规定监测区域应有明显标识；严格控制进入和使用影响检测质量的实验区域；对相互有影响的活动区域进行有效隔离，防止交叉污染。比较典型的交叉污染例子有：挥发酚项目的检测分析会对在同一实验室进行的氨氮检测分析造成交叉污染的影响；在分析总砷、总铅、总汞、总镉等项目时，如果不同的样品间浓度差异较大，规定高、低浓度的采样瓶和分析器皿分别用专用酸槽浸泡洗涤，以免交叉污染。必要时，用优级纯酸稀释后浸泡超低浓度样品所用器皿等。②对可能影响检测结果质量的环境条件，规定检测人员进行监控和记录，保证其符合相关技术要求。例如，万分之一以上精度的电子天平正常工作对环境温度、湿度有控制要求，检测实验室应有监控设施，并有记录表格记录环境条件。③规定有效控制危害人员安全和人体健康的潜在因素。例如，配备通风橱、消防

器材等必要的防护和处置措施。④对化学品、废弃物、火、电、气和高空作业等安全相关因素做出规定等。

9）仪器设备和标准物质：检测用仪器设备和标准物质是保障检测数据量值溯源的关键载体。检测实验室应配备满足检测方法规定的原理、技术性能要求的设备，应对仪器设备的购置、使用、标识、维护、停用、租借等管理做出明确规定，保证仪器设备得到合理配置、正确使用和妥善维护，提高检测数据的准确可靠性。例如，对于设备的配备可规定：①根据检测项目和工作量的需要及相关技术规范的要求，合理配备采样、样品制备、样品测试、数据处理和维持环境条件所要求的所有仪器设备种类和数量，并对仪器技术性能进行科学的分析评价和确认。②如果需要借用外单位的仪器设备必须严格按本单位仪器设备的管理受到有效控制。建立仪器设备配备情况一览表，往往有助于提高设备管理效率，仪器设备配备情况参考样表见表 11-2。

表 11-2　仪器设备配备情况一览表（样表）

序号	设备名称	设备型号	出厂编号	检定/校准方式	检定/校准周期	仪器摆放位置
1	电子天平	TE212L	####	检定	一年	205 室
……						

此外，应根据检测项目开展情况配备标准物质，并做好标准物质管理。配备的标准物质应该是有证标准物质，保证标准物质在其证书规定的保存条件下贮存，建立标准物质台账，记录标准物质名称、购买时间、购买数量、领用人、领用时间和领用量等信息。

10）其他：为保证建立的质量管理体系覆盖检测的各个方面、环节，所有场所，且能持续有效的指导实施质量管理活动，还应对以下质量管理活动做出原则性的规定：①质量体系在哪些情形下，由谁提出、谁批准同意修改等。②如何正确使用管理质量体系各类管理和技术文件，即如何编制、审批、发放、修改、收回、标识、存档或销毁等处理各种文件。③如何购买对监测质量有影响的服务（如委托有资质的机构检定仪器即为购买服务），以及如何购买、验收和存储设备、试剂、消耗材料。④检测工作中出现的与相关规定不符合的事项，应如何采取措施。⑤质量管理、实际样品检测等工作中相关记录的格式模板，以及实际工作过程中如何填写、更改、收集、存档和处置记录。⑥如何定期组织单位内部熟悉检测质量管理相关规定的人员，对相关规定的执行情况进行内部审核的规定。⑦管理层如何就内部审核或者日常检测工作中发现的相关问题定期研究解决。⑧检测工作中，如何选用、证实/确认检测方法。⑨如何对现场检测、样品采集、运输、贮存、接收、流转、分析、监测报告编制与签发等检测工作全过程的各个环节都采取有效的质量控制措施，以保证监测工作质量。⑩如何编制监测报告格式模板，实际检测工作中如何编写、校核、审核、修改和签发检测报告等。

11.2.2 程序文件

程序文件是规定质量活动方法和要求的文件，是质量手册的支持性文件，主要目的是对产生检测数据的各个环节、各个影响因素和各项工作全面规范。程序文件包括人员、设备、试剂、耗材、标准物质、检测方法、设施和环境、记录和数据录入发布等各关键因素，明确详细地规定某一项与检测相关的工作，执行人员是谁、经过什么环节、留下哪些记录，以实现在高时效地完成工作的同时保证数据质量。

编写程序文件时，应明确每一个程序的控制目的、适用范围、职责分配、活动过程规定和相关质量技术要求，从而使程序文件具有可操作性。例如，制定检测工作程序，对检测任务的下达、检测方案的制定、采样器皿和试剂的准备，样品采集和现场检测，实验室内样品分析，以及测试原始积累的填写等诸多环节，规定分别由谁来实施，以及实施过程中应该填写哪些记录，以保证工作有序开展。

档案管理也是一项涉及较多环节的工作，涉及档案产生后的暂存、收集、交接、保管和借阅查询使用等一系列环节，在各个细节又需要保证档案的完整性，制定一个档案管理程序就显得比较重要了。这个程序可以规定档案产生人员如何暂存档案，暂存的时限是多长，档案收集由谁来负责，交给档案收集人员时应履行的手续，档案集中后由谁来负责建立编号，如何保存，借阅查阅时应履行的手续等。

又如检测方案的制定，方案制定人员需要弄清楚的文件有：环评报告中的监测章节内容、环保部门做出的环评批复、执行的排放标准、许可证管理的相关要求、行业涉及的自行监测指南等。在明确管理要求后所制定的检测方案，应请熟悉环境管理、环境监测、生产工艺和治理工艺的专业人员对方案进行审核把关，做到既有利于保证检测内容和频次等满足管理要求，又避免不必要的人力物力浪费。

一般来说，检测实验室需制定的程序性规定应包括：人员培训程序、检测工作程序、设备管理程序、标准物质管理程序、档案管理程序、质量管理程序、服务和供应品的采购和管理程序、内务和安全管理程序、记录控制与管理程序等。

11.2.3　作业指导书

作业指导书是指特定岗位工作或活动应达到的要求和遵循的方法。对于下列情形往往需要检测机构制定作业指导书：①标准检测方法中规定可采取等效措施，而检测机构又的确采取了等效措施。②使用非母语的检测方法。③操作步骤复杂的设备。作业指导书应写得尽可能具体，且语言简洁不令人产生歧义，以保证各项操作的可重复。氮氧化物化学发光测试仪作业指导书的编写参见附录 3-9。

11.2.4　记录

记录包括质量记录和技术记录。质量记录是质量体系活动产生的记录，如内审记录、质量监督记录等；技术记录是各项监测工作所产生的记录，如《pH 分析原始记录表》《废水流量监测记录（流速仪法）》。记录是保证从检测方案的制定开始，到样品采集、样品运输和保存、样品分析、数据计算、报告编制、数据发布的各个环节留下关键信息的凭证，证明数据生产过程满足技术标准和规范的要求的基础。检测实验室的记录既要简洁易懂，也要信息量足够让检测工作重现。这就要求认真学习国家的法律法规等管理规定和技术标准规范，弄清楚哪些信息是必须记录备查的关键信息，在设计记录表格样式的时候予以考虑。如对于样品采集，除了采样时间、地点、人员等基础信息，还应包括检测项目、样品表观（定性描述颜色、悬浮物含量）、样品气味、保存剂的添加情况等信息。对于具体的某一项污染物的分析，需要记录分析方法名称及代码、分析时间、分析仪器的名称型号、标准/校准曲线的信息、取样量、样品前处理情况、样品测试的信号值、计算公式、计算结果以及质控样品分析的结果等。常用的一些记录表格样式见附录3。

11.3 自行监测质控要点

自行监测的质量控制，应抓住人员、设备、监测方法、试剂耗材等关键因素，还要重视设施环境等影响因素。每一项检测任务都应有足够证据表明其数据质量可信，在制定该项检测任务实施方案的同时，应制定一个质控方案，或者在实施方案中有质量控制的专门章节，明确该项工作应针对性地采取哪些措施来保证数据质量。自行监测工作中，包含自行监测点位、项目和频次、采样、制样和分析应执行哪些技术规范等信息的监测方案在许可证发放时已经过了环保部门审查，日常监测工作中，需要落实的是谁去现场监测和采样，谁来分析样品，采样、制样和分析，谁承担报告编制工作，以及应采取的质控措施。应采取的质控措施可以是一个专门的方案，这个质量控制方案规定承担采样、制样和分析样品的人员应该具有哪些技能（如经过适当的培训后持有上岗证），各环节的执行人员应该落实哪些措施来自证所开展工作的质量，质量控制人员怎样去查证各任务执行人员工作的有效性等。通常来说，质控方案就是保证数据质量所需要满足的人员、设备、监测方法、试剂耗材和环境设施等的共性要求。

11.3.1　人员

人员技能水平是自行监测质量的决定性因素，因此检测机构制定的规章制度性文件中，要明确规定不同岗位人员应具有的技术能力。例如，应该具有的教育背景、工作经历、胜任该工作应接受的再教育培训，并以考核方式确认是否具有胜任岗位的技能。对于人员适岗的再教育培训，如行业相关的政策法规、标准方法、操作技能等，由检测机构内部组织或者参加外部培训均可。适岗技能考核确认的方式也是多样化的，如笔试或者提问、操作演示、实样测试、盲样考核等。无论采用哪一种培训、考核方式，都应有记录来证实工作过程。例如内部培训，应该至少有培训教材、培训签到表，外部培训有会议通知、培训考核结果证明材料等。需要提醒的是，对于口头提问和操作演示等考核方式，也应该有记录，例如口头提问，记录信息至少包括考核者姓名、提问内容、被考核者姓名、回答要点以及对于考核结果的评价；操作演示的考核记录至少包括考核者姓名、要求考核演示的内容、被考核者姓名、演示情况的概述以及评价结论。在具体的执行过程中，切忌人员技能培训走过场，证明人员技能的各种培训考核记录一大摞，而测试人员连基本知识都不具备，例如某厂自行监测厂界噪声的原始记录中，背景值仅为 30 dB，暴露出监测人员对仪器性能和环境噪声，没有基本的量的认知。林格曼黑度测试 30 min 只有一个示值读数，这些信息都反应出监测人员基础知识的欠缺。

11.3.2　仪器设备

监测设备是决定数据质量的另一关键因素。2015 年 1 月 1 日起开始施行的《中华人民共和国环境保护法》第二章第十七条明确规定：监测机构应当使用符合国家标准的监测设备，遵守监测规范。所谓符合国家标准，首先，应根据排放标准规定的监测方法选用监测设备，也就是仪器的测定原理、检测范围、测定精密度、准确度以及稳定性等满足方法的要求；其次，设备应根据国家计量的相关要求和仪器性能情况确定检定/校准，列入《中华人民共和国强制检定的工作计量器具目录》或有检定规程的仪器应送有资质的单位进行检定，如烟尘监测仪、天平、砝码、烟气采样器、大气采样器、pH 计、分光光度计、声级计、压力表等。属于非强制检定的仪器与设备可以送有资质的计量检定机构进行校准，无法送去检定或者送去校准的仪器设备，应由仪器使用单位自行溯源，即自己制定校准规范，对部分计量性能或参数进行检测，以确认仪器性能准确可靠。

对于投入使用的仪器，要确保其得到规范使用。应明确规定如何使用、维护、维修和性能确认仪器设备。例如，编写仪器设备操作规程（仪器操作说明书）和维护规程（仪器维护说明书），以保证使用人员能够正确使用和维护仪器。与采样和监测结果的准确性和有效性相关的仪器设备，在投入使用前，必须进行量值溯源，即用前述的检定、校准或者自校手段确认仪器性能。对于送到有资质的检定或者校准单位的仪器，收到设备的检定或者校准证书后，应查看检定/校准单位实施的检定/校准内容是否符合实际的检测工作要求。例如，配备有多个传感器的仪器，检测工作需要使用的传感器是否都得到了检定；对于有多个量程的仪器，其检定或者校准范围是否满足日常工作需求？对于仪器的检定、校准或者自校，并不是一劳永逸的，应根据国家的检定/校准规程或者使用说明书要求，周期性的定期实施检定/校准或者自校，保持仪器在检定/校准或者自校有效期内使用，且每次监测前，都要使用分析标准溶液、标准气体等方式确认仪器量值，在证实其量值持续符合相应技术要求后使用。如定电位电解法规定烟气中 SO_2、NO_x 每次测量前必须用标气进行校准，示值误差≤±5%方可使用。此外，应规定仪器设备的唯一性标识、状态标识，避免误用。仪器设备的唯一性标识既可以是仪器的出厂编码，也可以是检测单位自行制定的规则编写的代码。

仪器的相关记录应妥善保存。建议给检测仪器建立“一仪一档”。档案的目录包括：仪器说明书、仪器验收技术报告、仪器的检定/校准证书或者自校原始记录和报告，仪器的使用日志、维护记录、维修记录等，建议这些档案一年归一次档，以免遗失。应特别注意及时如实填写仪器使用日志，切忌事后补记，否则不实的仪器使用记录会影响数据是否真实的判断。比较常见的明显与事实不符的记录有：

同一台现场检测仪器在同一时间，出现在相距几百公里的两个不同检测任务中；仪器使用日志中记录的分析样品量远大于该仪器最大日分析能力等，这种记录会让检查人员对数据的真实性打上巨大的问号。应该有制度规定在必须修改原始记录时，如何修改，避免原始记录被误改。

11.3.3 记录

规范使用监测方法，优先使用被检测对象适用的污染物排放标准中规定的监测方法。若有新发布的标准方法替代排放标准中指定的监测方法，应采用新标准。若新发布的监测方法与排放标准指定的方法不同，但适用范围相同的，也可使用。例如《固定污染源废气 氮氧化物的测定 非分散红外吸收法》《固定污染源废气 氮氧化物的测定 定电位电解法》的适用范围明确为“固定污染源废气”，因此两项方法均适用于火电厂废气中氮氧化物的监测。

正确使用监测方法。污染源排放情况监测所使用的方法包括国家标准方法和国务院行业部门以文件、技术规范等形式发布的标准方法，个别情况下也会用等效分析方法。为此，检测机构或者实验室往往需要根据方法的来源确定应实施方法证实还是方法确认，其中方法证实适用于国家标准方法和国务院行业部门以文件、技术规范等形式发布的方法，方法确认适用于等效分析方法。为实现正确使用监测方法，仅是检测机构实施了方法证实是不够的，还需要检测机构要求使用该监测方法的每一个人员，使用该方法获得的检出限、空白、回收率、精密度、准确度等各项指标均满足方法性能的要求，方可认为检测人员掌握了该方法，才算为正确使用监测方法奠定了基础。当然，并非每一次检测工作中均需要对方法进行证实。一般认为，初次使用标准方法前，应证实能够正确运用标准方法；标准方法发生了变化，应重新予以证实。

通常而言，方法证实至少应包括以下 6 个方面的内容：①人员：人员的技能是否得到更新；是否能够适应方法的工作要求；人员数量是否满足工作要求。②设备：设备性能是否满足方法要求；是否需要添置前处理设备等辅助设备；设备数量是否满足要求。③试剂耗材：方法对试剂种类、纯度等的要求如何；数量是否满足；是否建立了购买使用台账。④环境设施条件：方法及其所用设备是否对温度湿度有控制要求；这些环境条件是否得到监控。⑤方法技术指标：使用日常工作所用的标准和试剂做方法的技术指标，如校准曲线、检出限，空白、回收率、精密度、准确度等，是否均达到了方法要求。⑥技术记录：日常检测工作须填写的原始记录格式是否包含了足够的关键信息。

11.3.4 试剂耗材

规范使用标准物质。对于标准物质的使用有以下注意事项：①应优先考虑使用国家批准的有证标准样品，以保证量值的准确性、可比性与溯源性。②选用的标准样品与预期检测分析的样品，尽可能在基体、形态、浓度水平等性状方面接近。其中基体匹配是需要重点考虑的因素，因为只有使用与被测样品基体相匹配的标准样品，在解释实验结果时才很少或没有困难。③应特别注意标准样品证书中所规定的取样量与取样方法。证书中规定的固体最小取样量、液体稀释办法等是测量结果准确性和可信度的重要影响因素，宜严格遵守。④应妥善贮存标准样品，并建立标准样品使用情况记录台账。有些标准样品有特殊的储存条件要求，应根据标准样品证书规定的储存条件保存标准样品，并在标准样品的有效期内使用，否则可能会影响标准样品量值的准确性。

严格按照方法要求购买和使用试剂/耗材。每一个方法都规定了试剂的纯度，需要注意的是，市场上出售的与方法要求的纯度一致的试剂，不一定就能满足方法的使用要求，对数据结果有影响的试剂、新购品牌或者产品批次不一致时，在正式用于样品分析前应进行空白样品实验，以验证试剂质量是否满足工作需求。对于试剂纯度不满足方法需求的情形，应购买更高纯度的试剂或者由分析人员自行净化。比较典型的案例是分析水中苯系物的二硫化碳，市售分析纯二硫化碳往往需要实验室自行重蒸，或者购买优级纯的才能满足方法对空白样品的要求；与此类似的还有分析重金属的盐酸硝酸等，采用分析纯的酸往往会导致较高的空白和背景值，建议筛选品质可靠的优级纯酸。

牢记试剂/耗材是有寿命的。对于试剂，尤其是已经配制好的试剂，应注意遵守检测方法中对试剂有效期的规定。若没有特殊规定，建议参考执行《化学试剂 标准滴定溶液的制备》（GB/T 601—2002）中关于标准滴定溶液有效期的规定，即常温（15～25℃）下保存时间不超过 2 个月。特别应注意表观不被磨损类耗材的质保期，比如定电位电解法的传感器、pH 计的电极等，这些仪器的说明书中明确规定了传感器或者电极的使用次数或者最长使用寿命，应严格遵守，以保证量值的准确性。

11.3.5　数据处理

数据的计算和报出也可能会发生失误，应高度重视。以火电厂排放标准为例，排放标准根据热能转化设施类型的不同，规定了不同的基准氧含量，实测的火电厂烟尘、SO_2、NO_x 和汞及其化合物排放浓度，须折算为基准氧含量下的排放浓度，如果忽略了此要求，将现场测试所得结果直接报出，必然导致较大偏差。对于废水检测，须留意在发生样品稀释后检测时，稀释倍数是否纳入了计算。已经完成的测定结果，还应注意计量单位是否正确，最好有熟悉该项目的工作人员校核，各项目结果汇总后，有专人对数据进行审核后发出。录入电脑或者信息平台时，注意检查是否有小数点输入的错误。

完备的质量控制体系运行离不开有效的质量监督。检测机构或者实验室应设置覆盖其检测能力范围的监督员，这些监督员可以是专职的，也可以是兼职的。但是不论是哪种情形，监督员应该熟悉检测程序、方法，并能够评价检测结果，发现可能的异常情况。为了使质量监督达到预期效果，最好在年初就制定监督计划，明确监督人、被监督对象、被监督的内容、被监督的频次等。通常情况下，新进上岗人员、使用新分析方法或者新设备，以及生产治理工艺发生变化的初期等实施的污染排放情况检测应受到有效监督。监督的情况应以记录的形式予以妥善保存。此外，检测机构或者实验室应定期总结监督情况、编写监督报告，以保证质量体系中的各标准、规范和质量措施等切实得到落实。

第 12 章　信息记录与报告

监测信息记录和报告是相关法律法规的要求，也是排污许可证制度实施的重要内容，是排污单位必须开展的工作。信息记录和报告的目的是将排污单位与监测相关的内容记录下来，供管理部门和排污单位应用，同时定期按要求进行信息报告，以说明环境守法状况，同时也为社会公众监督提供依据。本章围绕造纸行业应开展的信息记录和报告的内容进行说明，为造纸企业提供参考。

12.1　信息记录的目的与意义

说清污染物排放状况，自证是否正常运行污染治理设施，是否依法排污是法律赋予排污单位的权利和义务。自证守法，首先要有可以作为证据的相关资料，信息记录就是要将所有可以作为证据的信息保留下来，在需要的时候有据可查。具体来说，信息记录的目的和意义体现在以下几个方面。

第一，便于监测结果溯源。监测的环节很多，任何一个环节出现问题，都可能造成监测结果的错误。通过信息记录，将监测过程中的重要环节的原始信息记录下来，一旦发现监测结果存在可疑之处，就可以通过查阅相关记录，检查哪个环节出现问题。对于不影响监测结果的问题，可以通过追溯监测过程进行校正，从而获得正确的结果。

第二，便于规范监测过程。认真记录各个监测环节的信息，便于规范监测活动，避免由于个别时候的疏忽而遗忘个别程序，从而影响监测结果。通过对记录信息的分析，也可以发现影响监测过程中的一些关键因素，这也有利于对监测过程的改进。

第三，可以实现信息间的相互校验。记录各种过程信息，可以更好地反映排污单位的生产、污染治理、排放状况，从而便于建立监测信息与生产、污染治理等相关信息的逻辑关系，为实现信息间的互相校验、加强数据间的质量控制提供基础。通过记录各类信息，可以形成排污单位生产、污染治理、排放等全链条的证据链，避免单方面的信息不足以说明排污状况。

第四，丰富基础信息，利于科学研究。排污单位生产、污染治理、排放过程中一系列过程信息，对于研究排污单位污染治理和排放特征具有重要的意义。监测信息记录，极大地丰富了污染源排放和治理的基础信息，这为开展科学研究提供了大量基础信息。基于这些基础信息，利用大数据分析方法，可以更好地探索污染排放和治理的规律，为科学制定相关技术要求奠定良好基础。

12.2　信息记录的要求和内容

12.2.1　信息记录要求

信息记录是一项具体而琐碎的工作，做好信息记录对于排污单位和管理部门都很重要，一般来说，信息记录应该符合以下要求。

首先，信息记录的目的在于真实反映排污单位生产、污染治理、排放、监测的实际情况，因此信息记录不需要专门针对需要记录的内容进行额外整理，只要保证所要求的记录内容便于查阅即可。为了便于查阅，排污单位应尽可能根据一般逻辑习惯整理成为台账保存。保存方式可以为电子台账，也可以为纸质台账，以便于查阅为原则。

其次，信息记录的内容不限于标准规范中要求的内容，其他排污单位认为有利于说清楚本单位排污状况的相关信息，也可以予以记录。考虑排污单位污染排放的复杂性，影响排放的因素有很多，而排污单位最了解哪些因素会影响排污状况，因此，排污单位应根据本单位的实际情况，梳理本单位应记录的具体信息，丰富台账资料的内容，从而更好的建立生产、治理、排放的逻辑关系。

12.2.2 信息记录内容

12.2.2.1 手工监测的记录

采用手工监测的指标，至少应记录以下几方面的内容。

1）采样相关记录，包括采样日期、采样时间、采样点位、混合取样的样品数量、采样器名称、采样人姓名等。

2）样品保存和交接相关记录，包括样品保存方式、样品传输交接记录。

3）样品分析相关记录，包括分析日期、样品处理方式、分析方法、质控措施、分析结果、分析人姓名等。

4）质控相关记录，包括质控结果报告单等。

12.2.2.2 自动监测运维记录

自动监测正确运行，需要定期进行校准、校验和日常运行维护，校准、校验结果、日常运行维护开展情况直接决定了自动监测设备是否能够稳定正常运行，而通过检查运维公司对自动监测设备的运行维护记录，可以对自动监测设备日常运行状态进行初步判断。因此，排污单位，或者负责运行维护的公司要如实记录对自动监测设备的运行维护情况，具体包括自动监测系统运行状况、系统辅助设备运行状况、系统校准、校验工作等，仪器说明书及相关标准规范中规定的其他检查项目，校准、维护保养、维修记录等。

12.2.2.3　生产和污染治理设施运行状况

首先，污染物排放状况与排污单位生产和污染治理设施运行状况密切相关，记录生产和污染治理设施运行状况，有利于更好地说清楚污染物排放状况。

其次，考虑到受监测能力的限制，无法做到全面连续监测，记录生产和污染治理设施运行状况可以辅助说明未监测时段的排放状况，同时也可以对监测数据是否具有代表性进行判断。

最后，由于监测结果可能受到仪器设备、监测方法等各种因素的影响，从而造成监测结果的不确定性，记录生产和污染治理设施运行状况，通过不同时段监测信息和其他信息的对比分析，可以对监测结果的准确性进行总体判断。

对于生产和污染治理设施运行状况，主要记录内容包括，监测期间企业及各主要生产设施（至少涵盖废气主要污染源相关生产设施）运行状况（包括停机、启动情况）、产品产量、主要原辅料使用量、取水量、主要燃料消耗量、燃料主要成分、污染治理设施主要运行状态参数、污染治理主要药剂消耗情况等。日常生产中上述信息也需整理成台账保存备查。

12.2.2.4　固体废物（危险废物）产生与处理状况

固废作为重要的环境管理要素，排污单位应对固体废物和危险废物的产生、处理情况进行记录，同时固体废物和危险废物信息也可以作为废水、废气污染物产生排放的辅助信息。关于固体废物和危险废物的记录内容包括各类固体废物和危险废物的产生量、综合利用量、处置量、贮存量、倾倒丢弃量，危险废物还应详细记录其具体去向。

12.3　造纸行业生产和污染治理设施运行状况

应详细记录企业以下生产及污染治理设施运行状况，日常生产中也应参照以下内容记录相关信息，并整理成台账保存备查。

12.3.1 制浆造纸生产运行状况记录

（1）分生产线记录每日的原辅料用量及产量

根据厂区内生产布置和生产运行实际情况，记录厂内每条生产线的原辅材料用量和产量情况。若厂内不同生产线原辅材料交叉使用，且无法估算各生产线的原辅材料使用量或产量，也可以合起来进行记录，但要进行说明。

取水量（新鲜水）指调查年度从各种水源提取的并用于工业生产活动的水量总和，包括城市自来水用量、自备水（地表水、地下水和其他水）用量、水利工程供水量，以及企业从市场购得的其他水（如其他企业回用水量）。工业生产活动用水主要包括工业生产用水、辅助生产（包括机修、运输、空压站等）用水。厂区附属生活用水（厂内绿化、职工食堂、浴室、保健站、生活区居民家庭用水、企业附属幼儿园、学校、游泳池等的用水量）如果单独计量且生活污水不与工业废水混排的水量不计入取水量。

主要原辅料（木材、竹、芦苇、蔗渣、稻麦草等植物、废纸等）使用量，根据本厂实际从外购买的原辅材料进行整理记录，重点记录与污染物产生相关的原辅材料使用情况。

商品浆和纸板及机制纸等产品产量。根据排污单位实际生产情况，记录纸浆、纸板、机制纸或其他纸制品的产量，为了更好掌握污染物产生与生产状况的关系，纸浆、纸板、机制纸等作为中间产品而非最终产品的，也应进行记录。

（2）化学浆生产线需记录粗浆得率、细浆得率、黑液提取率、碱回收率等

一般来说，粗浆得率、细浆得率越高，黑液提取率越高，废水污染物产生量越低；粗浆得率、细浆得率越低，黑液提取率越低，废水污染物产生量越高。污染物产生量与粗浆得率、细浆得率、黑液提取率的关系可参考《污染源源强核算技术指南制浆造纸》（HJ 887—2018）。碱回收率是反映碱法制浆生产工艺过程清洁生产基本水平（包括碱回收系统生产技术及其管理水平）的主要技术指标。

粗浆得率：指蒸煮后获得的粗浆量（绝干或风干）与蒸煮前原料量（绝干或风干）的比值。

细浆得率：指蒸煮后的粗浆经过洗涤、筛选后获得的细浆量（绝干或风干）与蒸煮前原料量（绝干或风干）的比值。

黑液提取率：指送蒸发的黑液固形物量占蒸煮（含氧脱木素）所得固形物量的百分比。《污染源源强核算技术指南制浆造纸》，计算公式如下：

黑液提取率如下式：

$$R_B = \frac{DS}{\frac{1}{\eta_p} - 1 - S_R + M_A} \times 100\%$$

式中：R_B——黑液提取率，%；

DS——在一定计量时间内每吨收获浆（指截止到漂白工艺之前的制浆过程所得到的浆料）送蒸发工段黑液中（指过滤纤维后）的溶解性固形物，t/t；

η_p——在同一计量时间内收获浆（同上）的总得率，%；

S_R——在同一计量时间内收获浆每吨（同上）的总浆渣产生量，t/t；

M_A——在同一计量时间内收获浆每吨（同上）的总用碱量，t/t。

碱回收率：指经碱回收系统所回收的碱量（不包括由于芒硝还原所得的碱量）占同一计量时间内制浆过程所用总碱量（包括漂白工序之前所有生产过程的耗碱总量，但不包括漂白工序消耗的碱量）的质量百分比。计算公式如下：

① 计算方法 1：

$$R_A = 100 - \frac{a_0 + b + A - B}{A_{11} + b \pm a_k} \times 100\%$$

$$a_0 = a(1-W)\varphi P \times 0.437$$

$$A_{11} = A_N K_N$$

$$K_{N}=\frac{(1-S)(1-R_{K})}{R_{K}}$$

式中：R_A——碱回收率，%；

a_0——补充芒硝的产碱量，kg；

a——芒硝补充量，kg；

W——芒硝水分，%；

φ——芒硝的纯度，%；

P——芒硝的还原率，%；

0.437——由芒硝转化为氧化钠的系数；

b——氯漂工艺之前所有制浆过程补充的外来新鲜碱，kg；

A——统计开始时系统结存碱量，kg；

B——统计结束时系统结存碱量，kg；

A_{11}——回收碱量，kg；

A_N——回收活性碱量，kg；

K_N——转换系数；

S——硫化度，%；

R_K——苛化度，%；

a_K——白液结存碱量，kg。

②计算方法 2：

$$R_{A}=\frac{A_{11}-a_{0}}{A_{t}}\times 100\%$$

式中：R_A——碱回收率，%；

A_{11}——本期回收碱量，kg；

a_0——本期补充芒硝的产碱量，kg；

A_t——本期制浆（氯漂工艺之前）生产过程的总用碱量，kg。

（3）半化学浆、化机浆生产线需记录纸浆得率等

纸浆得率指经过工艺过程后获得的纸浆量与工艺处理前原料量的比值。一般来说纸浆得率越高，废水污染物产生量越低；纸浆得率越低，废水污染物产生量越高。

12.3.2 碱回收工艺运行状况记录

对于有碱回收工艺的排污单位，应记录碱回收每天的总固形物处理量，除此之外，还可以将碱回收运行状况进行记录，包括燃烧温度等，以便于对污染物产生情况进行估算。

对于有石灰窑的排污单位，应按日记录石灰窑石灰石使用量、石灰窑生石灰产量、燃料消耗量等，从而可以为辅助说明监测结果。

另外，由于碱回收炉和石灰窑在开停机过程中，存在污染排放状况易出现异常的情况，还应及时记录碱回收炉和石灰窑的停机、启动情况，以便对该时段内的监测数据进行说明，同时也便于整体估算全时段的排放状况。

12.3.3 污水处理运行状况记录

为了佐证废水监测数据情况，按日记录污水处理量、污水回用量、白水回用率、污水排放量、污泥产生量（记录含水率）、污水处理使用的药剂名称及用量、鼓风机电量等。

白水指抄纸工段废水，它来源于造纸车间纸张抄造过程。白水主要含有细小纤维、填料、涂料和溶解了的木材成分，以及添加的胶料、湿强剂、防腐剂等，以不溶性 COD 为主，可生化性较低，其加入的防腐剂有一定的毒性。白水水量较大，但其所含的有机污染负荷远远低于蒸煮黑液和中段废水。现在几乎所有的造纸厂造纸车间都采用了部分或全封闭系统以降低造纸耗水量，节约动力消耗，提高白水回用率，减少多余白水排放。一般来说白水回用率越高，废水污染物产生量越低，白水回用率越低，废水污染物产生量越高。白水回用率指在一定的计量时间内，生产过程中使用的重复利用白水水量（包括循环利用的水量和直接或

经处理后回收再利用的水量）与总用水量之比。

12.4 造纸行业固体废物产生和处理情况

记录一般工业固体废物和危险废物的产生量、综合利用量、处置量、贮存量、倾倒丢弃量，危险废物还应详细记录其具体去向。原料或辅助工序中产生的其他危险废物的情况也应记录，危险废物应严格执行危险废物相关管理要求。造纸排污单位常见一般工业固体废物及危险固体废物见表 12-1。

表 12-1 一般工业固体废物及危险固体废物来源

<table>
<tr><th>一般工业固体废物产生单元</th><th>一般工业固体废物名称</th><th>危险废物产生单元</th><th>危险废物名称</th></tr>
<tr><td>备料工序</td><td>原料灰渣、原料中的剩余废物</td><td>脱墨工序</td><td>脱墨渣</td></tr>
<tr><td>制浆工序</td><td>浆渣</td><td>碱法制浆蒸煮工序</td><td>废液、废渣</td></tr>
<tr><td>污水处理</td><td>污泥</td><td colspan="2" rowspan="3">其他工艺可能产生的危险废物按照《国家危险废物名录》或国家规定的危险废物鉴别标准和鉴别方法认定</td></tr>
<tr><td>碱回收工序</td><td>白泥、绿泥</td></tr>
<tr><td>石灰窑</td><td>石灰渣</td></tr>
</table>

对于委托外单位处置利用一般工业固体废物或者危险废物的，以及接收外单位一般工业固体废物或者危险废物的，应详细记录这些情况。对于自行综合利用、自行处置一般工业固体废物和危险废物的，还应当对本单位所拥有的处置场、焚烧装置等综合利用和处置设施及运行情况进行记录。

12.5 信息报告及信息公开

12.5.1 信息报告要求

为了排污单位更好地掌握本单位实际排污状况，也便于更好地对公众说明本单位的排污状况和监测情况，排污单位应编写自行监测年度报告，年度报告至少应包含以下内容：

1）监测方案的调整变化情况及变更原因；

2）企业及各主要生产设施（至少涵盖废气主要污染源相关生产设施）全年运行天数，各监测点、各监测指标全年监测次数、超标情况、浓度分布情况；

3）按要求开展的周边环境质量影响状况监测结果；

4）自行监测开展的其他情况说明；

5）排污单位实现达标排放所采取的主要措施。

自行监测年报不限于以上信息，任何有利于说明本单位自行监测情况和排放状况的信息，都可以写入自行监测年报中。另外，对于领取了排污许可证的排污单位，按照排污许可证管理要求，每年应提交年度执行报告，其中自行监测情况属于年度执行报告中的重要组成部分，排污单位可以将自行监测年报作为年度执行报告的一部分一并提交。

12.5.2　应急报告要求

由于排污单位非正常排放会对环境或者污水处理设施产生影响，因此对于监测结果出现超标的，排污单位应加密监测，并检查超标原因。短期内无法实现稳定达标排放的，应向环境保护主管部门提交事故分析报告，说明事故发生的原因，采取减轻或防止污染的措施，以及今后的预防及改进措施等；若因发生事故或者其他突发事件，排放的污水可能危及城镇排水与污水处理设施安全运行的，应当立即采取措施消除危害，并及时向城镇排水主管部门和环境保护主管部门等有关部门报告。

12.5.3　信息公开要求

信息公开应重点考虑两类群体的信息需求。一是排污单位周围居民的信息需求，周边居民是污染排放的直接影响者，最关心污染物排放状况对自身及环境的影响，因此对污染物排放状况及周边环境质量状况有强烈的了解需求。二是排污单位同类行业或者其他相关者的信息需求，同一行业不同排污单位之间存在一定的竞争关系，都希望在污染治理上得到相对公平的待遇，因此会格外关心同行的排放状况，并对同行业其他排污单位的排放状况信息有同行监督需求。

为了照顾这两类群体的信息需求，信息公开的方式应该便于这两大类群体获取信息。排污单位可以通过在厂区外或当地媒体上发布监测信息，使周边居民及时了解排污单位的排放状况，这类信息公开相对灵活，以便于周边居民获取信息为主要目的。而为了实现同行监督和一些公益组织的监督，也为了便于政府监督，有组织的信息公开方式更为有效率。目前，各级环境保护部门都在建设不同类型的信息公开平台，排污单位也应该根据相关要求在信息平台上发布信息，以便于各类群体间的相互监督。

具体来说，排污单位自行监测信息公开内容及方式按照《企业事业单位环境信息公开办法》（环境保护部令　第 31 号）及《国家重点监控企业自行监测及信息公开办法（试行）》（环发〔2013〕81 号）执行。非重点排污单位的信息公开要求由地方环境保护主管部门确定。

第 13 章　监测数据信息系统报送

为了方便排污单位信息报送和管理部门收集相关信息，受监测司委托，中国环境监测总站组织开发了“全国污染源监测信息管理与共享平台”，排污单位可通过该系统报送监测数据和相关信息。同时，发放了排污许可证的排污单位应通过“全国排污许可证管理信息平台”报送相关信息，为了便于填报，现已实现了“全国污染源监测信息管理与共享平台”和“全国排污许可证管理信息平台”的互联互通，排污单位可以通过两者其中之一登录系统填报监测数据。对于有地方监测数据管理平台的，可以通过数据交换的方式，实现数据的报送。

13.1　信息报送系统总体架构设计

根据《关于印发 2015 年中央本级环境监测能力建设项目建设方案的通知》（环办函〔2015〕1596 号），中国环境监测总站负责建设“全国污染源监测信息管理与共享平台”，面向社会公众、企业用户、委托机构用户、环保用户、系统管理用户 5 类用户，针对不同用户的不同业务需求，系统提供数据采集、二噁英监测数据中心、监测业务管理、数据查询处理与分析、决策支持、信息发布、信息发布移动终端版、自行监测知识库、排放标准管理、个人工作台、系统管理等功能。

另外，面向其他污染源监测信息采集节点（包括部级建设的在线监控系统、各省市级在线监控系统、各省级监测信息公开平台）、二噁英视频监控节点使用数据交换平台进行数据交换。

系统整体架构如图 13-1 所示。

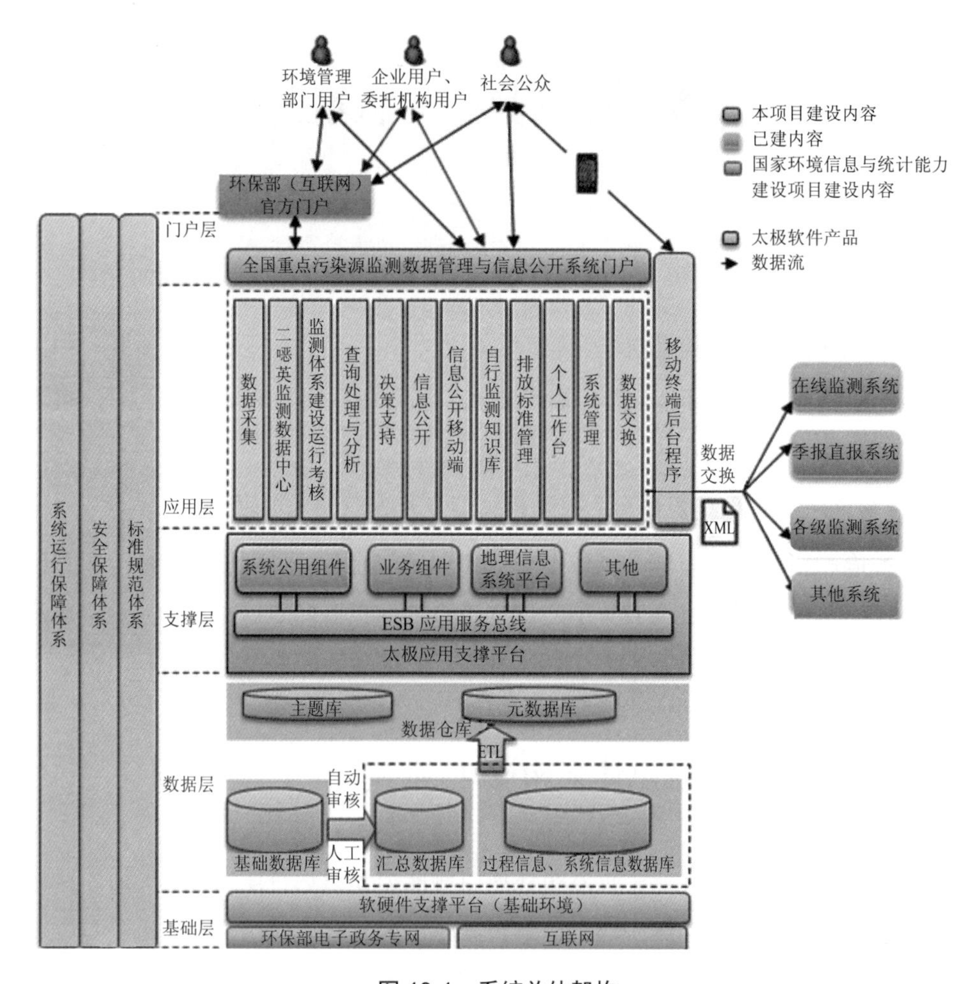

图 13-1 系统总体架构

系统总体架构采用 SOA 面向服务的“五层三体系”的标准成熟电子政务框架设计，该架构以总线为基础，依托公共组件、通用业务组件和开发工具实现应用系统快速开发和系统集成。并通过门户为所有用户提供个性化服务，包括但不限于门户网站、单点登录、个性化定制服务等。系统由基础层、数据层、支撑层、应用层、门户层 5 层及贯穿项目始终保障项目顺利实施和稳定、安全运行的运行保障体系、安全保障体系及标准规范体系构成。

基础层：本次建设将在利用监测总站现有的软硬件及网络环境基础上配置相应的系统运行所需软硬件设备及安全保障设备。

数据层：建设本次项目的基础数据库、元数据库，并在此基础上建设主题数据库、空间数据库提供数据挖掘和决策支持。本项目建设的数据库依据环保部相关标准及能力建设项目的数据中心相关标准进行建设。

支撑层：在太极应用支撑平台企业总线及相关公共组件的基础上，建设本系统的组件，为系统提供足够的灵活性和扩展性，为与季报直报系统、在线监控系统、各省市级在线监控系统及各省级监测信息公开平台进行应用集成提供灵活的框架，也为将来业务变化引起的系统变化提供快速调整的支撑。

应用层：开发本次系统的业务应用子系统，通过 ESB、数据交换实现与包括季报直报系统、在线监控系统、各省市级在线监控系统及各省级监测信息公开平台在内的其他系统对接。

门户层：面向环保部门用户、企业用户及公众用户提供互联网及移动互联网访问服务。

标准规范体系：制定全国重点污染源监测数据管理与信息公开数据交换标准规范，确保各应用系统按照统一的数据标准进行数据交换。

安全保障体系：结合本项目需采购的设备清单和对需求的理解，进行详细的信息安全等保体系设计。

系统运行保障体系：结合对本项目需求的理解，进行详细的系统运行保障体系设计。

13.2　信息报送系统应用层设计

全国重点污染源监测数据管理与信息公开系统提供的业务应用包括：数据采

集、二噁英监测数据中心、监测体系建设运行考核、数据查询处理与分析、决策支持、信息公开、信息发布移动终端、自行监测知识库、排放标准管理、个人工作台、系统管理及数据交换系统 12 个子系统。系统功能架构见图 13-2。

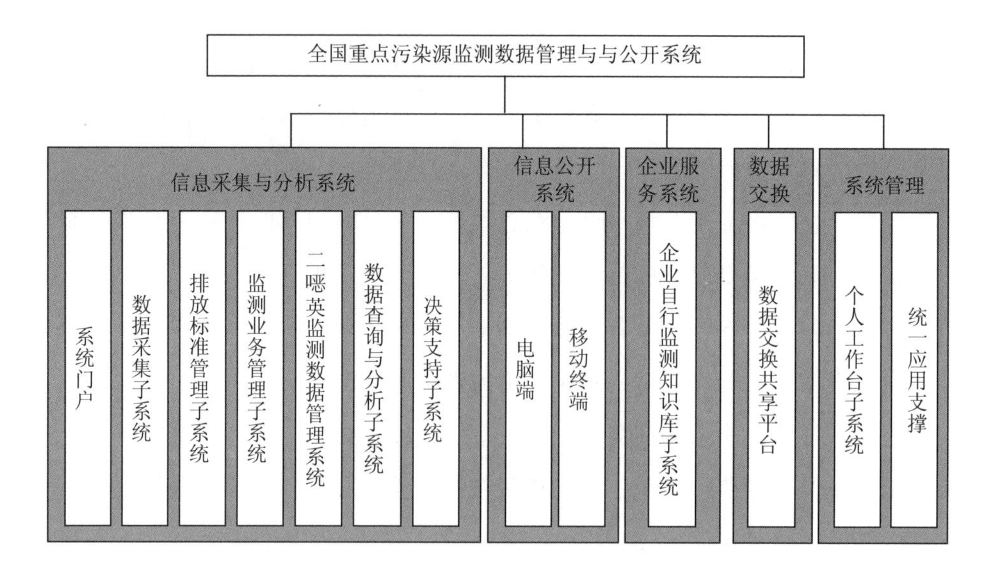

图 13-2 系统功能架构

数据采集：包括对企业自行监测数据和管理部门进行的监督性监测数据的采集；需要面向全国重点监控企业采集监测数据，对不同年份的企业建立不同的企业基础信息库，提供信息填报、审核、查询、发布功能，并形成关联以持续监督。

同时满足各级环保部门录入监督性监测数据、质控抽测数据、监督检查信息与结果、采集全国自动监控数据、自动监测数据有效性审核情况、监测站标准化建设情况、环境执法与监管情况等。企业的基础信息录入完成后需由属地环保部门进行确认。由于不同来源数据的采集频次和采集方式不同，系统提供不同的数据接入方式。

二噁英监测数据中心：实现中国环境监测总站（以下简称总站）对东北、华东、华中、华南、西北、西南地区的二噁英数据监控。总站可以统一对各分站下达任务计划、通知等，并可实时获取各分站的监测数据。各分站接收到总站任务后进行接收确认，待监测完成后将数据结果统一上报到总站，由总站进行汇总、分析等。

监测体系建设运行考核：根据管理要求，汇总减排监测体系建设运行总体情况，生成考核表格。实现按时间、空间、行业、污染源类型等统计，应开展监测的企业数量、不具备监测条件的企业数量及原因、实际开展监测的企业数量以及监测点位数量、监测指标数量、各监测指标的开展数量（企业自行监测分手工和自动）。

数据查询处理与分析：查询条件可以保存为查询方案，查询时可调用查询方案进行查询。

决策支持：该发布系统除采用基本的数据分析方法外，需要支持 OLAP 等分析技术，对数据中心的数据快速分析访问，向用户显示重要的数据分类、数据集合、数据更新的通知以及用户自己的数据订阅等信息。

提供环保搜索功能，用户可按权限快速查询各类环境信息。可以直接从系统进行汇总、平均或读取数据，实现多维数据结构的灵活表现。

信息发布：全国污染源监测数据信息公开系统包括电脑端信息发布和移动端信息发布，信息发布系统应满足为社会公众用户提供全国重点污染源自行监测和监督性监测信息公开的查询和浏览功能，推动公众参与监督重点监控企业污染物排放，督促企业按照规范自行监测及信息公开，督促企业自觉履行法定义务和社会责任。

信息公开移动终端：将环境质量与污染排放相结合，利用移动端便捷、直观的优势，快速、灵活、全面地提供数据中心关键资源的信息，包括 KPI 指标监控、数据查询以及结合电子地图的地图查询。帮助用户随时随地地了解环境质量及污染排放的关键数据和信息，提高污染源监管信息公开力度。

自行监测知识库：企业自行监测知识库系统能够面向企业单位提供自行监测

相关的法律法规、政策文件、排放标准、监测规范、方法、自行监测方案范例、相关处罚案例等查询服务，帮助和指导企业做好自行监测工作。

排放标准管理：提供排放标准的维护管理和达标评价功能。管理用户可以对标准进行增删改查操作，以保持标准为最新版本。提供接口，数据录入编辑时、数据进行发布时均可调用该接口判定该数据是否超标，超标的给予提示并按超标比例不同给出不同的颜色提醒。

个人工作台：包括信息提醒（邮件和短信）、通知管理、数据报送情况查询、数据校验规则设置与管理等。为不同用户提供针对性强、特定的用户体验，方便用户使用。

系统管理：系统管理实现系统维护相关功能，系统维护人员和数据管理人员基于这些功能对数据采集和服务进行管理，综合信息管理主要包括系统管理、个人工作管理、数据管理等方面的功能。

数据交换系统：建立数据交换共享平台，实现系统中各子系统间的内部数据交换，尤其是实现与外部系统的交换。

内部交换包括采集子系统与查询分析子系统，各子系统与信息发布子系统之间的数据交换。

外部交换主要是与其他信息系统的数据进行对接，本项目将依据能力建设项目的相关标准制定监测数据标准，交换的工作流程标准、安全标准及交换运行保障标准等标准，制定统一的数据接口供各地现行污染源监测及信息公开平台共享数据，并且为污染源监测数据管理系统及企业污染源自动监测数据采集等相关系统提供传输数据接口。各相关系统按数据标准生成数据 XML 文件通过接口传递到本系统解析入库，以实现与本系统的互联互通，减少企业重复录入，提高数据质量。

13.3 排污单位自行监测数据报送要求

13.3.1 排污单位自行监测数据报送方式

排污单位自行监测数据采集方式有两种：一种是可直接登录使用本系统录入自行监测方案及数据；另一种是使用各省自建平台录入自行监测方案及数据，再向本系统传送。本系统与排污许可管理信息系统互通，可从排污许可管理信息系统获取已发证企业的基本信息，再将本系统采集的自行监测数据推送给排污许可管理信息系统进行公开。

直接使用本系统采集和报送数据的企业，可先从排污许可管理信息系统共享已发证企业基本信息，使用本系统录入完善企业自行监测方案、监测数据等信息，再将监测数据共享到排污许可管理信息系统进行发布。企业自行监测数据报送流程见图 13-3。

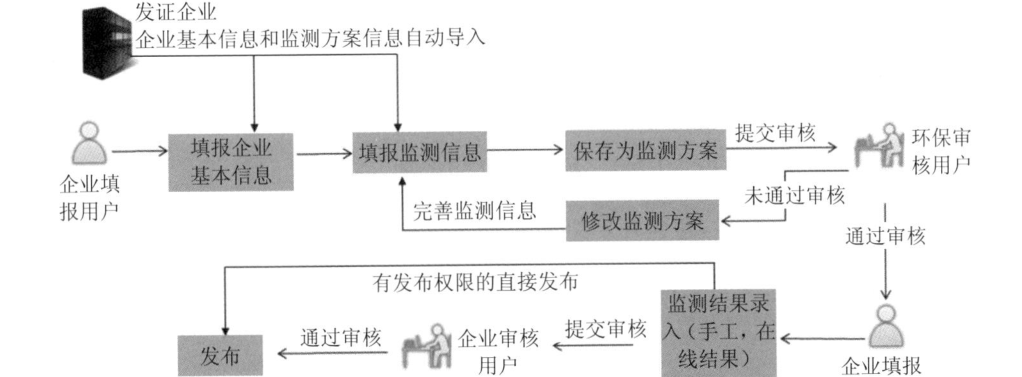

图 13-3 排污单位自行监测数据报送流程

如果各省份使用本地平台采集和发布信息，地方平台将发放许可证的企业信息和方案信息导入到地方平台，再由企业在地方平台进行数据的录入，然后由地方平台将数据导入国家平台。使用地方平台采集企业自行监测信息的报送流程见图 13-4。

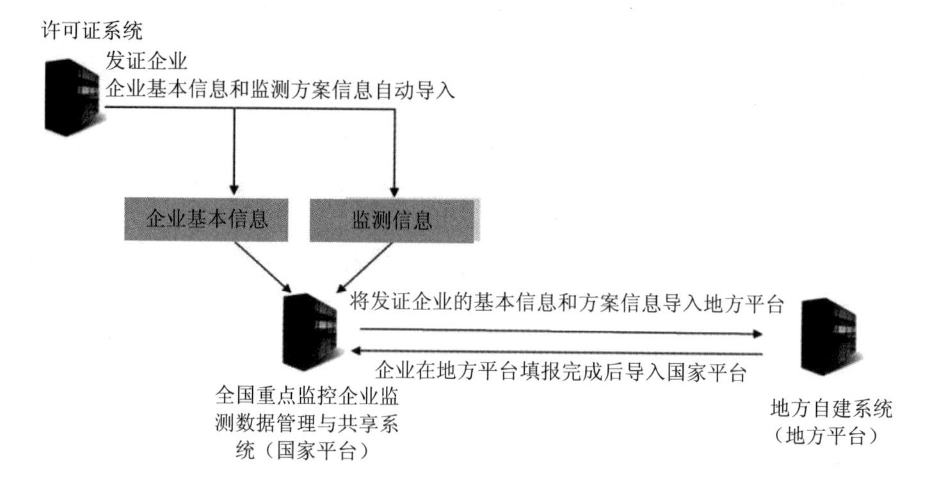

图 13-4 使用地方平台采集自行监测数据的报送流程

13.3.2 方案与数据填报流程

自行监测方案的填报流程。企业用户登录系统，录入企业基本信息，监测信息，保存成方案后提交所属环境保护管理部门审核（审核功能并非强制性，是否需要审核由环保管理部门根据本地区管理需求进行设置）。发放了许可证的企业，这两部分信息会自动从许可证系统导入到本系统中，企业仅需要完善即可。

自行监测数据填报流程。方案审核通过的企业按监测方案进行监测数据的填报，企业内部可以进行数据审核，审核通过的进行发布，不通过的退回填报用户进行修改。具有审核权限的填报用户也可以直接发布。

13.3.3　报送内容

企业基本信息：包括企业名称、社会信用代码、组织机构代码（与社会信用代码二选一）、企业类别、企业规模、注册类型、行业类别、企业注册地址、企业生产地址、企业地理位置。

监测方案信息：包括各排放设备、排放口、监测点位、监测项目、执行的排放标准及限值、监测方法、监测频次、委托服务机构等信息。

监测数据：分为手工监测数据、自动监测数据两类。需填报各监测点开展监测的各项污染物的排放浓度、相关参数信息、未监测原因等信息。其中，自动监测数据可以从各省统一接入，也可由企业自行录入。

附　录

附录 1　排污单位自行监测技术指南　总则

中华人民共和国国家环境保护标准

排污单位自行监测技术指南　总则

Self-monitoring technology guidelines for pollution sources—General rule

HJ 819—2017

前言

为落实《中华人民共和国环境保护法》《中华人民共和国大气污染防治法》《中华人民共和国水污染防治法》，指导和规范排污单位自行监测工作，制定本标准。

本标准提出了排污单位自行监测的一般要求、监测方案制定、监测质量保证和质量控制、信息记录和报告的基本内容和要求。

本标准为首次发布。

本标准由环境保护部环境监测司、科技标准司提出并组织制订。

本标准主要起草单位：中国环境监测总站。

本标准环境保护部 2017 年 4 月 25 日批准。

本标准自 2017 年 6 月 1 日起实施。

本标准由环境保护部解释。

1 适用范围

本标准提出了排污单位自行监测的一般要求、监测方案制定、监测质量保证和质量控制、信息记录和报告的基本内容和要求。

排污单位可参照本标准在生产运行阶段对其排放的水、气污染物，噪声以及对其周边环境质量影响开展监测。

本标准适用于无行业自行监测技术指南的排污单位；行业自行监测技术指南中未规定的内容按本标准执行。

2 规范性引用文件

本标准引用了下列文件或其中的条款。凡是未注明日期的引用文件，其最新版本适用于本标准。

GB 12348 工业企业厂界环境噪声排放标准

GB/T 16157 固定污染源排气中颗粒物测定与气态污染物采样方法

HJ 2.1 环境影响评价技术导则 总纲

HJ 2.2 环境影响评价技术导则 大气环境

HJ/T 2.3 环境影响评价技术导则 地面水环境

HJ 2.4 环境影响评价技术导则 声环境

HJ/T 55 大气污染物无组织排放监测技术导则

HJ/T 75 固定污染源烟气排放连续监测技术规范（试行）

HJ/T 76 固定污染源烟气排放连续监测系统技术要求及检测方法（试行）

HJ/T 91 地表水和污水监测技术规范

HJ/T 92　水污染物排放总量监测技术规范

HJ/T 164　地下水环境监测技术规范

HJ/T 166　土壤环境监测技术规范

HJ/T 194　环境空气质量手工监测技术规范

HJ/T 353　水污染源在线监测系统安装技术规范（试行）

HJ/T 354　水污染源在线监测系统验收技术规范（试行）

HJ/T 355　水污染源在线监测系统运行与考核技术规范（试行）

HJ/T 356　水污染源在线监测系统数据有效性判别技术规范（试行）

HJ/T 397　固定源废气监测技术规范

HJ 442　近岸海域环境监测规范

HJ 493　水质　样品的保存和管理技术规定

HJ 494　水质　采样技术指导

HJ 495　水质　采样方案设计技术规定

HJ 610　环境影响评价技术导则　地下水环境

HJ 733　泄漏和敞开液面排放的挥发性有机物检测技术导则

《企业事业单位环境信息公开办法》（环境保护部令　第 31 号）

《国家重点监控企业自行监测及信息公开办法（试行）》（环发〔2013〕81 号）

3　术语和定义

下列术语和定义适用于本标准。

3.1

自行监测　self-monitoring

指排污单位为掌握本单位的污染物排放状况及其对周边环境质量的影响等情况，按照相关法律法规和技术规范，组织开展的环境监测活动。

3.2

重点排污单位　key pollutant discharging entity

指由设区的市级及以上地方人民政府环境保护主管部门商有关部门确定的本行政区域内的重点排污单位。

3.3

外排口监测点位　emission site

指用于监测排污单位通过排放口向环境排放废气、废水（包括向公共污水处理系统排放废水）污染物状况的监测点位。

3.4

内部监测点位　internal monitoring site

指用于监测污染治理设施进口、污水处理厂进水等污染物状况的监测点位，或监测工艺过程中影响特定污染物产生排放的特征工艺参数的监测点位。

4　自行监测的一般要求

4.1　制定监测方案

排污单位应查清所有污染源，确定主要污染源及主要监测指标，制定监测方案。监测方案内容包括：单位基本情况、监测点位及示意图、监测指标、执行标准及其限值、监测频次、采样和样品保存方法、监测分析方法和仪器、质量保证与质量控制等。

新建排污单位应当在投入生产或使用并产生实际排污行为之前完成自行监测方案的编制及相关准备工作。

4.2　设置和维护监测设施

排污单位应按照规定设置满足开展监测所需要的监测设施。废水排放口，废气（采样）监测平台、监测断面和监测孔的设置应符合监测规范要求。监测平台应便于开展监测活动，应能保证监测人员的安全。

废水排放量大于 100 t/d 的，应安装自动测流设施并开展流量自动监测。

4.3 开展自行监测

排污单位应按照最新的监测方案开展监测活动，可根据自身条件和能力，利用自有人员、场所和设备自行监测；也可委托其他有资质的检（监）测机构代其开展自行监测。

持有排污许可证的企业自行监测年度报告内容可以在排污许可证年度执行报告中体现。

4.4 做好监测质量保证与质量控制

排污单位应建立自行监测质量管理制度，按照相关技术规范要求做好监测质量保证与质量控制。

4.5 记录和保存监测数据

排污单位应做好与监测相关的数据记录，按照规定进行保存，并依据相关法规向社会公开监测结果。

5 监测方案制定

5.1 监测内容

5.1.1 污染物排放监测

包括废气污染物（以有组织或无组织形式排入环境）、废水污染物（直接排入环境或排入公共污水处理系统）及噪声污染等。

5.1.2 周边环境质量影响监测

污染物排放标准、环境影响评价文件及其批复或其他环境管理有明确要求的，排污单位应按照要求对其周边相应的空气、地表水、地下水、土壤等环境质量开展监测；其他排污单位根据实际情况确定是否开展周边环境质量影响监测。

5.1.3 关键工艺参数监测

在某些情况下，可以通过对与污染物产生和排放密切相关的关键工艺参数进行测试以补充污染物排放监测。

5.1.4 污染治理设施处理效果监测

若污染物排放标准等环境管理文件对污染治理设施有特别要求的，或排污单位认为有必要的，应对污染治理设施处理效果进行监测。

5.2 废气排放监测

5.2.1 有组织排放监测

5.2.1.1 确定主要污染源和主要排放口

符合以下条件的废气污染源为主要污染源：

a）单台出力 14 MW 或 20 t/h 及以上的各种燃料的锅炉和燃气轮机组；

b）重点行业的工业炉窑（水泥窑、炼焦炉、熔炼炉、焚烧炉、熔化炉、铁矿烧结炉、加热炉、热处理炉、石灰窑等）；

c）化工类生产工序的反应设备（化学反应器/塔、蒸馏/蒸发/萃取设备等）；

d）其他与上述所列相当的污染源。

符合以下条件的废气排放口为主要排放口：

a）主要污染源的废气排放口；

b）“排污许可证申请与核发技术规范”确定的主要排放口；

c）对于多个污染源共用一个排放口的，凡涉及主要污染源的排放口均为主要排放口。

5.2.1.2 监测点位

a）外排口监测点位：点位设置应满足 GB/T 16157、HJ 75 等技术规范的要求。净烟气与原烟气混合排放的，应在排气筒，或烟气汇合后的混合烟道上设置监测点位；净烟气直接排放的，应在净烟气烟道上设置监测点位，有旁路的旁路烟道也应设置监测点位。

b）内部监测点位设置：当污染物排放标准中有污染物处理效果要求时，应在进入相应污染物处理设施单元的进出口设置监测点位。当环境管理文件有要求，或排污单位认为有必要的，可设置开展相应监测内容的内部监测点位。

5.2.1.3 监测指标

各外排口监测点位的监测指标应至少包括所执行的国家或地方污染物排放（控制）标准、环境影响评价文件及其批复、排污许可证等相关管理规定明确要求的污染物指标。排污单位还应根据生产过程的原辅用料、生产工艺、中间及最终产品，确定是否排放纳入相关有毒有害或优先控制污染物名录中的污染物指标，或其他有毒污染物指标，这些指标也应纳入监测指标。

对于主要排放口监测点位的监测指标，符合以下条件的为主要监测指标：

a）二氧化硫、氮氧化物、颗粒物（或烟尘/粉尘）、挥发性有机物中排放量较大的污染物指标；

b）能在环境或动植物体内积蓄对人类产生长远不良影响的有毒污染物指标（存在有毒有害或优先控制污染物相关名录的，以名录中的污染物指标为准）；

c）排污单位所在区域环境质量超标的污染物指标。

内部监测点位的监测指标根据点位设置的主要目的确定。

5.2.1.4 监测频次

a）确定监测频次的基本原则

排污单位应在满足本标准要求的基础上，遵循以下原则确定各监测点位不同监测指标的监测频次：

1）不应低于国家或地方发布的标准、规范性文件、规划、环境影响评价文件及其批复等明确规定的监测频次；

2）主要排放口的监测频次高于非主要排放口；

3）主要监测指标的监测频次高于其他监测指标；

4）排向敏感地区的应适当增加监测频次；

5）排放状况波动大的，应适当增加监测频次；

6）历史稳定达标状况较差的需增加监测频次，达标状况良好的可以适当降低监测频次；

7）监测成本应与排污企业自身能力相一致，尽量避免重复监测。

b）原则上，外排口监测点位最低监测频次按照表 1 执行。废气烟气参数和污染物浓度应同步监测。

表 1　废气监测指标的最低监测频次

排污单位级别	主要排放口		其他排放口的监测指标
	主要监测指标	其他监测指标	
重点排污单位	月—季度	半年—年	半年—年
非重点排污单位	半年—年	年	年

注：为最低监测频次的范围，分行业排污单位自行监测技术指南中依据此原则确定各监测指标的最低监测频次。

c）内部监测点位的监测频次根据该监测点位设置目的、结果评价的需要、补充监测结果的需要等进行确定。

5.2.1.5　监测技术

监测技术包括手工监测、自动监测两种，排污单位可根据监测成本、监测指标以及监测频次等内容，合理选择适当的监测技术。

对于相关管理规定要求采用自动监测的指标，应采用自动监测技术；对于监测频次高、自动监测技术成熟的监测指标，应优先选用自动监测技术；其他监测指标，可选用手工监测技术。

5.2.1.6　采样方法

废气手工采样方法的选择参照相关污染物排放标准及 GB/T 16157、HJ/T 397 等执行。废气自动监测参照 HJ/T 75、HJ/T 76 执行。

5.2.1.7 监测分析方法

监测分析方法的选用应充分考虑相关排放标准的规定、排污单位的排放特点、污染物排放浓度的高低、所采用监测分析方法的检出限和干扰等因素。

监测分析方法应优先选用所执行的排放标准中规定的方法。选用其他国家、行业标准方法的，方法的主要特性参数（包括检出下限、精密度、准确度、干扰消除等）需符合标准要求。尚无国家和行业标准分析方法的，或采用国家和行业标准方法不能得到合格测定数据的，可选用其他方法，但必须做方法验证和对比实验，证明该方法主要特性参数的可靠性。

5.2.2 无组织排放监测

5.2.2.1 监测点位

存在废气无组织排放源的，应设置无组织排放监测点位，具体要求按相关污染物排放标准及 HJ/T 55、HJ 733 等执行。

5.2.2.2 监测指标

按本标准 5.2.1.3 执行。

5.2.2.3 监测频次

钢铁、水泥、焦化、石油加工、有色金属冶炼、采矿业等无组织废气排放较重的污染源，无组织废气每季度至少开展一次监测；其他涉及无组织废气排放的污染源每年至少开展一次监测。

5.2.2.4 监测技术

按本标准 5.2.1.5 执行。

5.2.2.5 采样方法

参照相关污染物排放标准及 HJ/T 55、HJ 733 执行。

5.2.2.6 监测分析方法

按本标准 5.2.1.7 执行。

5.3 废水排放监测

5.3.1 监测点位

5.3.1.1 外排口监测点位

在污染物排放标准规定的监控位置设置监测点位。

5.3.1.2 内部监测点位

按本标准 5.2.1.2 b）执行。

5.3.2 监测指标

符合以下条件的为各废水外排口监测点位的主要监测指标：

a）化学需氧量、五日生化需氧量、氨氮、总磷、总氮、悬浮物、石油类中排放量较大的污染物指标；

b)污染物排放标准中规定的监控位置为车间或生产设施废水排放口的污染物指标，以及有毒有害或优先控制污染物相关名录中的污染物指标；

c）排污单位所在流域环境质量超标的污染物指标。

其他要求按本标准 5.2.1.3 执行。

5.3.3 监测频次

5.3.3.1 监测频次确定的基本原则

按本标准 5.2.1.4 a）执行。

5.3.3.2 原则上，外排口监测点位最低监测频次按照表 2 执行。各排放口废水流量和污染物浓度同步监测。

表 2 废水监测指标的最低监测频次

排污单位级别	主要监测指标	其他监测指标
重点排污单位	日—月	季度—半年
非重点排污单位	季度	年

注：为最低监测频次的范围，在行业排污单位自行监测技术指南中依据此原则确定各监测指标的最低监测频次。

5.3.3.3　内部监测点位监测频次

按本标准 5.2.1.4　c）执行。

5.3.4　监测技术

按本标准 5.2.1.5 执行。

5.3.5　采样方法

废水手工采样方法的选择参照相关污染物排放标准及 HJ/T 91、HJ/T 92、HJ 493、HJ 494、HJ 495 等执行，根据监测指标的特点确定采样方法为混合采样方法或瞬时采样的方法，单次监测采样频次按相关污染物排放标准和 HJ/T 91 执行。污水自动监测采样方法参照 HJ/T 353、HJ/T 354、HJ/T 355、HJ/T 356 执行。

5.3.6　监测分析方法

按本标准 5.2.1.7 执行。

5.4　厂界环境噪声监测

5.4.1　监测点位

5.4.1.1　厂界环境噪声的监测点位置具体要求按 GB 12348 执行。

5.4.1.2　噪声布点应遵循以下原则：

a）根据厂内主要噪声源距厂界位置布点；

b）根据厂界周围敏感目标布点；

c）“厂中厂”是否需要监测根据内部和外围排污单位协商确定；

d）面临海洋、大江、大河的厂界原则上不布点；

e）厂界紧邻交通干线不布点；

f）厂界紧邻另一排污单位的，在临近另一排污单位侧是否布点由排污单位协商确定。

5.4.2　监测频次

厂界环境噪声每季度至少开展一次监测，夜间生产的要监测夜间噪声。

5.5 周边环境质量影响监测

5.5.1 监测点位

排污单位厂界周边的土壤、地表水、地下水、大气等环境质量影响监测点位参照排污单位环境影响评价文件及其批复及其他环境管理要求设置。

如环境影响评价文件及其批复及其他文件中均未作出要求，排污单位需要开展周边环境质量影响监测的，环境质量影响监测点位设置的原则和方法参照 HJ 2.1、HJ 2.2、HJ/T 2.3、HJ 2.4、HJ 610 等规定。各类环境影响监测点位设置按照 HJ/T 91、HJ/T 164、HJ 442、HJ/T 194、HJ/T 166 等执行。

5.5.2 监测指标

周边环境质量影响监测点位监测指标参照排污单位环境影响评价文件及其批复等管理文件的要求执行，或根据排放的污染物对环境的影响确定。

5.5.3 监测频次

若环境影响评价文件及其批复等管理文件有明确要求的，排污单位周边环境质量监测频次按照要求执行。

否则，涉水重点排污单位地表水每年丰、平、枯水期至少各监测一次，涉气重点排污单位空气质量每半年至少监测一次，涉重金属、难降解类有机污染物等重点排污单位土壤、地下水每年至少监测一次。发生突发环境事故对周边环境质量造成明显影响的，或周边环境质量相关污染物超标的，应适当增加监测频次。

5.5.4 监测技术

按本标准 5.2.1.5 执行。

5.5.5 采样方法

周边水环境质量监测点采样方法参照 HJ/T 91、HJ/T 164、HJ 442 等执行。

周边大气环境质量监测点采样方法参照 HJ/T 194 等执行。

周边土壤环境质量监测点采样方法参照 HJ/T 166 等执行。

5.5.6 监测分析方法

按本标准 5.2.1.7 执行。

5.6 监测方案的描述

5.6.1 监测点位的描述

所有监测点位均应在监测方案中通过语言描述、图形示意等形式明确体现。描述内容包括监测点位的平面位置及污染物的排放去向等。废水监测点需明确其所在废水排放口、对应的废水处理工艺，废气排放监测点位需明确其在排放烟道的位置分布、对应的污染源及处理设施。

5.6.2 监测指标的描述

所有监测指标采用表格、语言描述等形式明确体现。监测指标应与监测点位相对应，监测指标内容包括每个监测点位应监测的指标名称、排放限值、排放限值的来源（如标准名称、编号）等。

国家或地方污染物排放（控制）标准、环境影响评价文件及其批复、排污许可证中的污染物，如排污单位确认未排放，监测方案中应明确注明。

5.6.3 监测频次的描述

监测频次应与监测点位、监测指标相对应，每个监测点位的每项监测指标的监测频次都应详细注明。

5.6.4 采样方法的描述

对每项监测指标都应注明其选用的采样方法。废水采集混合样品的，应注明混合样采样个数。废气非连续采样的，应注明每次采集的样品个数。废气颗粒物采样，应注明每个监测点位设置的采样孔和采样点个数。

5.6.5 监测分析方法的描述

对每项监测指标都应注明其选用的监测分析方法名称、来源依据、检出限等内容。

5.7 监测方案的变更

当有以下情况发生时，应变更监测方案：

a）执行的排放标准发生变化；

b）排放口位置、监测点位、监测指标、监测频次、监测技术任一项内容发生变化；

c）污染源、生产工艺或处理设施发生变化。

6 监测质量保证与质量控制

排污单位应建立并实施质量保证与控制措施方案，以自证自行监测数据的质量。

6.1 建立质量体系

排污单位应根据本单位自行监测的工作需求，设置监测机构，梳理监测方案制定、样品采集、样品分析、监测结果报出、样品留存、相关记录的保存等监测的各个环节中，为保证监测工作质量应制定的工作流程、管理措施与监督措施，建立自行监测质量体系。

质量体系应包括对以下内容的具体描述：监测机构，人员，出具监测数据所需仪器设备，监测辅助设施和实验室环境，监测方法技术能力验证，监测活动质量控制与质量保证等。

委托其他有资质的检（监）测机构代其开展自行监测的，排污单位不用建立监测质量体系，但应对检（监）测机构的资质进行确认。

6.2 监测机构

监测机构应具有与监测任务相适应的技术人员、仪器设备和实验室环境，明确监测人员和管理人员的职责、权限和相互关系，有适当的措施和程序保证监测结果准确可靠。

6.3 监测人员

应配备数量充足、技术水平满足工作要求的技术人员，规范监测人员录用、培训教育和能力确认/考核等活动，建立人员档案，并对监测人员实施监督和管理，规避人员因素对监测数据正确性和可靠性的影响。

6.4 监测设施和环境

根据仪器使用说明书、监测方法和规范等的要求，配备必要的如除湿机、空调、干湿度温度计等辅助设施，以使监测工作场所条件得到有效控制。

6.5 监测仪器设备和实验试剂

应配备数量充足、技术指标符合相关监测方法要求的各类监测仪器设备、标准物质和实验试剂。

监测仪器性能应符合相应方法标准或技术规范要求，根据仪器性能实施自校准或者检定/校准、运行和维护、定期检查。

标准物质、试剂、耗材的购买和使用情况应建立台账予以记录。

6.6 监测方法技术能力验证

应组织监测人员按照其所承担监测指标的方法步骤开展实验活动，测试方法的检出浓度、校准（工作）曲线的相关性、精密度和准确度等指标，实验结果满足方法相应的规定以后，方可确认该人员实际操作技能满足工作需求，能够承担测试工作。

6.7 监测质量控制

编制监测工作质量控制计划，选择与监测活动类型和工作量相适应的质控方法，包括使用标准物质、采用空白试验、平行样测定、加标回收率测定等，定期进行质控数据分析。

6.8 监测质量保证

按照监测方法和技术规范的要求开展监测活动，若存在相关标准规定不明确但又影响监测数据质量的活动，可编写《作业指导书》予以明确。

编制工作流程等相关技术规定，规定任务下达和实施，分析用仪器设备购买、验收、维护和维修，监测结果的审核签发、监测结果录入发布等工作的责任人和完成时限，确保监测各环节无缝衔接。

设计记录表格，对监测过程的关键信息予以记录并存档。

定期对自行监测工作开展的时效性、自行监测数据的代表性和准确性、管理部门检查结论和公众对自行监测数据的反馈等情况进行评估，识别自行监测存在的问题，及时采取纠正措施。管理部门执法监测与排污单位自行监测数据不一致的，以管理部门执法监测结果为准，作为判断污染物排放是否达标、自动监测设施是否正常运行的依据。

7 信息记录和报告

7.1 信息记录

7.1.1 手工监测的记录

7.1.1.1 采样记录：采样日期、采样时间、采样点位、混合取样的样品数量、采样器名称、采样人姓名等。

7.1.1.2 样品保存和交接：样品保存方式、样品传输交接记录。

7.1.1.3 样品分析记录：分析日期、样品处理方式、分析方法、质控措施、分析结果、分析人姓名等。

7.1.1.4 质控记录：质控结果报告单。

7.1.2 自动监测运维记录

包括自动监测系统运行状况、系统辅助设备运行状况、系统校准、校验工作等；仪器说明书及相关标准规范中规定的其他检查项目；校准、维护保养、维修记录等。

7.1.3 生产和污染治理设施运行状况

记录监测期间企业及各主要生产设施（至少涵盖废气主要污染源相关生产设施）运行状况（包括停机、启动情况）、产品产量、主要原辅料使用量、取水量、主要燃料消耗量、燃料主要成分、污染治理设施主要运行状态参数、污染治理主要药剂消耗情况等。日常生产中上述信息也需整理成台账保存备查。

7.1.4 固体废物（危险废物）产生与处理状况

记录监测期间各类固体废物和危险废物的产生量、综合利用量、处置量、贮存量、倾倒丢弃量，危险废物还应详细记录其具体去向。

7.2 信息报告

排污单位应编写自行监测年度报告，年度报告至少应包含以下内容：

a）监测方案的调整变化情况及变更原因；

b）企业及各主要生产设施（至少涵盖废气主要污染源相关生产设施）全年运行天数，各监测点、各监测指标全年监测次数、超标情况、浓度分布情况；

c）按要求开展的周边环境质量影响状况监测结果；

d）自行监测开展的其他情况说明；

e）排污单位实现达标排放所采取的主要措施。

7.3 应急报告

监测结果出现超标的，排污单位应加密监测，并检查超标原因。短期内无法实现稳定达标排放的，应向环境保护主管部门提交事故分析报告，说明事故发生的原因，采取减轻或防止污染的措施，以及今后的预防及改进措施等；若因发生事故或者其他突发事件，排放的污水可能危及城镇排水与污水处理设施安全运行的，应当立即采取措施消除危害，并及时向城镇排水主管部门和环境保护主管部门等有关部门报告。

7.4 信息公开

排污单位自行监测信息公开内容及方式按照《企业事业单位环境信息公开办法》及《国家重点监控企业自行监测及信息公开办法（试行）》执行。非重点排污单位的信息公开要求由地方环境保护主管部门确定。

8 监测管理

排污单位对其自行监测结果及信息公开内容的真实性、准确性、完整性负责。

排污单位应积极配合并接受环境保护主管部门的日常监督管理。

附录 2　排污单位自行监测技术指南　造纸工业

中华人民共和国国家环境保护标准

排污单位自行监测技术指南　造纸工业

Self-monitoring technology guidelines for pollution sources—Paper industry

HJ 821—2017

前言

为落实《中华人民共和国环境保护法》《中华人民共和国水污染防治法》《中华人民共和国大气污染防治法》，指导和规范造纸工业企业排污单位自行监测工作，制定本标准。

本标准提出了造纸工业企业自行监测的一般要求、监测方案制定、信息记录和报告的基本内容和要求。

本标准为首次发布。

本标准由环境保护部环境监测司、科技标准司提出并组织制订。

本标准主要起草单位：中国环境监测总站。

本标准环境保护部 2017 年 4 月 25 日批准。

本标准自 2017 年 6 月 1 日起实施。

本标准由环境保护部解释。

1　适用范围

本标准提出了造纸工业企业自行监测的一般要求、监测方案制定、信息记录和报告的基本内容和要求。

造纸工业企业可参照本标准在生产运行阶段对其排放的水、气污染物，噪声以及对其周边环境质量影响开展监测。

2 规范性引用文件

本标准引用了下列文件或其中的条款。凡是未注明日期的引用文件，其最新版本适用于本标准。

GB 3544 制浆造纸工业水污染物排放标准

HJ/T 2.3 环境影响评价技术导则 地面水环境

HJ/T 91 地表水和污水监测技术规范

HJ 442 近岸海域环境监测规范

HJ 819 排污单位自行监测技术指南 总则

3 术语和定义

GB 3544 界定的以及下列术语和定义适用于本标准。

3.1

造纸工业 paper industry

指以木材、稻草、芦苇、破布等或废纸等为原料生产纸浆，以纸浆为原料生产纸张、纸板等产品，及以纸和纸板为原料加工纸制品的企业或生产设施。

3.2

制浆造纸企业 pulp and paper enterprise

指有制浆或造纸工序的企业，包括制浆企业、造纸企业、浆纸联合企业。有制浆或造纸生产工序的纸制品加工企业也视为制浆造纸企业。

3.3

纸制品加工企业 paper products processing enterprises

用纸和纸板为原料加工制成纸制品的企业。

4 自行监测的一般要求

排污单位应查清本单位的污染源、污染物指标及潜在的环境影响，制定监测方案，设置和维护监测设施，按照监测方案开展自行监测，做好质量保证和质量控制，记录和保存监测数据，依法向社会公开监测结果。

5 监测方案制定

5.1 废水排放监测

5.1.1 外排口监测点位

有元素氯漂白工序的造纸工业企业，须在元素氯漂白车间排放口或元素氯漂白车间处理设施排放口设置监测点位。

有脱墨工序，且脱墨工序排放重金属的造纸工业企业，须在脱墨车间排放口或脱墨车间处理设施排放口设置监测点位。

所有造纸工业企业均须在企业废水总排放口设置监测点位。

5.1.2 外排口监测指标及监测频次

直接排放的造纸工业企业废水外排口监测指标及频次按表 1 执行，间接排放的造纸工业企业参照表 1 执行。

5.2 废气排放监测

5.2.1 有组织废气排放监测点位、指标与频次

5.2.1.1 碱回收炉、石灰窑废气排放口的监测指标及频次按表 2 执行。

5.2.1.2 若排污单位有溶解槽、漂白气体制备等物理/化学反应设备，或其他有组织废气排放源，应根据污染物排放状况，参照 HJ 819 确定监测指标和频次等内容。

表 1　废水排放口监测指标最低监测频次

排污单位级别	监测点位	监测指标	监测频次	备注
重点排污单位[a]	企业废水总排放口	流量、pH、化学需氧量	自动监测	—
		氨氮[b]	日	
		悬浮物、色度	日	—
		总氮、总磷[b]	周（日）	水环境质量中总氮（无机氮）/总磷（活性磷酸盐）超标的流域或沿海地区，或总氮/总磷实施总量控制区域，总氮/总磷最低监测频次按日执行
		五日生化需氧量	周	—
		挥发酚、硫化物、溶解性总固体（全盐量）	季度	选测
	元素氯漂白车间废水排放口	可吸附有机卤素（AOX）、二噁英、流量	年	可吸附有机卤素（AOX）、二噁英监测结果超标的，应适当增加监测频次
	脱墨车间废水排放口	环境影响评价及批复、或摸底监测确定的重金属污染物指标	周	若无重金属排放，则不需要开展监测
非重点排污单位	企业废水总排放口	pH、悬浮物、色度、五日生化需氧量、化学需氧量、氨氮、总氮、总磷、流量	季度	—

[a] 制浆造纸企业全部按重点排污单位管理。
[b] 设区的市级及以上环保主管部门明确要求安装自动监测设备的污染物指标，须采取自动监测。

表 2　废气排放口监测指标最低监测频次

污染源	监测点位	监测指标	监测频次
碱回收炉	碱回收炉排气筒或烟道上	氮氧化物、二氧化硫	自动监测
		颗粒物、烟气黑度	季度
石灰窑	石灰窑排气筒或烟道上	颗粒物、氮氧化物、二氧化硫	季度

注：排气筒废气监测要同步监测烟气参数。

5.2.2　无组织废气排放监测点位、指标与频次

造纸工业企业无组织废气排放监测点位设置、监测指标及频次按表 3 执行。

表 3 无组织废气监测指标最低监测频次

企业类型	监测点位	监测指标	监测频次
有制浆工序的企业	厂界	臭气浓度[a]、颗粒物	年（月[b]）
采用含氯漂白工艺的企业	漂白车间或二氧化氯制备车间外	氯化氢	年
有生化污水处理工序的企业	厂界	臭气浓度、硫化氢、氨	年
有石灰窑的企业	厂界	颗粒物	年

[a] 根据环境影响评价文件及其批复，以及原料工艺等确定是否监测其他臭气污染物。

[b] 适用于有硫酸盐法制浆或硫酸盐法纸浆漂白工序的企业，若周边没有敏感点，可适当降低监测频次。

5.3 厂界环境噪声监测

厂界环境噪声监测点位设置应遵循 HJ 819 中的原则，主要考虑表 4 噪声源在厂区内的分布情况。

表 4 厂界环境噪声布点应关注的造纸工业企业主要噪声源

噪声源	主要设备
生产车间	备料过程的机械、制浆机械、抄纸机械、纸制品加工机械等
污水处理	生化处理曝气设备、污泥脱水设备等

厂界环境噪声每季度至少开展一次昼夜监测，周边有敏感点的，应提高监测频次。

5.4 周边环境质量影响监测

5.4.1 环境影响评价文件及其批复、相关环境管理政策有明确要求的，按要求执行。

5.4.2 无明确要求的，对于废水直接排入地表水、海水的排污单位，若企业认为有必要的，可按照 HJ/T 2.3、HJ/T 91、HJ 442 及受纳水体环境管理要求设置监测断面和监测点位，监测指标及频次按表 5 执行。

表 5　周边环境质量影响最低监测频次

目标环境	监测指标	监测频次
地表水	pH、悬浮物、化学需氧量、五日生化需氧量、氨氮、总磷、总氮、石油类	每年丰、平、枯水期至少各监测一次
海水	pH、化学需氧量、五日生化需氧量、溶解氧、活性磷酸盐、无机氮、石油类	每年大潮期、小潮期至少各监测一次

5.5　其他要求

5.5.1　除表 1～表 3 中的污染物指标外，5.5.1.1 和 5.5.1.2 中的污染物指标也应纳入监测指标范围，并参照表 1～表 3 和 HJ 819 确定监测频次。

5.5.1.1　排污许可证、所执行的污染物排放（控制）标准、环境影响评价文件及其批复、相关环境管理规定明确要求的污染物指标；

5.5.1.2　排污单位根据生产过程的原辅用料、生产工艺、中间及最终产品类型、监测结果确定实际排放的，在有毒有害或优先控制污染物相关名录中的污染物指标，或其他有毒污染物指标。

5.5.2　各指标的监测频次在满足本标准的基础上，可根据 HJ 819 中监测频次的确定原则提高监测频次。

5.5.3　采样方法、监测分析方法、监测质量保证与质量控制等按照 HJ 819 执行。

5.5.4　监测方案的描述、变更按照 HJ 819 执行。

6　信息记录和报告

6.1　信息记录

6.1.1　监测信息记录

手工监测记录和自动监测运维记录按照 HJ 819 执行。

6.1.2　生产和污染治理设施运行状况信息记录

应详细记录企业以下生产及污染治理设施运行状况，日常生产中也应参照以下内容记录相关信息，并整理成台账保存备查。

6.1.2.1 制浆造纸生产运行状况记录

a）分生产线记录每日的原辅料用量及产量：取水量（新鲜水），主要原辅料（木材、竹、芦苇、蔗渣、稻麦草等植物，废纸等）使用量，商品浆和纸板及机制纸产量等；

b）化学浆生产线还需记录粗浆得率、细浆得率、碱回收率、黑液提取率等；

c）半化学浆、化机浆生产线还需记录纸浆得率等。

6.1.2.2 碱回收工艺运行状况记录

按日记录石灰窑石灰石使用量、石灰窑生石灰产量、总固形物处理量、燃料消耗量等。

还应及时记录碱回收炉和石灰窑的停机、启动情况。

6.1.2.3 污水处理运行状况记录

按日记录污水处理量、污水回用量、白水回用率、污水排放量、污泥产生量（记录含水率）、污水处理使用的药剂名称及用量、鼓风机电量等。

6.1.3 工业固体废物和危险废物记录

记录一般工业固体废物和危险废物的产生量、综合利用量、处置量、贮存量、倾倒丢弃量，危险废物还应详细记录其具体去向。原料或辅助工序中产生的其他危险废物的情况也应记录。

表 6 一般工业固体废物及危险固体废物来源

<table>
<tr><th>一般工业固体废物产生单元</th><th>一般工业固体废物名称</th><th>危险废物产生单元</th><th>危险废物名称</th></tr>
<tr><td>备料工序</td><td>原料灰渣、原料中的剩余废物</td><td>脱墨工序</td><td>脱墨渣</td></tr>
<tr><td>制浆工序</td><td>浆渣</td><td>碱法制浆蒸煮工序</td><td>废液、废渣</td></tr>
<tr><td>污水处理</td><td>污泥</td><td rowspan="3" colspan="2">其他工艺可能产生的危险废物按照《国家危险废物名录》或国家规定的危险废物鉴别标准和鉴别方法认定</td></tr>
<tr><td>碱回收工序</td><td>白泥、绿泥</td></tr>
<tr><td>石灰窑</td><td>石灰渣</td></tr>
</table>

6.2 信息报告、应急报告和信息公开

按照 HJ 819 执行。

7 其他

本标准规定的内容外，按照 HJ 819 执行。

附录 3　自行监测质量控制相关模板和样表

附录 3-1　检测工作程序（样式）

1　目的

对检测任务的下达、检测方案的制定、采样器皿和试剂的准备，样品采集和现场检测，实验室内样品分析，以及测试原始积累的填写等各个环节实施有效的质量控制，保证检测结果的代表性、准确性。

2　适用范围

适用于本单位实施的检测工作。

3　职责

3.1　***负责下达检测任务。

3.2　***负责根据检测目的、排放标准、相关技术规范和管理要求制定检测方案（某些企业的检测方案是环保部门发放许可证时已经完成技术审查的，在一定时间段内执行即可，不必在每一次检测任务均制定检测方案）。

3.3　***负责实施需现场检测的项目，***采集样品并记录采集样品的时间、地点、状态等参数，并做好样品的标识，***负责样品流转过程中的质量控制，负责将样品移交给样品接收人员。

3.4　***负责接收送检样品，在接收送检样品时，对样品的完整性和对应检测要求的适宜性进行验收，并将样品分发到相应分析任务承担人员（如果没有集中接样后，在由接样人员分发样品到分析人员的制度设计，这一步骤可以省略）。

3.5　***负责本人承担项目样品的接收、保管和分析。

4 工作程序

4.1 方案制定

负责根据检测目的、排放标准、相关技术规范和环境管理要求，制定检测方案，明确检测内容、频次，各任务执行人，使用的检测方法、采用的检测仪器，以及采取的质控措施。经审核、***批准后实施该检测方案。

4.2 现场检测和样品采集

***采样人员根据检测方案要求，按国家有关的标准、规范到现场进行现场检测和样品采集，记录现场检测结果相关的信息，以及生产工况。样品采集后，按规定建立样品的唯一标识，填写采样过程质保单和采样记录。必要时，受检部门有关人员应在采样原始记录上签字认可。

4.3 样品的流转

采样人员送检样品时，由接样人员认真检查样品表观、编号、采样量等信息是否与采样记录相符合，确认样品量是否能满足检测项目要求，采样人员和接样人员双方签字认可（如果没有集中接样后，在由接样人员分发样品到分析人员的制度设计，这一步骤可以省略）。

分析人员在接收样品时，应认真查看和验收样品表观、编号、采样量等信息是否与采样记录相符合，并核实样品交接记录，分析人员确认无误后在样品交接单签字。

4.4 样品的管理

样品应妥善存放在专用且适宜的样品保存场所，分析人员应准确标识样品所处的实验状态，用“待测”、“在测”和“测毕”标签加以区别。

分析人员在分析前如发现样品异常或对样品有任何疑问时，应立即查找原因，待符合分析要求后，再进行分析。

对要求在特定环境下保存的样品，分析人员应严格控制环境条件，按要求进行保存，保证样品在存放过程中不变质、不损坏。若发现样品在保存过程中出现异常情况，应及时向质量负责人汇报，查明原因及时采取措施。

4.5 样品的分析

分析人员按检测任务分工安排，严格按照方案中规定的方法标准/规范分析样品，及时填写分析原始记录、测试环境监控记录、仪器使用记录等相关记录并签字。

4.6 样品的处置

除特殊情况需留存的样品外，检测后的余样应送污水处理站进行处理。

5 相关程序文件

《异常情况处理程序》

6 相关记录表格

《废水采样原始记录表》

《废气检测原始记录表》

《内部样品交接单》

《样品留存记录表》

《pH 分析原始记录表》

《颗粒物监测原始记录》

《烟气黑度测试记录表》

《现场监测质控审核记录》

《废水流量监测记录（流速仪法）》

附录 3-2 ****（单位名称）废（污）水采样原始记录表

（检）字【　　　　】第　　　　号　　　　　　　　　　　　　　　　　　　　共　　页，第　　页

采样时间	排污口编号	样品编号	水温/℃	pH	流量		监 测 项 目	废（污）水表观描述	废（污）水主要来源	排放规律（以流速变化判断）
					（m^3/h）	（m^3/d）				
时　分										
时　分										
时　分										1．连续稳定
时　分										2．连续不稳定
时　分										3．间断稳定
时　分										4．间断不稳定
时　分										
时　分										
时　分										
治理设施运行情况	治理设施类型及名称								新鲜用水量/（t/d）	
	处理量（吨/日）	设计		建设日期		COD 设计去除率			回用水量/（t/d）	
		实际		处理规律		氨氮设计去除率			生产负荷	
	主要原料			主要产品						
备注	表观描述应包括颜色、气味、悬浮物含量情况等信息。回用水量不含设施循环水部分。									

检测人员：　　　　　　校对：　　　　　　审核：　　　　　　　　　　检测日期：　　年　　月　　日

附录 3-3　****（单位名称）内部样品交接单

（检）字【　　　　】第　　　　号　　　　　　　　　　　　　　　　第　　页，共　　页

送样人		采样时间		接样人	接样时间	
样品名称及编号	样品类型	样品表观	样品数量	监测项目	质保措施	分析人员签字
备注	平行样品分析项目及编号： 加标样品分析项目及编号：					

填写人员：　　　　校对：　　　　审核：　　　　　　　　日期：　　年　　月　　日

附录 3-4　重量法分析原始记录表

渝环（监）【　　　　　】第　　　　　号　　　　　　　　　　　　　　　　　　　　　　第　　页，共　　页

分析项目		仪器名称 型号		方法 名称		送样日期		环境 条件	室温/℃	
		仪器编号		方法 依据		分析日期			湿度/%	
烘干/灼烧 温度/℃		烘干/灼烧 时间/h		恒重温度/ ℃		恒重时间/ h				

样品名称 及编号	器皿 编号	取样量 （　）	初重/g			终重/g			样重/g	计算结果 （　　）	报出结果 （　　）	备　注
			W_1	W_2	$W_{均}$	W_1	W_2	$W_{均}$	ΔW			

分析：　　　　　　　　　　校对：　　　　　　　　　　审核：　　　　　　　　　　报告日期：　　　年　　　月　　　日

附录 3-5　原子吸收分光光度法原始记录表

渝环（检）字【　　　　】第　　　　号　　　　　　　　　　第　　页，共　　页

测定项目		方法名称			送样日期		环境条件	温度/℃	
仪器名称、型号		方法依据			分析日期			湿度/%	
仪器编号		波长/nm		狭缝/nm		灯电流/mA		火焰条件	
标准曲线	浓度系列/（mg/L）								
	吸光度 A_i								
	$A_i-A_{0\text{均值}}$	$A_{0\text{均值}}=$							
	回归方程	$r=$		$a=$		$b=$		$y=bx+a$	
样品前处理									

样品名称及编号	稀释方法	取样体积/ml	查曲线值/（mg/L）	计算结果/（mg/L）	报出结果/（mg/L）	备注

分析：　　　　　　校对：　　　　　　审核：　　　　　　报告日期：　　年　　月　　日

附录 3-6　容量法原始记录表

（检）字【　　　　】第　　　　号　　　　　　　　　　　　第　　页，共　　页

分析项目		接样时间		分析时间	
分析方法			方法依据		
标液名称		标液浓度		滴定管规格及编号	
样品前处理情况：					

样品名称及编号	稀释方法	取样量/ml	消耗标准溶液体积/ml	计算结果/（mg/L）	报出结果/（mg/L）	备注

分析：　　　　校对：　　　　审核：　　　　报告日期：　　年　　月　　日

附录 3-7　pH 分析原始记录表

（检）字【　　　】第　　　　号　　　　　　　　　　　　　　　　第　　页，共　　页

采样日期					分析日期		
分析方法					仪器名称型号		
方法依据					仪器编号		
标准缓冲溶液温度/℃		标准缓冲溶液定位值 I		标准缓冲溶液定位值 II		标准缓冲溶液定位值III	
样品名称及编号		水温/℃		pH		备注	

分析：　　　　　　校对：　　　　　　审核：　　　　　　　　　　　　报告日期：　　年　　月　　日

附录 3–8　标准溶液配制及标定记录表

环（检）字【　　　　】第　　　　号　　　　　　　　　　　　　　　　　　　　第　　页，共　　页

<table>
<tr><td rowspan="8">基准试剂恒重</td><td>基准试剂</td><td colspan="3"></td><td colspan="3">恒重日期</td><td colspan="6">年　　月　　日</td></tr>
<tr><td>烘箱名称型号</td><td colspan="3"></td><td colspan="3">烘箱编号</td><td colspan="6"></td></tr>
<tr><td>天平名称型号</td><td colspan="3"></td><td colspan="3">天平编号</td><td colspan="6"></td></tr>
<tr><td>干燥次数</td><td colspan="3">第一次</td><td colspan="3">第二次</td><td colspan="3">第三次</td><td colspan="3">第四次</td></tr>
<tr><td>干燥温度/℃</td><td colspan="3"></td><td colspan="3"></td><td colspan="3"></td><td colspan="3"></td></tr>
<tr><td>干燥时间/h</td><td colspan="3"></td><td colspan="3"></td><td colspan="3"></td><td colspan="3"></td></tr>
<tr><td>总量/g</td><td colspan="3"></td><td colspan="3"></td><td colspan="3"></td><td colspan="3"></td></tr>
<tr style="display:none"></tr>
<tr><td rowspan="7">基准溶液配制</td><td>基准试剂</td><td colspan="3"></td><td colspan="3">配制日期</td><td colspan="6">年　　月　　日</td></tr>
<tr><td>样品编号</td><td colspan="3">1#</td><td colspan="3">2#</td><td colspan="3">3#</td><td colspan="3">4#</td></tr>
<tr><td>$W_{始}$/g</td><td colspan="3"></td><td colspan="3"></td><td colspan="3"></td><td colspan="3"></td></tr>
<tr><td>$W_{末}$/g</td><td colspan="3"></td><td colspan="3"></td><td colspan="3"></td><td colspan="3"></td></tr>
<tr><td>$W_{净}$/g</td><td colspan="3"></td><td colspan="3"></td><td colspan="3"></td><td colspan="3"></td></tr>
<tr><td>定容体积 $V_{定}$/mL</td><td colspan="3"></td><td colspan="3"></td><td colspan="3"></td><td colspan="3"></td></tr>
<tr><td>配制浓度 $C_{基}$/（mol/L）</td><td colspan="3"></td><td colspan="3"></td><td colspan="3"></td><td colspan="3"></td></tr>
<tr><td rowspan="7">标准溶液标定</td><td>待标溶液</td><td colspan="3">滴定管规格及编号</td><td colspan="3"></td><td colspan="3">标定日期</td><td colspan="3"></td></tr>
<tr><td>标定编号</td><td colspan="2">空白 1</td><td colspan="2">空白 2</td><td colspan="2">1#</td><td colspan="2">2#</td><td colspan="2">3#</td><td colspan="2">4#</td></tr>
<tr><td>基准溶液体积 $V_{基}$/ml</td><td colspan="2"></td><td colspan="2"></td><td colspan="2"></td><td colspan="2"></td><td colspan="2"></td><td colspan="2"></td></tr>
<tr><td>标准溶液消耗体积 $V_{标}$/ml</td><td colspan="2"></td><td colspan="2"></td><td colspan="2"></td><td colspan="2"></td><td colspan="2"></td><td colspan="2"></td></tr>
<tr><td>计算浓度 $C_{标}$/（mol/L）</td><td colspan="2"></td><td colspan="2"></td><td colspan="2"></td><td colspan="2"></td><td colspan="2"></td><td colspan="2"></td></tr>
<tr><td>平均浓度 $C_{标}$/（mol/L）</td><td colspan="12"></td></tr>
<tr><td>相对偏差/%</td><td colspan="12"></td></tr>
<tr><td colspan="8">基准溶液浓度计算：$C_{基}$/（mol/L）= 1 000$W_{净}$ /M/ $V_{定}$
注：M——基准试剂摩尔质量</td><td colspan="6">标准溶液浓度计算：$C_{标}$（mol/L）= $C_{基}$ $V_{基}$/ $V_{标}$
或 $C_{标}$（mol/L）= 1 000$W_{净}$/M/ $V_{定}$</td></tr>
<tr><td>备注</td><td colspan="13"></td></tr>
</table>

分析：　　　　　　　校对：　　　　　　　审核：　　　　　　　　　　　　　　报告日期：　　年　　月　　日

附录 3-9 作业指导书样例

（氮氧化物化学发光测试仪作业指导书）

1 概述

1.1 适用范围

本作业指导书适用于化学发光法测试仪测定固定源排气中氮氧化物。

1.2 方法依据

本方法依据《固定污染源排气中颗粒物测定与气态污染物采样方法》（GB/T 16157—1996）、《固定源废气监测技术规范》（HJ/T 397—2007）以及 USEPA Method 7E。

1.3 方法原理及操作概要

试样气体中的一氧化氮（NO）与臭氧（O_3）反应，变成二氧化氮（NO_2）。NO_2 变为激发态（NO_2*）后在进入基态时会放射光，这一现象就是化学发光。

$$NO + O_3 \rightarrow NO_2^* + O_2$$

$$NO_2^* \rightarrow NO_2 + hv$$

这一反应非常快且只有 NO 参与，几乎不受其他共存气体的影响。NO 为低浓度时，发光光量与浓度成正比。

2 测试仪器

便携式氮氧化物化学发光法测试仪。

3 测试步骤

3.1 接通电源开关，让测试仪预热。

3.2 设置当次测试的日期及时间。

3.3 预热结束后，将量程设置为实际使用的量程，并进行校正。

从菜单中选择“校正”。进入校正画面后，自动切换成NO 管路（不通过NO_x转换器的管路）。

3.3.1 量程气体浓度设置

1）按下后，设置量程气体浓度。

2）根据所使用的量程气体，变更浓度设置。

3）设置量程气体钢瓶的浓度，按下“Enter”。

4）按下“back”键，决定变更内容后，返回到校正画面。

3.3.2 零点校正（校正时请先执行零点校正。）

1）选择校正管路。进行零点校正的组分在校正类别中选择“zero”。

2）流入N_2气体后，等待稳定。

3）指示值稳定后按下。

4）按下“是”进行校正。完成零点校正。

3.3.3 量程校正

1）首先，为了进行NO 的量程校正，NO 以外选择“——”，只有NO 选择“span”。

2）校正类别中选择“span”的组分会显示窗口，用于确认校正量程和量程气体浓度。确认内容后，按下“OK”返回到校正画面。

3）流入CO 气体后，等待稳定。

4）指示值稳定后按下。

5）按下“是”进行校正。

3.4 完成所有的校正后，按下返回到菜单画面、测量画面。

3.5 从测量画面按下每个组分的量程按钮，按组分设置测量浓度的量程。每个组分的测量值/换算值/滑动平均值/累计值量程及校正量程是通用的。变更任何一个值的量程，其他值的量程也会跟着变更。模拟输出的满刻度值也会同时变更。

3.5.1 选择想要变更的组分的量程。

3.5.2 选择想要变更的量程，按下“OK”决定。

3.6 测试过程数据记录保存

3.6.1 将有足够剩余空间且未 LOCK 的 SD 卡插入分析仪正面的 SD 卡插槽中。

3.6.2 从菜单 2/5 中选择“数据记录”。

3.6.3 选择“记录间隔”。

3.6.4 按下前进、后退键选择记录间隔，再按下“OK”决定。

3.6.5 选择保存文件夹。

3.6.6 选择保存文件夹后，按下。

3.6.7 确认开始记录时，按下“是”开始。

如果开始记录，记录状态就会从记录停止中变为记录中，同时 MEM LED 会亮黄灯。

3.6.8 停止记录时，请再次按下。确认停止记录时，按下“是”停止记录。

3.6.9 记录状态会再次从记录中变为记录停止中，同时 MEM LED 会熄灭。

4 测试结束

4.1 通过采样探头等吸入大气至读数降回到零点附近。

4.2 从菜单中选择测量结束。

4.3 按下“是”结束处理。

4.4 完成测量结束处理，显示关闭电源的信息后，请关闭电源开关。

附录 4　相关技术规范和技术标准列表

附录 4-1　我国现行与固定污染源排放监测相关的技术规范

分类	标准号	标准名称
废气监测技术规范类	GB/T 16157—1996	固定污染源排气中颗粒物测定与气态污染物采样方法
	HJ/T 55—2000	大气污染物无组织排放监测技术导则
	HJ 75—2017	固定污染源烟气（SO_2、NO_x、颗粒物）排放连续监测技术规范
	HJ 76—2017	固定污染源烟气（SO_2、NO_x、颗粒物）排放连续监测系统技术要求及检测方法
	HJ/T 397—2007	固定源废气监测技术规范
	HJ 733—2014	泄漏和敞开液面排放的挥发性有机物检测技术导则
	HJ 905—2017	恶臭污染环境监测技术规范
废水监测技术规范类	HJ/T 91—2002	地表水和污水监测技术规范
	HJ/T 92—2002	水污染物排放总量监测技术规范
	HJ/T 353—2007	水污染源在线监测系统安装技术规范（试行）
	HJ/T 354—2007	水污染源在线监测系统验收技术规范（试行）
	HJ/T 355—2007	水污染源在线监测系统运行与考核技术规范（试行）
	HJ/T 356—2007	水污染源在线监测系统数据有效性判别技术规范（试行）
	HJ 493—2009	水质 样品的保存和管理技术规定
	HJ 494—2009	水质 采样技术指导
	HJ 495—2009	水质 采样方案设计技术规定
	HJ/T 377—2007	环境保护产品技术要求 化学需氧量（COD_{Cr}）水质在线自动监测仪
	HJ/T 101—2003	氨氮水质自动分析仪技术要求
	HJ/T 102—2003	总氮水质自动分析仪技术要求
	HJ/T 103—2003	总磷水质自动分析仪技术要求
	HJ/T 212—2017	污染源在线自动监控（监测）系统数据传输标准
	HJ 477—2009	污染源在线自动监控（监测）数据采集传输技术要求
	HJ/T 15—2007	环境保护产品技术要求 超声波明渠污水流量计

分类	标准号	标准名称
噪声监测技术规范类	GB 12348—2008	工业企业厂界环境噪声排放标准
	HJ 706—2014	环境噪声监测技术规范噪声测量值修正
其他监测技术规范类	HJ/T 166—2004	土壤环境监测技术规范
	HJ/T 164—2004	地下水环境监测技术规范
	HJ/T 194—2017	环境空气质量手工监测技术规范
	HJ 442—2008	近岸海域环境监测规范
	HJ 2.1—2011	环境影响评价技术导则 总纲
	HJ 2.3—2018	环境影响评价技术导则 地表水环境
	HJ 610—2016	环境影响评价技术导则 地下水环境
	HJ 819—2017	排污单位自行监测技术指南 总则
	HJ 820—2017	排污单位自行监测技术指南 火力发电及锅炉
	HJ 821—2017	排污单位自行监测技术指南 造纸工业
	HJ/T 373—2007	固定污染源监测质量保证与质量控制技术规范（试行）
	GB/T 27025—2008	检测与校准实验室能力的通用要求

注：截至 2019 年 3 月。

附录 4-2　适用于造纸行业企业的废水常见方法标准

监测项目	标准方法
pH	水质 pH 的测定 玻璃电极法（GB 6920—1986）
	便携式 pH 计法《水和废水监测分析方法》（第四版）国家环保总局（2002）3.1.6.2
色度	水质 色度的测定（GB 11903—1989）
悬浮物	水质 悬浮物的测定 重量法（GB 11901—1989）
化学需氧量	水质 化学需氧量的测定 重铬酸盐法（HJ 828—2017）
	水质 化学需氧量的测定 快速消解分光光度法（HJ/T 399—2007）
	高氯废水 化学需氧量的测定氯气校正法（HJ/T 70—2001）
	高氯废水 化学需氧量的测定 碘化钾碱性高锰酸钾法（HJ/T 132—2003）
五日生化需氧量（BOD_5）	水质 五日生化需氧量（BOD_5）的测定 稀释与接种法（HJ 505—2009）
氨氮	水质 氨氮的测定 蒸馏-中和滴定法（HJ 537—2009）
	水质 氨氮的测定 纳氏试剂分光光度法（HJ 535—2009）
	水质 氨氮的测定 水杨酸分光光度法（HJ 536—2009）
	水质 氨氮的测定 连续流动-水杨酸分光光度法（HJ 665—2013）
	水质 氨氮的测定 流动注射-水杨酸分光光度法（HJ 666—2013）
总氮	水质 总氮的测定 碱性过硫酸钾消解紫外分光光度法（HJ 636—2012）
	水质 总氮的测定 连续流动-盐酸萘乙二胺分光光度法（HJ 667—2013）
	水质 总氮的测定 流动注射-盐酸萘乙二胺分光光度法（HJ 668—2013）
总磷	水质 总磷的测定 钼酸铵分光光度法（GB 11893—1989）
	水质 总磷的测定 流动注射-钼酸铵分光光度法（HJ 671—2013）
	水质 单质磷的测定 磷钼蓝分光光度法（HJ 593—2010）
可吸附有机卤素（AOX）	水质 可吸附有机卤素（AOX）的测定 微库仑法（GB/T 15959—1995）
	水质 可吸附有机卤素（AOX）的测定 离子色谱法（HJ/T 83—2001）
二噁英	水质 二噁英类的测定 同位素稀释高分辨气相色谱法（HJ 77.1—2008）
硫化物	水质 硫化物的测定 亚甲基蓝分光光度法（GB/T 16489—1996）
	水质 硫化物的测定 碘量法（HJ/T 60—2000）
挥发酚	水质 挥发酚的测定 4-氨基安替比林分光光度法（HJ 503—2009）
	水质 挥发酚的测定 流动注射-4-氨基安替比林分光光度法（HJ 825—2017）
	水质 挥发酚的测定 溴化容量法（HJ 502—2009）
全盐量	水质 全盐量的测定 重量法（HJ/T 51—1999）
溶解性总固体	水质 溶解性总固体的测定 生活饮用水标准检验方法（GB/T 5750.4—2006）

注：截至 2019 年 3 月。

附录 4-3 适用于造纸行业企业的废气常见方法标准

类型	监测项目	标准方法
有组织废气	SO_2	固定污染源废气 二氧化硫的测定 定电位电解法（HJ 57—2017）
		固定污染源废气 二氧化硫的测定 非分散红外吸收法（HJ 629—2011）
	氮氧化物	固定污染源废气 氮氧化物的测定 定电位电解法（HJ 693—2014）
		固定污染源废气 氮氧化物的测定 非分散红外吸收法（HJ 692—2014）
	颗粒物	固定污染源废气 低浓度颗粒物的测定 重量法（HJ 836—2017）
		固定污染源排气中颗粒物测定与气态污染物采样方法（GB/T 16157—1996）
无组织废气	氨	环境空气和废气 氨的测定 纳氏试剂分光光度法（HJ 533—2009）
		环境空气 氨的测定 次氯酸钠-水杨酸分光光度法（HJ 534—2009）
	三甲胺	空气质量 三甲胺的测定 气相色谱法 （GB/T 14676—1993）
	硫化氢	空气质量 硫化氢、甲硫醇、甲硫醚和二甲二硫的测定 气相色谱法（GB/T 14678—1993）
	甲硫醇	环境空气 挥发性有机物的测定 罐采样/气相色谱-质谱法 （HJ 759—2015）
		空气质量 硫化氢、甲硫醇、甲硫醚和二甲二硫的测定 气相色谱法（GB/T 14678—1993）
	甲硫醚	环境空气 挥发性有机物的测定 罐采样/气相色谱-质谱法 （HJ 759—2015）
		空气质量 硫化氢、甲硫醇、甲硫醚和二甲二硫的测定 气相色谱法（GB/T 14678—1993
	二甲二硫	空气质量 硫化氢、甲硫醇、甲硫醚和二甲二硫的测定 气相色谱法（GB/T 14678—1993）
	二硫化碳	环境空气 挥发性有机物的测定 罐采样/气相色谱-质谱法 （HJ 759—2015）
		空气质量 二硫化碳的测定 二乙胺分光光度法（GB/T 14680—1993）
	苯乙烯	环境空气 挥发性有机物的测定 罐采样/气相色谱-质谱法 （HJ 759—2015）
		环境空气 苯系物的测定 固体吸附/热脱附 气相色谱法（HJ583—2010 代替（GB/T 14677—1993）
	臭气浓度	空气质量 恶臭的测定 三点比较式臭袋法（GBT 14675—1993）
	氯化氢	环境空气和废气 氯化氢的测定 离子色谱法（HJ549—2016）
	其他	大气污染物综合排放标准（GB 16297—1996）

注：截至 2019 年 3 月。

附录 5　自行监测方案模板

模板 1

××××公司

自行监测方案

企业名称：<u>　×××　公司</u>

编制时间：<u>　2017 年 7 月　</u>

一、企业概况

（一）基本情况

××××有限公司位于××××，全厂共建设两期工程：××××，分别于××××和××××建成投产。根据《排污单位自行监测技术指南 总则》（HJ 819—2017）及《排污单位自行监测指南 造纸工业》（HJ 821—2017）要求，公司根据实际生产情况，查清本单位的污染源、污染物指标及潜在的环境影响，制定了本公司环境自行监测方案。

（二）排污情况

本厂生产工艺为××××。

废气、废水、噪声源与治理措施描述。

二、企业自行监测开展情况说明

公司自行监测手段采用手工监测+自动监测相结合，开展自动监测的点位和项目有××××，其他未开展自动监测的项目均采用手工监测。

公司自动监测项目委托××××有限公司实现 24 h 运维。

手工监测项目××××，委托有 CMA 资质的××××有限公司进行委外检测。

三、监测方案

（一）废气有组织监测方案

1. 废气有组织监测点位、监测项目及监测频次

表× 废气有组织监测点位、监测项目及监测频次

类型	排放源	监测项目	监测点位	监测频次	监测方式	自动监测是否联网
废气有组织排放	碱回收锅炉	二氧化硫	排气筒	自动监测	自动监测	是
		氮氧化物	排气筒	自动监测	自动监测	是
		颗粒物（烟尘）	排气筒	自动监测	自动监测	是
		林格曼黑度	排气筒	季	手工监测	—
……	—	—	—	—	—	—
备注：同步监测烟气参数（动压、静压、烟温、氧含量及湿度）						

2．废气有组织排放监测分析方法

（1）自动监测主要依据《固定污染源烟气（SO_2、NO_x、颗粒物）排放连续监测技术规范》（HJ 75—2017）；

（2）手工监测主要依据《固定污染源排气中颗粒物测定与气态污染物采样方法》（GB/T 16157—1996）、《固定源废气监测技术规范》》（HJ/T 397—2007）；

（3）各监测项目具体分析监测分析方法见下表。

表× 废气有组织排放监测分析方法

序号	监测项目	监测方法	备注
1	二氧化硫	—	自动
2	氮氧化物	—	自动
3	颗粒物（烟尘）	—	自动
4	林格曼黑度	《固定污染源排放烟气黑度的测定 林格曼烟气黑度图法》（HJ/T 398—2007）	手工
……			

3．废气有组织排放监测结果评价标准

表× 废气有组织排放监测结果评价标准

类型	序号	监测项目	执行限值	执行标准名称
废气有组织排放	1	二氧化硫	×××× mg/m^3	××××
	2	氮氧化物	×××× mg/m^3	
	3	颗粒物（烟尘）	×××× mg/m^3	
	4	林格曼黑度	×级	
……				

（二）废气无组织排放监测方案

1．废气无组织监测点位、监测项目及监测频次

表× 废气无组织监测点位、监测项目及监测频次

类型	排放源	监测项目	监测点位	监测频次	监测方式
废气无组织排放	厂界臭气浓度	臭气浓度	厂界下风向 3 个监控点	季	手工监测
	厂界颗粒物	颗粒物	氨区下风向 3 个监控点	季	手工监测
……					

2．废气无组织排放监测方法

无组织排放监测点位布设按照《大气污染物综合排放标准》（GB 16297—1996）附录 C、《大气污染物无组织排放监测技术导则》（HJ/T 55—2000），监测项目具体监测分析方法见下表。

表× 废气无组织排放监测方法

序号	监测项目	监测方法
1	颗粒物	《环境空气 总悬浮颗粒物的测定 重量法》（GB/T 15432—1995）
2	臭气浓度	《空气质量 恶臭的测定 三点比较式臭袋法》（GB/T 14675—1993）
……		

3．废气无组织排放监测结果评价标准

表×　废气无组织排放监测结果评价标准

类别	序号	监测项目	执行标准限值	执行标准
废气无组织排放	1	颗粒物	×××× mg/m³	《大气污染物综合排放标准》（GB 16297—1996）表 2 中二级标准要求
	2	臭气浓度	××××	《恶臭污染物排放标准》（GB 14554—1993）表 1 二级标准要求
	……			

（三）废水监测方案

1．废水监测点位、监测项目及监测频次

表×　废水监测点位、监测项目及监测频次

类型	废水类型	监测项目	监测点位	监测频次	监测方式
废水	综合废水	流量	废水总排放口	自动监测	自动监测
		COD		自动监测	自动监测
		氨氮		自动监测	自动监测
		悬浮物		日	手工监测
		……			
	含氯漂白废水	流量	含氯漂白车间排放口	年	手工监测
		AOX		年	手工监测
		二噁英		年	手工监测
	……				

2．废水污染物监测分析方法

依据《地表水和污水监测技术规范》（HJ/T 91—2002）开展废水污染物监测，监测项目具体监测分析方法见下表。

表× 废水污染物监测分析方法

序号	废水类型	监测点位	监测项目	监测方法
1	综合废水	废水总排放口	流量	—
2			COD	—
3			氨氮	—
4			悬浮物	《水质 悬浮物的测定 重量法》（GB 11901—1989）
5			……	
6	含氯漂白废水	含氯漂白车间排放口	流量	超声波流速仪
7			AOX	《水质 可吸附有机卤素（AOX）的测定 离子色谱法》（HJ/T 83—2001）
8			二噁英	《水质 二噁英类的测定 同位素稀释高分辨气相色谱法》（HJ 77.1—2008）
……				

3．废水污染物监测结果评价标准

表× 废水污染物排放评价标准

排放口名称	监测项目	执行限值	执行标准
废水总排放口	COD	××××mg/L	××××
	氨氮	××××mg/L	
	悬浮物	××××mg/L	
	……		
含氯漂白车间排放口	AOX	××××mg/L	××××
	二噁英	××××pgTEQ/L	
……			

（四）厂界噪声监测方案

1．厂界噪声监测点位、监测项目及监测频次

表× 厂界噪声监测点位、监测项目及监测频次

类型	监测项目	监测点位	监测频次	监测方式
厂界噪声	*Leq*A	厂东界外 1 m	季，昼、夜各一次	手工监测
	*Leq*A	厂西界外 1 m	季，昼、夜各一次	手工监测
	*Leq*A	厂南界外 1 m	季，昼、夜各一次	手工监测
	*Leq*A	厂北界外 1 m	季，昼、夜各一次	手工监测
……				

2．厂界噪声监测方法

表× 厂界噪声监测方法

监测项目	监测方法	备注
厂界噪声 *Leq*A	《工业企业厂界环境噪声排放标准》（GB 12348—2008）	厂界噪声分白天（6：00～22：00）、昼夜（22：00～06：00）各测一次

3．厂界噪声评价标准

厂界东、西、北侧噪声执行《工业企业厂界环境噪声排放标准》（GB 12348—2008）3 类标准，昼间 65dB（A），夜间 55dB（A），厂界南侧为交通干道，南侧噪声执行《工业企业厂界环境噪声排放标准》（GB 12348—2008）4 类标准，昼间 70dB（A），夜间 55dB（A）。厂界噪声评价标准见下表。

表× 厂界噪声评价标准

监测点位	监测项目	执行限值	执行标准
厂东界外 1 m	*Leq*A	昼间 ××××dB（A），夜间××××dB（A）	××××
厂西界外 1 m	*Leq*A	昼间 ××××dB（A），夜间××××dB（A）	
厂南界外 1 m	*Leq*A	昼间 ××××dB（A），夜间××××dB（A）	
厂北界外 1 m	*Leq*A	昼间 ××××dB（A），夜间××××dB（A）	

四、监测点位示意图

公司自行监测采用自动监测和手工监测相结合的技术手段。公司自行监测点位见下图。

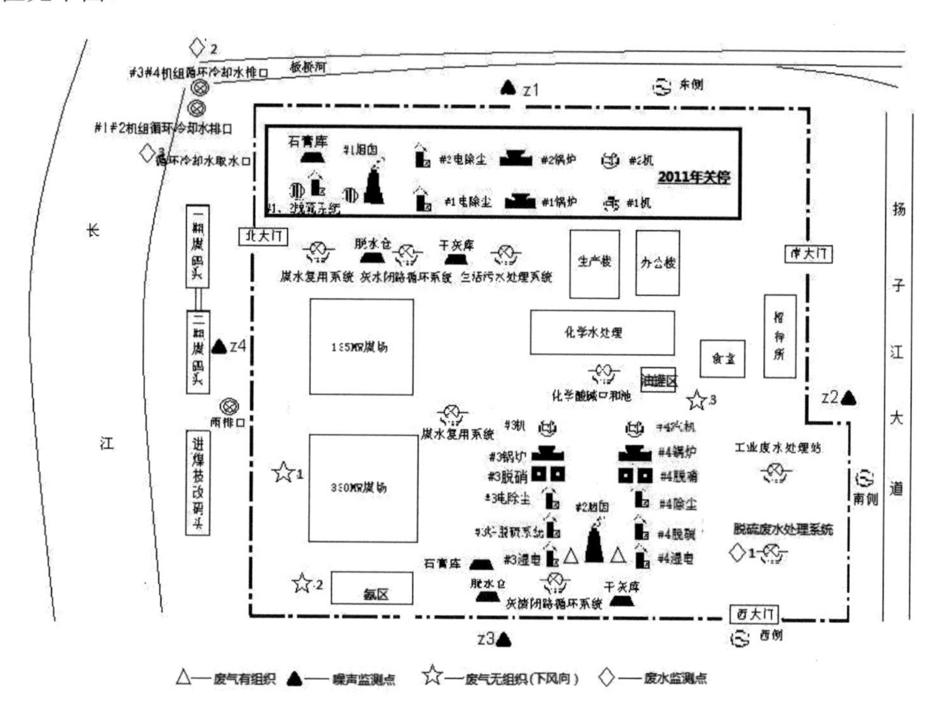

图× 监测点位示意图

五、质量控制措施

公司自行监测遵守国家环境监测技术规范和方法。国家环境监测技术规范和方法中未作规定的，可以采用国际标准和国外先进标准。

1. 人员持证上岗

公司有×人参加了××××培训，并取得证书。委托运维的××××有限公司，具有××××资质证书，且运维人员持有××××合格证书。

2．烟气自动监控系统（CEMS）

公司两台机组烟气测量表计均有××××认证和标志，烟气在线监测系统（CEMS）××××，满足国家计量标准要求。公司两台机组烟气监测实施自行监测，主要是对废气中的氮氧化物、烟尘、二氧化硫等进行实时监测，公司两台机组烟气排放安装实时的烟气在线连续监控系统（CEMS 系统），均与××××联网并实时连续上传相关环保数据。

3．实验室能力认定

委托有资质的环境监测机构——××××公司开展手工监测项目。

4．监测技术规范性

废气监测平台、监测断面和监测孔的设置均符合××××等的要求，同时按照××××对自动监测设备进行校准与维护。监测技术方法选择首先采用国家标准方法，在没有国标方法时，采用行业标准方法或国家环保部推荐方法。

5．仪器要求

仪器设备档案必须齐全，且所有监测仪器、量具均经过质检部门检定合格并在有效期内使用。

6．记录要求

自动监测设备应保存仪器校验记录。校验记录必须根据南京市环保局在线监测科要求，按照规范进行，记录内容需完整准确，各类原始记录内容应完整，不得随意涂改，并有相关人员签字。

手工监测记录必须提供原始采样记录，采样记录的内容须准确完整，至少 2 人共同采样和签字，不得随意涂改；采样必须按照《环境空气质量手工监测技术规范》（HJ/T 194—2005）、《固定源废气监测技术规范》（HJ/T 397—2007）和《固定污染源监测质量保证与质量控制技术规范》（HJ/T 373—2007）中的要求进行；样品交接记录内容需完整、规范。

7．环境管理体系

公司成立环保技术监督领导小组，公司各相关专业负责人为工作小组成员，负责对公司环保设施运行、维护和技术改造的管理。环保设施与主设备同等管理，发电部负责生产与环保设施的安全、环保运行管理，技术支持部负责环保设施的维护和技改管理，确保公司环保设施正常达标运行。公司环保归口于××××部，负责公司环保管理工作，建立环保指标体系，对公司环保工作进行月度绩效考核管理，确保环保体系运行正常。

六、信息记录和报告

（一）信息记录

1．监测和运维记录

手工监测和自动监测的记录均按照《排污单位自行监测技术指南 总则》执行。自动监测记录烟尘、二氧化硫、氮氧化物排放浓度，及烟气量、氧含量等；手工监测记录由有资质的环境监测机构提供盖章件的检测结果。自动监测结果的电子版和手工监测结果纸质版环境管理台账均保存三年。

2．生产和污染治理设施运行状况记录

（1）按照燃煤发电机组记录每日的运行小时、用煤量、发电煤耗、实际发电量、实际供热量、负荷率等。

（2）每天记录煤质分析，包括收到基灰分、干燥无灰基挥发分、收到基全硫、低位发热量等；

（3）自动监测记录烟尘、二氧化硫、氮氧化物排放浓度，及烟气量、氧含量等；

（4）及时记录废气治理设施（脱硝、除尘及脱硫）的运行、异常和故障情况，及时向上级报备。

（二）信息报告

每年年底编写第二年的自行监测方案。自行监测方案包含以下内容：

1．监测方案的调整变化情况及变更原因；

2．企业及各主要生产设施（至少涵盖废气主要污染源相关生产设施）全年运行天数，各监测点、各监测指标全年监测次数、超标情况、浓度分布情况；

3．自行监测开展的其他情况说明；

4．实现达标排放所采取的主要措施。

（三）应急报告

1．当监测结果出现超标，我公司对超标的项目增加监测频次，并检查超标原因。

2．若短期内无法实现稳定达标排放的，公司应向×××区环境保护局提交事故分析报告，说明事故发生的原因，采取减轻或防止污染的措施，以及今后的预防及改进措施。

七、自行监测信息公布

（一）公布方式

自动监测和手工监测分别在××××和××××（网址：××××）进行信息公开。

（二）公布内容

1．基础信息，包括单位名称、组织机构代码、法定代表人、生产地址、联系方式，以及生产经营和管理服务的主要内容、产品及规模；

2．排污信息，包括主要污染物及特征污染物的名称、排放方式、排放口数量和分布情况、排放浓度和总量、超标情况，以及执行的污染物排放标准、核定的排放总量；

3．防治污染设施的建设和运行情况；

4. 建设项目环境影响评价及其他环境保护行政许可情况；

5. 公司自行监测方案；

6. 未开展自行监测的原因；

7. 自行监测年度报告；

8. 突发环境事件应急预案。

（三）公布时限

1. 企业基础信息随监测数据一并公布，基础信息、自行监测方案一经审核备案，一年内不得更改；

2. 手工监测数据根据监测频次按时；

3. 自动监测数据实时公布，废气自动监测设备产生的数据为时均值；

4. 每年 1 月底前公布上年度自行监测年度报告。

模板 2

××省

排污单位自行监测方案

企业名称：××××

监测单位：××××

备案日期：××××年××月××日

××××自行监测方案

根据《企业事业单位环境信息公开办法》《国家重点监控企业自行监测及信息公开办法（试行）》和《排污单位自行监测技术指南》的规定，制定本企业自行监测方案。

一、基本情况

企业名称		行业类别	
曾用名		注册类型	
组织机构代码		社会信用代码	
企业规模		对应市平台自动监控企业	
中心经度		中心纬度	
企业注册地址		邮编	
企业生产地址		邮编	
法定代表人		企业网址	
企业类别		所属集团	
建成投产年月		管理级别	
许可证编号		许可证发证日期	
控制级别	是否废气重点排污单位：□是□否		是否废水重点排污单位：□是□否
环保联系人			
传真			
电子邮箱			
企业生产情况	×××××公司是一家以机制纸及纸板制造为主，融××××为一体的××××公司。公司现有员工××××，拥有××××产品生产能力，年各类纸生产能力近××××万 t。××××公司占地呈不规则形状，四至范围为：××××，总占地面积××××		
企业污染产生和治理概况	生产活动为××××，产生××××污染，废水、废气、噪声、固废的重要产污环节为××××。 1．废水污染物主要产污环节及治理措施×××× 2．废气主要产污环节及治理措施×××× 3．噪声主要产污环节×××× 4．固废主要产排污环节及废物去向		
备注			

二、监测内容

表×　有组织废气自行监测内容表

监测内容＼监测项目		排放口	监测点位	监测频次	执行排放标准	标准限值	监测方法	分析仪器	备注
监测指标	氮氧化物	DA001	1000T 碱回收	自动监测	××××	×××× mg/m^3	××××	××××	
	二氧化硫	DA001	1000T 碱回收	自动监测	××××	×××× mg/m^3	××××	××××	
	林格曼黑度	DA001	1000T 碱回收	季度	××××	X 级	××××	××××	手工监测
	……								
污染物排放方式及排放去向	概述哪些源分别排放或者经同一排气筒排放，排放口经纬度和高度等相关信息								
监测质量控制措施									
监测结果公开时限									
备注									

表×　废水自行监测内容表

监测内容＼监测项目		排放口	监测点位	监测频次	执行排放标准	标准限值	监测方法	分析仪器	备注
监测指标	pH	DW001	××××	日	××××	××××	玻璃电极法	××××	手工监测
	氨氮（NH_3-N）	DW001	××××	自动监测	××××	××××mg/L	氨气敏电极法	××××	
	……								
污染物排放方式及排放去向	废水排放规律，排放去向等								
监测质量控制措施									
监测结果公开时限									
备注									

表× 无组织废气自行监测内容表

监测项目 监测内容		监测点位	监测频次	执行排放标准	标准限值	监测方法	分析仪器	备注
监测指标	氨	××××	季度	××××	×××× mg/m^3	××××	××××	
监测指标	臭气浓度	××××	季度	××××	××××	××××	××××	
监测指标	……							
监测质量控制措施								
监测结果公开时限								
备注								

表× 厂界噪声自行监测内容表

监测项目 监测内容		监测点位	监测频次	执行排放标准	标准限值	监测方法	分析仪器	备注
监测指标	工业企业厂界环境噪声（夜间）	1#东厂界	季度	××××	50 dB	工业企业厂界环境噪声排放标准	多功能声级仪	手工监测
	工业企业厂界环境噪声（昼间）	1#东厂界	季度	××××	60 dB	工业企业厂界环境噪声排放标准	多功能声级仪	手工监测
	……							
监测质量控制措施								
监测结果公开时限								
备注								

三、附件

图 X　监测点位示意图

［排污单位可根据具体情况自行确定比例，标明工厂方位，四邻，标明办公区域、主要生产车间（场所）及主要设备的位置，标明各种污染治理设施的位置，标明排放口及其监测点位的编号及其名称。］

监测点位示意图

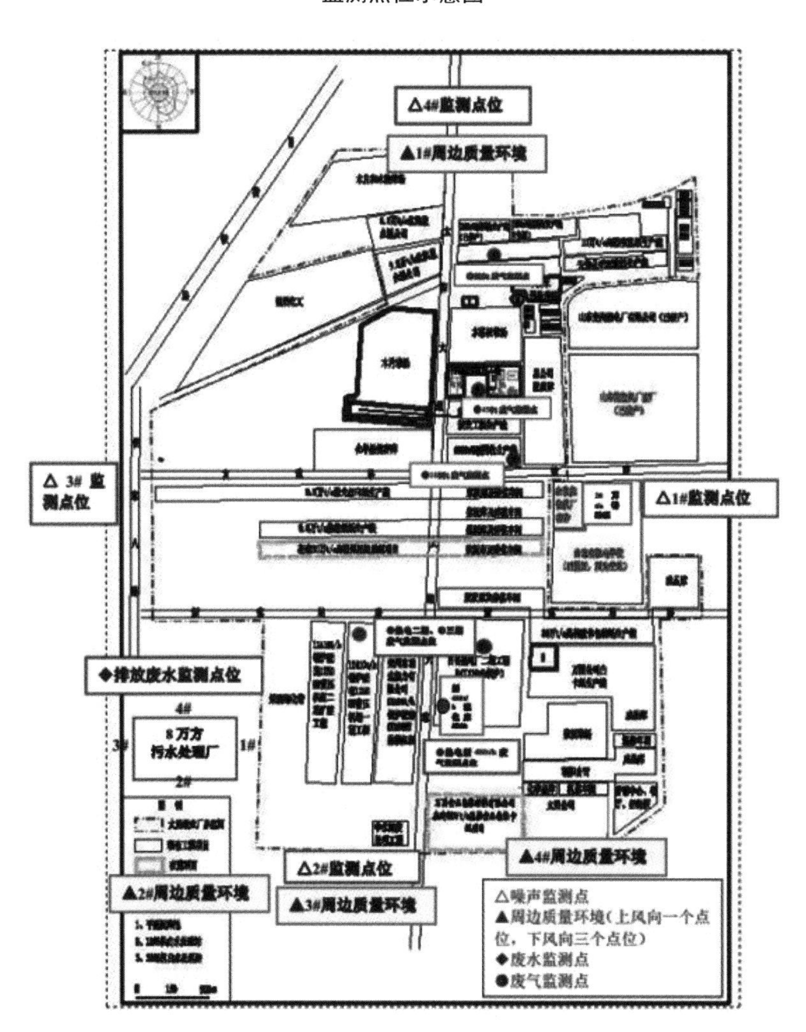

图 X　生产工艺流程图

［应包括主要生产设施（设备）、主要原燃料的流向、生产工艺流程等内容］

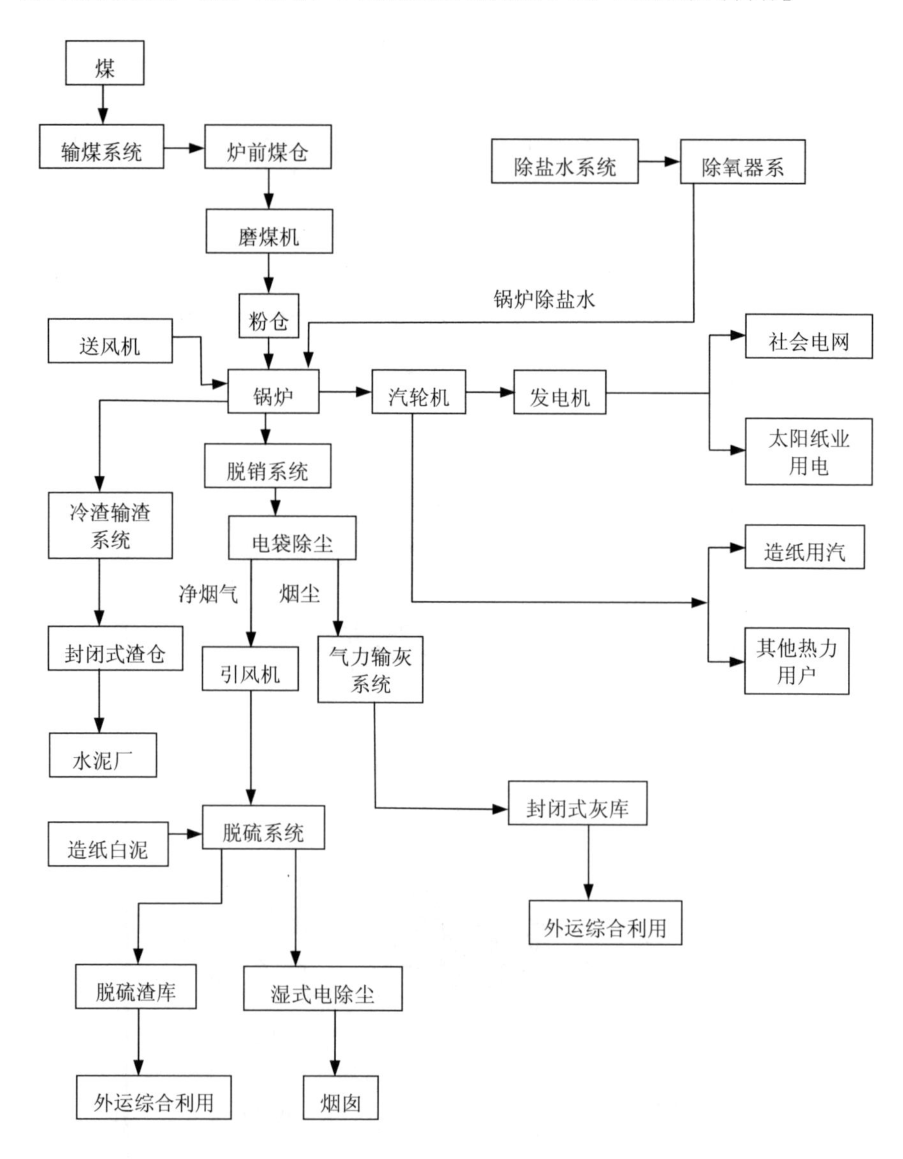

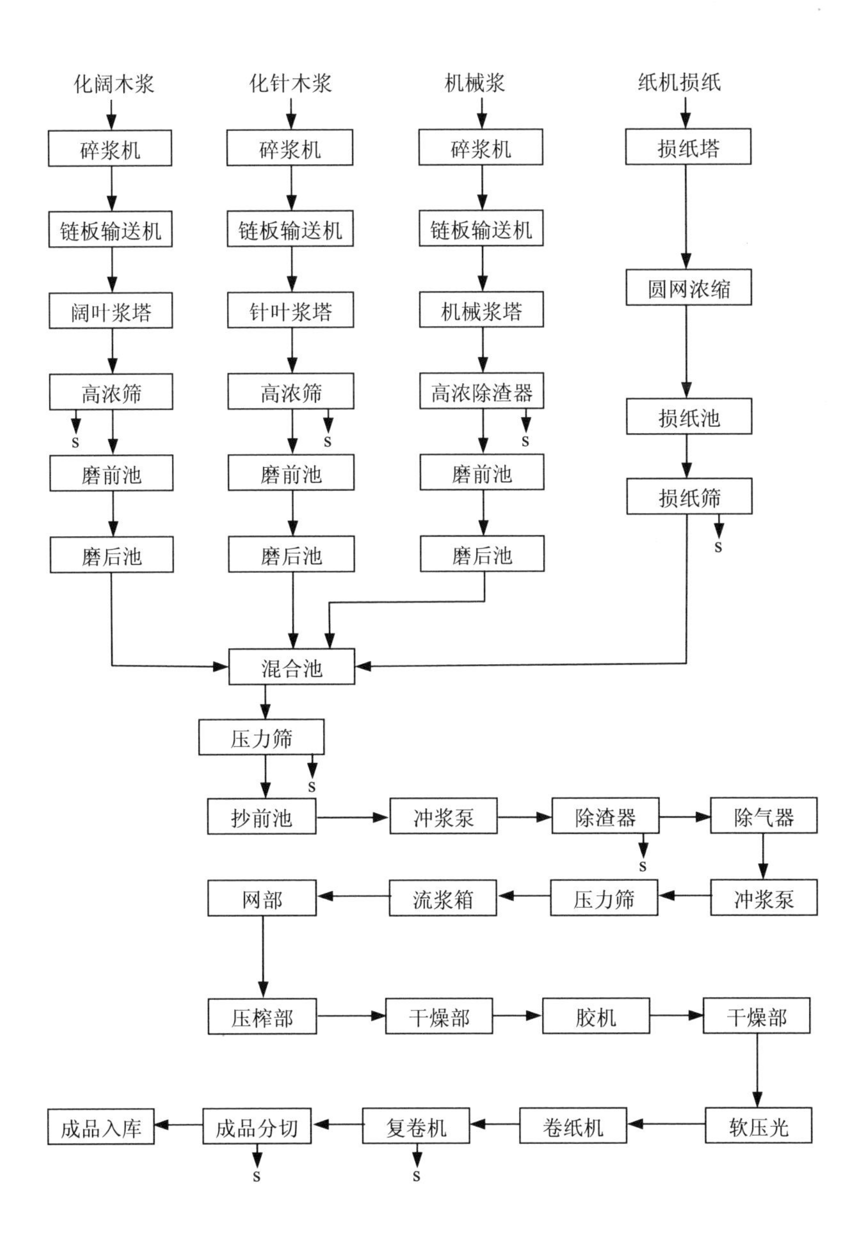
化阔木浆
化针木浆
机械浆
纸机损纸
碎浆机
碎浆机
碎浆机
损纸塔
链板输送机
链板输送机
链板输送机
阔叶浆塔
针叶浆塔
机械浆塔
圆网浓缩
高浓筛
高浓筛
高浓除渣器
s
s
s
损纸池
磨前池
磨前池
磨前池
损纸筛
s
磨后池
磨后池
磨后池
混合池
压力筛
s
抄前池
冲浆泵
除渣器
除气器
s
网部
流浆箱
压力筛
冲浆泵
压榨部
干燥部
胶机
干燥部
成品入库
成品分切
复卷机
卷纸机
软压光
s
s

进水
圆网机
初沉池
调节池
PAFR 厌氧反应器
厌氧排泥
AB 反应池
卡鲁塞尔氧化
剩余污泥
沼气
沼气发电
臭气
臭气治理系统
物化污泥
进水
初沉池
新两万系统
曝气池
二沉池
回流污泥
二沉池
浓缩池
集水池
污泥中转池
压滤机房
燃烧发电
Fenton 氧化池
集污池
化学污泥
终沉池
出水
电厂回用
氧化塘、湿地
中水
沿途农灌、林灌
杨家河湿地
泗河市政人工湿地
龙湾店
大安泵站
市政绿化、生产
地表水Ⅳ类水
出境达标排放

太阳纸业中水资源化工程

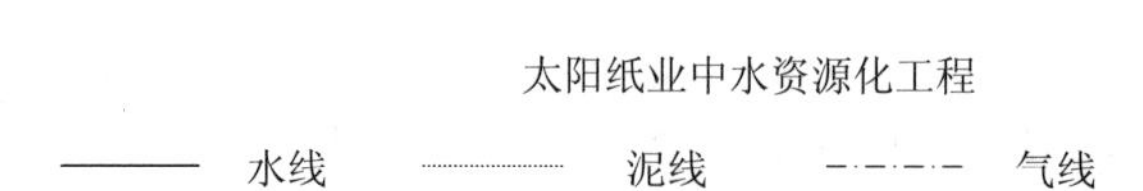

表× 排污许可

排污许可证编号	文件地址（右键选择“在新标签页中打开”可以查看文件）

表× 环评批复文件

环评批复文号	文件地址（右键选择“在新标签页中打开”可以查看文件）

参考文献

[1] EPA Office of Wastewater Management-Water Permitting. Water permitting 101[EB/OL]. [2015-06-10]. http：//www. epa. gov/npdes/pubs/101pape. pdf.

[2] Office of Enforcement and Compliance Assurance. NPDES compliance inspection manual[R]. Washington D. C. ：U. S. Environmental Protection Agency，2004.

[3] U. S. EPA. Interim guidance for performance-based reductions of NPDES permit monitoring frequencies[EB/OL]. [2015-07-05]. http：//www. epa. gov/npdes/pubs/perf-red. pdf.

[4] U. S. EPA. U. S. EPA NPDES permit writers’ manual[S]. Washington D. C. ：U. S. EPA，2010.

[5] UK. EPA. Monitoring discharges to water and sewer：M18 guidance note[EB/OL]. [2017-06-05]. https：//www. gov. uk/government/publications/m18-monitoring-of-discharges-to-water-and-sewer.

[6] 罗毅. 环境监测能力建设与仪器支撑[J]. 中国环境监测，2012，28（2）：1-4.

[7] 罗毅. 推进企业自行监测 加强监测信息公开[J]. 环境保护，2013，41（17）：13-15.

[8] 钱文涛. 中国大气固定源排污许可证制度设计研究[D]. 北京：中国人民大学，2014.

[9] 曲格平. 中国环境保护四十年回顾及思考（回顾篇）[J]. 环境保护，2013（10）：10-17.

[10] 宋国君，赵英煚. 美国空气固定源排污许可证中关于监测的规定及启示[J]. 中国环境监测，2015，31（6）：15-21.

[11] 唐桂刚，景立新，万婷婷，等. 堰槽式明渠废水流量监测数据有效性判别技术研究[J]. 中国环境监测，2013，29（6）：175-178.

[12] 王军霞，陈敏敏，穆合塔尔•古丽娜孜，等. 美国废水污染源自行监测制度及对我国的借鉴[J]. 环境监测管理与技术，2016，28（2）：1-5.

[13] 王军霞，陈敏敏，唐桂刚，等. 我国污染源监测制度改革探讨[J]. 环境保护，2014，42（21）：24-27.

[14] 王军霞，陈敏敏，唐桂刚，等. 污染源，监测与监管如何衔接？——国际排污许可证制度及污染源监测管理八大经验[J]. 环境经济，2015（Z7）：24.

[15] 王军霞，唐桂刚，景立新，等. 水污染源五级监测管理体制机制研究[J]. 生态经济，2014，30（1）：162-164，167.

[16] 王军霞，唐桂刚，赵春丽. 企业污染物排放自行监测方案设计研究——以造纸行业为例[J]. 环境保护，2016，44（23）：45-48.

[17] 王军霞，唐桂刚. 解决自行监测“测”“查”“用”三大核心问题[J]. 环境经济，2017（8）：32-33.

[18] 胥树凡. 环境监测体制改革的思考[J]. 环境保护，2007（10B）：15-17.

[19] 薛澜，张慧勇. 第四次工业革命对环境治理体系建设的影响与挑战[J]. 中国人口•资源与环境，2017，27（9）：1-5.

[20] 张静，王华. 火电厂自行监测现状及建议[J]. 环境监控与预警，2017，9（4）：59-61.

[21] 张勇，曹春昱，冯文英，等. 我国制浆造纸污染治理科学技术的现状与发展（续）[J]. 中国造纸，2012，31（3）：54-58.

[22] 张勇，曹春昱，冯文英，等. 我国制浆造纸污染治理科学技术的现状与发展[J]. 中国造纸，2012，31（2）：57-64.

[23] 赵吉睿，刘佳泓，张莹，等. 污染源 COD 水质自动监测仪干扰因素研究[J]. 环境科学与技术，2016，39（S1）：299-301，314.

[24] 左航，杨勇，贺鹏，等. 颗粒物对污染源 COD 水质在线监测仪比对监测的影响[J]. 中国环境监测，2014，30（5）：141-144.

[25] 王军霞，吕卓，杨勇，等. 我国造纸行业化学需氧量（COD）减排绩效评价[J]. 环境工程，2017，35（6）：166-169+129.

[26] 王军霞，张守斌，刘通浩，等. 不同规模造纸企业主要水污染物排放特征对比研究[J]. 中国环境监测，2016，32（6）：135-140.